隔震结构等效线性化设计方法

■ 余文正 孙柏锋 陶忠 杨瑞欣 著

图书在版编目(CIP)数据

隔震结构等效线性化设计方法/余文正等著.—武汉：武汉大学出版社，2023.5

ISBN 978-7-307-23550-2

Ⅰ.隔…　Ⅱ.余…　Ⅲ.建筑结构—抗震设计　Ⅳ.TU352.104

中国国家版本馆 CIP 数据核字(2023)第 019276 号

责任编辑:杨晓露　　　责任校对:李孟潇　　　版式设计:马　佳

出版发行：**武汉大学出版社**　（430072　武昌　珞珈山）

（电子邮箱：cbs22@ whu.edu.cn　网址：www.wdp. com.cn）

印刷:武汉邮科印务有限公司

开本:787×1092　1/16　印张:11.25　字数:257 千字　插页:1

版次:2023 年 5 月第 1 版　　2023 年 5 月第 1 次印刷

ISBN 978-7-307-23550-2　　定价:50.00 元

前　言

5.12汶川地震后，我国地震灾害仍然持续发生，造成了巨大的人员伤亡和财产损失。这些损伤较多是由建筑结构破坏而引起，这也促使减震隔震技术在现阶段的建筑结构中得到广泛的应用，尤其是隔震技术，经历了地震的检验，证明了其有效性。尽管隔震技术已有较多的应用，但是隔震技术在我国的研究和应用均较晚，我国关于结构采用隔震技术的设计方法与美国、日本等国家相比，还不成熟，如分部设计模型的合理性、时程计算结果的离散性等方面，均会影响到隔震结构的安全性。因此，本书首先总结和分析了我国现阶段隔震设计方法中存在的问题，并建议采用整体设计法进行隔震结构设计，随后讨论了采用隔震结构整体设计方法需要解决的问题，通过对这些问题的研究，提出了基于我国规范的隔震结构等效线性化的设计改进方法，并运用本书提出的改进方法对一栋采用橡胶隔震支座的高层剪力墙结构进行分析，其结果与振动台试验结果接近，验证了该方法的合理性。本书具体研究内容及结论如下：

(1)通过实际工程算例说明了现阶段隔震结构分部设计法过于依赖时程分析结果，导致可以通过选择“合适的”地震波来达到预期隔震效果的目的，而这种仅仅通过更换地震波来实现预期隔震效果的方法，并没有提高结构的安全性，反而存在较大的安全隐患；而且分部设计法中按照传统设计方法确定隔震体系上部结构的构件截面及配筋偏大，而这种偏大的截面和配筋并不一定增加了结构的安全性。

(2)地震波持时对隔震结构地震响应影响较大，仅仅依靠地震动反应谱特性与规范反应谱特性接近的方法选择天然波或是生成人工波不能有效避免隔震结构时程分析结果的离散性，基于此，本书根据我国地震动衰减关系和设计地震分组，提出了一套基于地震动峰值加速度和设计地震分组生成人工地震动的强度包线模型参数，并讨论了时程分析采用人工波数量对分析结果离散性的影响，结果表明采用相同强度包线参数生成人工波进行时程分析时，人工波数量达到30条时，其结果离散性可控制在20%以内，人工波数量达到70条时，其结果离散性可控制在10%以内。

(3)常规等效参数(等效刚度和等效阻尼比)计算公式配合我国规范反应谱对隔震结构进行等效线性化分析的结果与时程分析结果相比偏大较多，基于此，本书通过对比分析100个单自由度铅芯橡胶隔震模型和100个单自由度摩擦摆隔震模型，在9个工况下的时程位移响应和等效线性化分析的位移响应，拟合出了一套等效参数计算公式配合我国规范反应谱进行隔震结构等效线性化分析，使分析结果具有较高的精度。

以等代结构法为基础，运用PKPM软件，对一栋采用橡胶隔震支座的高层剪力墙结构进行了等效线性化分析，分析过程中，对比讨论了本书提出等效参数计算方法和常规等效参数计算方法的分析结果，并与振动台试验结果对比，表明基于本书提出的等参数计算方法分析结果具有较高的分析精度和合理性；同时，在处理结构整体阻尼时，对比分析了简化整体阻尼比法、应变能法、强迫解耦法以及复振型法四种处理隔震结构阻尼方法对等效线性化分析结果的影响，结果表明采用复振型法分析隔震结构的地震响应最大，简化整体阻尼比法分析隔震结构的地震响应最小，应变能法分析结果与复振型分析结果接近。

以上为本书的主要研究结论，鉴于作者的理论水平及工程经验有限，难免存在遗漏和不足之处，还望读者不吝指正。

本书的出版得到昆明学院引进人才科研项目(XJ20210007)、科技部中国-巴基斯坦重大基础设施智慧防灾“一带一路”联合实验室开放课题(2022CPBRJL-10)和云南省地方高校联合专项资金项目(202101BA070001-159)的资助，特此感谢。本书还得到了云南省设计院集团有限公司和云南国为机械科技有限公司的大力支持。

目　　录

第1章 绪　　论

1.1 研究背景

地震是地壳快速释放能量过程中造成的振动[1]，是一种严重威胁人类生命和财产安全的突发性自然灾害。汶川大地震的发生给我国人民留下了巨大的心灵创伤并造成重大的物质损失，使得地震灾害深为国内所关注。汶川地震后，全球地震灾害仍然持续发生，表1.1为根据相关文献统计汶川地震后，全球地震灾害情况[2-9]。

表1.1　**2009—2017年全球地震灾害统计**

年份	2009	2010	2011	2012	2013	2014	2015	2016	2017
7级及以上地震/次	20	22	25	20	23	13	18	16	8
死亡和失踪人数/万	0.15~0.19	30~36	2	0.06	0.12	0.08	0.95	0.13	0.11

我国处于环太平洋地震带和欧亚地震带之间[10]，是世界上地震活动最强烈和地震灾害损失最严重的国家之一，地震每年所造成的人身和财产经济损失巨大。表1.2为根据相关文献统计汶川地震后，我国大陆地区地震灾害情况[11-16]。图1.1为近年来我国建筑结构在地震中的震害情况。

表1.2　**2009—2017年中国大陆地区地震灾害统计**

年份	2009	2010	2011	2012	2013	2014	2015	2016	2017
5级及以上地震/次	24	17	17	16	41	22	14	18	13
死亡和失踪人数	3	2705	32	86	294	736	33	2	38

表1.3为根据相关文献统计汶川地震后，我国大陆地区地震发生地统计[11-16]。从表1.3可以看出我国灾害性地震主要集中在云南、新疆、四川、青海、甘肃和西藏等地区。尤其是云南和新疆地区，地震每年都会造成较大人员伤亡和财产损失。

(a)姚安地震 2009
(b)玉树地震 2010
(c)盈江地震 2011
(d)彝良地震 2012
(e)芦山地震 2013
(f)鲁甸地震 2014
(g)尼泊尔地震(西藏灾区)2015
(h)西藏丁青地震 2016
(i)九寨沟地震 2017

图 1.1 2009—2017 年中国大陆地区房屋震害

表 1.3 **2009—2017 年中国大陆地区灾害地震发生地统计**

年份	2009	2010	2011	2012	2013	2014	2015	2016	2017
发生地	云南	云南	云南	云南	云南	云南	云南	云南	云南
	新疆	新疆	新疆	新疆	新疆	新疆	新疆	新疆	新疆
		四川	四川	四川	四川	四川	四川	四川	四川
	青海	青海	青海					青海	
			西藏		西藏		西藏	西藏	西藏
				甘肃	甘肃		甘肃		
		贵州		贵州			贵州		
	重庆	重庆							重庆
					内蒙古		内蒙古		内蒙古
			安徽				安徽		
		河南							
		山西							
				江苏					
					吉林				
					湖北				
						浙江			
							山东		
								广西	

地震过程中，造成人员伤亡和财产损失的主要原因是建筑结构的破坏和倒塌。因此，要减少或避免地震灾害的重要途径是增加建筑结构的抗震能力，使建筑结构在地震作用下少倒塌或是不倒塌。为了实现这一目标，传统的抗震理论是通过增加建筑结构刚度和强度，并保障结构延性储备，依靠自身强度和塑性变形吸收地震能量，以实现建筑结构在大震作用下不倒塌。然而，在烈度较高地区或是安全级别要求较高的建筑物中，采用传统的抗震方法较难满足要求，即便满足安全要求，也会牺牲建筑功能或是其他要求。而隔震和消能减震技术则提供一条新的抗震途径。尤其是隔震技术，经历过实际地震检验，可以有效地减轻地震作用，提升工程抗震能力，对保护人民生命财产安全、减轻震害具有明显的经济效益和社会效益。

基于上述原因，中华人民共和国住房和城乡建设部推出《住房城乡建设部关于房屋建筑工程推广应用减隔震技术的若干意见(暂行)》[17]，建议高烈度地震区学校、医院等人员密集公共建筑优先采用减隔震技术进行设计。各级地方政府也出台了相关政策，如云南、新疆等地，对相关使用性质的建筑结构，强制要求使用减隔震技术进行结构设计。这些措施使得减隔震技术得到进一步的推广和应用。

减隔震技术包括减震技术和隔震技术，目前应用最广的为隔震技术，在国内外已经建成了大量的隔震建筑，并且很多隔震建筑都经历了地震的检验，证明了隔震技术的有效性。现阶段，尽管隔震技术应用非常广，但是隔震技术在我国的研究和应用起步较晚，我国关于结构采用隔震技术的设计方法与美国、日本等其他国家相比，还不成熟，如现阶段我国主要采用的隔震设计方法分部设计法中，结构设计模型与实际模型并不相符。当然也有直接采用基于时程分析的整体设计法，然而，时程分析最大的缺点就是分析结果的离散性，而规范中并没有给出具体的输入地震波，导致在隔震结构设计时，结果不唯一，较难评定计算结果的可靠性，进而结构的安全性难以得到保障。有学者提出基于反应谱的等效线性化整体设计方法，该方法在分析过程中，需要计算隔震单元的等效参数(等效阻尼比和等效刚度)，但是应用现有的等效参数计算方法进行设计时，计算结果与试验结果或是多条时程分析平均结果的偏差非常大，其计算结果的可靠性仍存在问题，结构的安全性仍较难保障。

基于此，本书对隔震设计方法进行了详细的研究，提出一种可操作且计算结果可靠的隔震设计方法，以便更多的设计者能够进行隔震设计，从而进一步推广隔震技术的应用，提高结构抵抗地震灾害的能力，减少地震灾害给人们带来的巨大损失。

1.2 隔震体系设计方法

1.2.1 隔震技术简述

人们在长期与地震自然灾害的斗争中，研究地震的成因，调查宏观震害现象，总结震后建筑物破坏及倒塌的规律和经验，从而产生了传统的抗震设计的理论。对于建筑的结构体系，从“刚性结构体系”“柔性结构体系”到“延性结构体系”。如果结构按照延性要求进行抗震设计，在地震作用下，结构能够保证不倒塌。但是，由于延性结构体系靠结构的主要构件自身塑性变形耗散地震能量，在强烈地震运动引起的不规则力的作用下，结构构件产生塑性变形，并逐渐恶化，震后，这些破坏的构件修复困难，且费用高。因此，从结构整体寿命周期看，靠结构的主要构件耗能的延性结构体系也并不是一种最优的抗震体系。而且随着工程建设的不断发展，对建筑结构的抗震体系提出了越来越高的要求。首先对某些重要的建筑物，如纪念性建筑、原子能发电站等，不允许结构“裂而不倒”。其次随着现代化社会的发展，各种昂贵设备在建筑物内部配置日益增多，如计算机信息系统、电信系统以及精密仪器等。至此，普通延性结构体系的应用日益受到限制。而具有大变形且具有相应承载力能力的结构体系——基础隔震体系诞生。

隔震技术基本原理是在场地与主体结构之间设置刚度较小且有一定耗能能力的隔震层，通过隔震层减少地震能量向上部结构传输，从而达到降低上部结构在地震作用下的响应的目的，如图1.2所示。

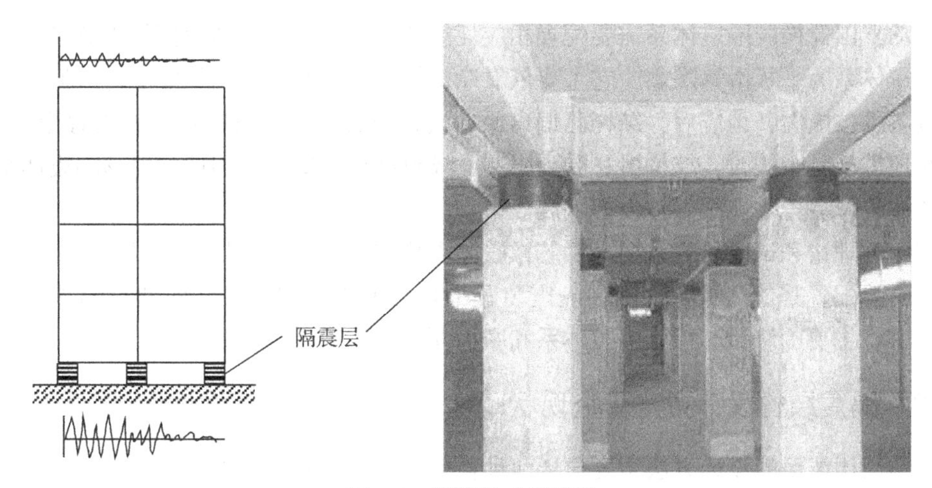

图 1.2 隔震技术示意图

从抗震分析的角度来讲，隔震技术主要是通过延长结构的自振周期，减小输入结构的水平地震力，并通过阻尼耗能，增加结构的阻尼比，控制结构的水平位移，如图 1.3 所示。

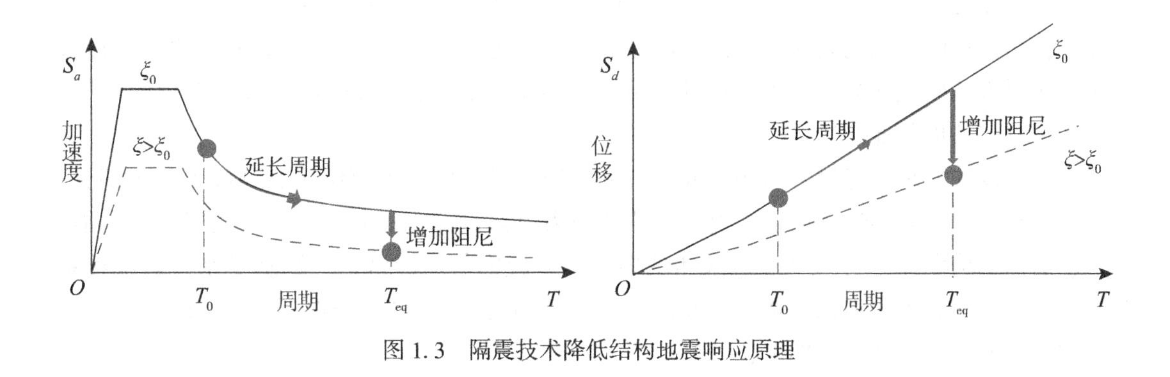

图 1.3 隔震技术降低结构地震响应原理

隔震技术的核心问题是寻找柔性层的构件，根据隔震体系的原理可知，柔性层构件需要满足以下要求：

(1)具有足够的竖向刚度和竖向承载力，能够稳定地支承建筑物。

(2)具有足够柔的水平刚度。

(3)具有足够大的水平变形能力储备，以确保在强震作用下不会出现失稳现象。

(4)水平刚度受垂直压缩荷载的影响较小。

(5)具有足够的耐久性，至少大于建筑物的设计基准期。

根据上述特点，出现了橡胶隔震、滑移或滚动隔震和悬挂或悬浮隔震三大类隔震体系。1969 年建成南斯拉夫的贝斯特洛奇小学，采用了纯天然橡胶制成的隔震支座，属于现代最早的隔震建筑。经过多年的理论和试验研究发现，单纯的橡胶隔震，在地震力下，变形较大，容易超出橡胶的变形能力范围，同时，耗能能力不足，导致地震后，结构难以停止运动，因此橡胶隔震体系需要配置相应耗能装置，才能很好地发挥隔震效果。早期的滑移隔震体系为平板滑移隔震，它主要依靠摩擦耗能，具有较好的耗能能力，但是平板滑移不具备复位能力，地震后，结构已偏离原始设计位置，如果偏离位置在滑移限值边缘，当下次地震或是余震时，结构滑移受到限制，导致结构不安全，因此，滑移隔震体系需要配置相应复位装置才能很好地发挥隔震效果。

多年的理论和试验研究表明，铅芯橡胶隔震垫和摩擦摆隔震垫均可以独立实现隔震目标，不需要配置其他装置。这两种隔震装置也是目前工程应用最多的两种隔震装置。因此，本书将主要围绕铅芯橡胶隔震体系和摩擦摆隔震体系展开讨论。

1.2.2 隔震结构设计方法研究现状

隔震结构体系的设计方法主要包括两种：分部设计法和整体设计法。

1.2.2.1 隔震结构分部设计法

由于目前的隔震装置通常由弹性恢复力单元和耗能单元组成，这种隔震装置在工作过程中表现为强烈的非线性力学性能。因此，精确模拟隔震结构的力学特性，需要考虑隔震元件的非线性性能。但是，目前我国的结构设计均是基于弹性设计，没有考虑非线性特性。如果隔震结构设计完全采用非线性设计，那么设计师在短时间内难以完成隔震设计的任务，而且目前的规范大部分是针对传统抗震结构规定的，为了与传统的抗震设计衔接起来，让隔震结构设计为广大工程设计人员方便地掌握和运用，我国《建筑抗震设计规范》提出了隔震结构分部设计法。

分部设计法是指将隔震结构区分成上部结构、隔震层、下部结构和基础等多个部分，然后对每个部分分别进行设计。由于上部结构为单独设计，没有设置隔震装置力学性能，所以上部结构设计需要一个参数来体现出隔震装置的作用，这个参数就是水平向减震系数。水平向减震系数为在设防地震作用下，隔震结构与非隔震结构各层层间剪力(弯矩)比的最大值。其设计步骤如下：

(1)设计人员先根据水平减震系数β，将地震影响系数最大值折减β倍，并按照传统设计方法设计出上部结构模型；

(2)选择隔震装置，并根据上部结构模型布置隔震装置，选择适合的地震动，分别对有隔震装置模型和无隔震装置模型进行设防地震作用分析，并计算两个模型在设防地震作用下各层层剪力(弯矩)比值，如果比值中的最大值小于或等于设定水平减震系数β，可进行下一步分析，否则调整上部结构或是调整隔震装置，重新进行设防地震分析，直至各层层剪力(弯矩)比值的最大值小于或等于设定水平减震系数β，方可进入下一步分析；

(3)根据上一步确定的上部结构和隔震装置及布置位置，对包含隔震装置的结构模型进行罕遇地震分析，验算相关指标是否满足规范要求，如果均满足要求，可进行下一步分析，否则调整上部结构或是调整隔震装置，直至同时满足水平减震系数β要求和罕遇地震相关指标要求，方可进入下一步分析；

(4)根据上步分析模型，进行下部结构设计，进而进行地基基础设计。

当然，有时会遇到设定的水平减震系数 β 不合理，导致后续相关指标难以符合规定，此时这需要重新设定水平减震系数 β，再进行(1)～(4)的分析，直到各项指标均满足相关要求为止。

由于上部结构设计和隔震层设计分开，因此，工程设计人员可根据传统设计方法进行上部结构设计，完成后再进行隔震层设计，并验算隔震层相关要求。

具体设计流程如图 1.4 所示：

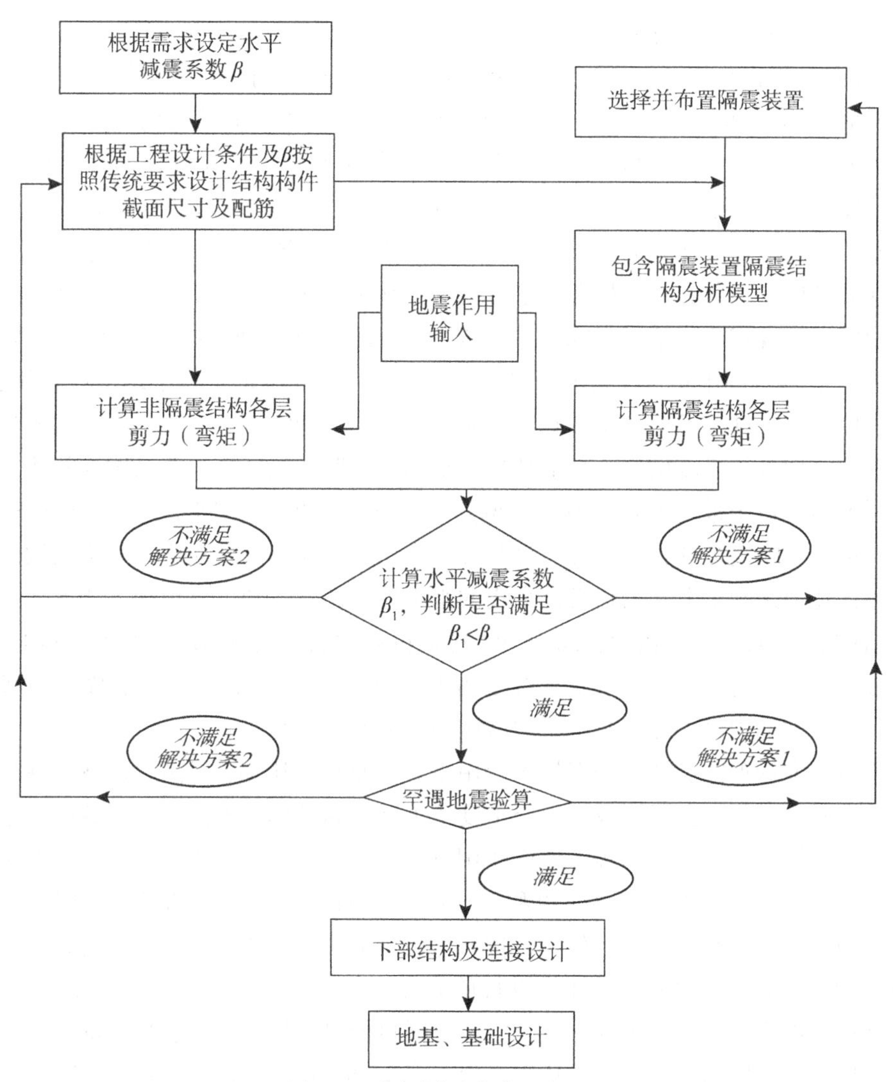

图 1.4　分部隔震设计法流程图

隔震结构分部设计方法经历了多年的发展，才形成上述的一套实用的设计方法。1992 年，刘德馨介绍了基础隔震实用设计方法，其主要思想即是分部设计法，其计算上部结构水平地震作用时，采用的地震影响系数为水平地震隔震影响系数，根据其大小可以看出，该系数类似相应普通结构降一度或一度半后的地震影响系数[18]，该方法为较早的分部设计法。1996年唐家祥等将分部法应用于8度地区的一栋6层砖混结构的隔震设计中，采用隔震技术后，上部结构按照7度进行设计，通过输入地震波验算了隔震效果，并较详细说明了隔震结构的设计原则和方法[19]。1998年周福霖等提出8、9度设防的传统框架结构，采用隔震技术时，上部结构按7度传统抗震结构进行强度和变形计算，使其结构符合现有相关结构和抗震规范的条款，并根据垂直荷载确定橡胶隔震垫的数量[20]。同年，建设部发出《关于在抗震设防区采用隔震技术有关问题的通知》，指出采用隔震装置后，上部结构的设防烈度可根据分析计算结果确定，但降低幅度不能超过两度[21]。1999年，唐家祥对《建筑抗震设计规范》(GBJ 11—89)的修订内容进行简介，指出修订内容中增加了"隔震与消能减震结构的设计规定"，并详细介绍了隔震体系上部结构设计原则，提出了"水平向换算烈度"，即结构隔震后在设防烈度下的水平地震作用，仅为该结构不隔震时在换算烈度下的水平地震作用的70%[22]。例如，某建筑结构设防烈度为8度结构，采用隔震技术后，按照8度计算的各层层间剪力(宜采用多遇地震时程分析)与不隔震结构按照7度计算各层层间剪力之比最大值小于或等于0.7，则该7度可被定义为该结构的水平向换算烈度。该规定相当于将实际隔震效果"打7折"处理。该条文的出台，为隔震设计提供了理论依据。2001年，嵇蔚冰等采用分部设计法对9度地区框架结构进行隔震设计，按换算烈度为7.5度进行上部结构设计，取得较好经济效果[23]。同年，黄永林等对8度地区的框架结构进行隔震设计，其上结构水平作用按照7度计算，并采用等效侧力法对比了各层层剪力，得出采用等效侧力法有偏安全的计算结果[24]。同年，王曙光等对宿迁市某商住楼进行了隔震设计，该工程通过时程分析结果对比隔震与对应非隔震结构的水平剪力，通过该比值来确定上部结构设计采用的水平地震影响系数，该设计方法就是后续典型的隔震结构设计方法[25]。随后，2002年《建筑抗震设计规范》(GB 50011—2001)正式执行，对分部设计进行了更为详细的规定，并且明确提出了水平向减震系数和分部设计方法，给出了层间剪力最大比值与水平向减震系数的对应关系[26]。

由于有技术标准的支持，隔震技术应用得到了推广，随着隔震结构工程应用的增多，隔震设计也越发成熟，已经形成了以降1度或1度半为目标，根据竖向荷载或其他方法布置隔震垫，采用时程方法验算多遇地震作用下水平向减震系数是否满足要求，并验算罕遇地震作用下相关指标的隔震设计流程，该隔震设计流程被广泛应用。刘伟庆[27]、周云[28]、谭平[29]、刘文光[30]等多位学者按照该设计方法对多栋隔震结构进行设计分析。

有不少学者对隔震的分部设计法进行研究和讨论。2002年李爽夫等提出等效设防烈度进行结构分部设计的隔震设计方法，该方法通过能量分析得到隔震后上部结构等效设计烈度，根据等效设防烈度对上部结构进行设计[31]。2003年杜永峰等采用非比例阻尼进行时程分析得到水平减震系数，并按照水平减震系数进行上部结构设计[32]。2005年刘文光等认为采用层间剪力比值最大值定义水平向减震系数存在局限性，建议采用设防烈度多遇地震作用下，隔震结构的最大加速度反应与输入的地震加速度的比值定义水平减震系数。并采用该方法对8度地区6层框架结构进行了隔震设计[33]。2010年出版的《建筑抗震设计规范》(GB 50011—2010)(下文统称为《抗规》)中，将多遇地震作用下的水平向减震系数改为设防地震作用下的水平向减震系数，并给出水平向减震系数更进一步的规定：对于多层建筑，为弹性所得的隔震与非隔震各层层间剪力的最大比值，对于高层建筑结构尚应计算隔震与非隔震各层倾覆力矩的最大比值，并与层间剪力的最大比值相比较，取二者的较大值[34]。

分部设计法是为了隔震结构设计被广大工程设计人员方便掌握和使用，并引入了水平向减震系数，这种通过水平向减震系数关联传统抗震设计与隔震设计的分部设计法主要在我国应用，国外应用较少。因此，国外对此相关研究较少。

1.2.2.2 隔震结构整体设计法

隔震结构整体设计法即在整个隔震设计过程中，隔震单元作为结构的构件进行整体建模分析。目前，美国、日本等国家均是采用整体设计法对隔震结构进行设计。虽然我国在分部设计法中，也有采用整体模型进行分析，但是整体分析模型仅应用于水平向减震系数的计算和罕遇地震作用下隔震支座内力及变形计算中，上部结构变形及构件截面尺寸、配筋等要求都是根据没有隔震元件的模型所确定的。因此，分部设计法中上部结构的受力及变形与实际隔震上部结构的受力及变形有所差别，不过，一般认为这种差别带来的结构安全性偏保守。

隔震单元在工作过程中表现为强烈的非线性力学性能，整体设计中需要考虑隔震单元的作用，因此在整体设计中需包含非线性力学性能的计算。目前，非线性的结构设计计算方法有两种，分别是动力弹塑性分析法和静力弹塑性分析法。

动力弹塑性分析法，即弹塑性时程分析法，该方法能够计算地震反应全过程中各时刻结构的内力和变形状态，给出结构的开裂和屈服的顺序，发现应力和塑性变形集中的部位，从而判明结构的屈服机制、薄弱环节及可能的破坏类型，因此被认为是结构弹塑性分析的最可靠方法。目前，对一些特殊的、复杂的重要结构愈来愈多地利用时程分析法进行计算分析，许多国家已将时程分析法纳入规范。如日本对高度超过 60m 的隔震结构，要求采用时程分析法进行分析，美国对高层超过 19.8m 的隔震结构要求采用时程分析法进行分析。实际上我国现阶段隔震结构分部设计法也包含了弹塑性时程分析的内容，如通过时程分析隔震与非隔震楼层剪力(弯矩)计算水平向减震系数以及时程分析隔震结构的隔震支座的各项性能指标[146]。由于时程分析方法本身已较为完善，只要构件的本构关系明确，应用时程分析方法也较为明确，因而对隔震结构的时程分析方法的相关研究不多，大部分是直接应用时程分析方法对隔震结构进行分析。反而对时程分析地震动输入的选择研究较多，这也是时程分析的结果可靠性遭到质疑的主要原因。

Nau[35]等提出基于地震反应谱的选波方法，该方法的思路被广泛接受，很多规范也是基于此方法进行选波；Shome[36]和 Vidic[37]等提出基于有效峰值加速度的修正选波方法；Bommer[38]等指出基于峰值加速度和谱形拟合的地震波忽略了地震持时的影响，持时对非弹性分析结果影响非常大；Iervolino[39]等分析了直接地震波缩放对非线性分析结果的影响；Mahmoud[40]等研发了一套软件，可以根据震级、震中距等参数选择地震波；Naeim[41]等提出采用遗传优化算法选择地震波的方法；Nirmal[42]提出利用 MonteCarlo 模拟和 Greedy 算法选择地震波；Kalkan[43]、Baker[44]、Ghafory[45]等也分别提出选择地震波的方法。

王亚勇[46]对我国规范规定的选波方法进行补充说明，并解释基于反应谱形状特征的选波方法；胡文源[47]认为选波要同时考虑结构和场地的影响；谢礼立[48]建议选择较为不利的地震进行结构分析；曲哲[49]等建议采用基于台站和地震信息的选波方法；李英民[50-53]等提出基于震中距、震级等参数相关的人工波生成方法，建议采用这些人工波进行时程分析；杨溥[54-55]等提出基于反应谱平台段和结构自振周期段的两频段控制选波；高学奎[56]等认为速度脉冲周期不宜作为近场地震波输入时的选波指标；肖明葵[57]等认为选波时应该考虑地震波持时的影响，建议采用地震动弹性总输入能量反应作为补充选波；王东升[58]等引入“归一化振型参与系数”作为加权参数来评估地震动对高阶振型的影响的选波方法；叶献国[59]等采用遗传算法和贪婪算法相结合的方法选波，认为这种选波方法能够使地震波平均谱与目标谱吻合较好；王博[60]、王国新[61]、肖遥[62]、陈波[63]、王天利[64]、张云[65]、陈亮[66]、吴浩[67]等也各自提出了选波的方法。

实际上，如果能解决好地震动输入问题，采用时程分析法对隔震结构进行分析设计是一种非常好的方法。不过，到目前为止，地震动输入问题仍然没有很好地解决，导致时程分析方法大部分只能作为补充验算，而且只要规范不指定地震波进行分析的话，总能够找到合适的地震波使计算结果满足相关要求。

除了采用动力弹塑性分析法外，工程上也常用静力弹塑性分析法处理具有非线性特性的结构，静力弹塑性分析法用静力分析来代表动力荷载和结构的往复变形，使得该方法操作简单、计算效率高且具有一定的计算精度等特点。因此，该方法用于处理非线性结构有广泛的应用前景。

静力弹塑性分析方法有两个基本假定，即结构地震反应与等效单自由度相关；振动过程中，结构变形由形状向量表示，且形状向量保持不变。静力弹塑性方法源于 Freeman[68]提出的能力谱方法，后经过多位学者深入研究[69,80]，促成了静力弹塑性分析方法的快速发展。在 Pushover 分析过程中，结构抗震能力评估方法目前主要有 ATC40[81]采用的能力谱法、FEMA356[82]采用的目标位移法，FEMA440[83]则是对 ATC40 和 FEMA356 的改进，主要是改进了等效刚度和等效阻尼比以及阻尼调整系数的计算方法，提高了静力弹塑性分析的精度。在这些方法中，能力谱法在国外工程设计中应用最为广泛。

静力弹塑性分析在国内的应用相对较晚，叶燎原[84]、钱稼茹[85]、潘文[86]等为国内较早介绍 Pushover 应用方法的学者，介绍了 Pushover 在国外的应用现状和基本原理，并通过多个实例讲解了 Pushover 的具体应用过程，后经过多位国内学者的研究[87,93]，在我国的应用也逐渐成熟，在国内也有一定的应用，不过在应用过程中，其等效线性化的过程仍然为 ATC40、FEMA356 和 FEMA440 中的方法，即等效刚度和等效阻尼比的计算按照 ATC40、FEMA356 和 FEMA440 中的方法执行，在基于我国规范进行 Pushover 分析时，将反应谱修改为我国规范反应谱，阻尼调整方法按照我国规范中的调整方法实施。同样，对隔震结构而言，只要明确隔震单元的本构关系，应用 Pushover 方法分析隔震结构与分析其他混凝土或钢结构的流程基本一致，在国内也有相应的分析[94-96]。

实际上，除了动力弹塑性分析方法和静力弹塑性分析方法外，还有一种处理非线性结构的方法，即等代结构法。

等代结构法是多自由度结构体系的等效线性化分析方法，将结构中的非线性构件采用线性构件替代，并附加一定的阻尼，形成等效线性结构体系，近似估算原非线性体系的地震响应，其思想与 Pushover 方法基本一致。等代结构法由日本学者 Shibata[97] 等提出，其最早用该方法估算钢筋混凝土框架构件的承载力需求，并对构件进行承载力设计。Yoshida[98] 在 Shibata 提出的等代结构法基础上，通过迭代调整构件的等效刚度和等效阻尼比，使分析结果趋于稳定，提高了等代结构的分析精度。随着基于位移的抗震设计方法的发展，等代结构法的应用也进一步推广，Kowalsky[99] 等在基于位移的桥梁抗震设计中，采用等代结构法计算多跨联系桥梁的目标位移。Gunay[100-101] 等按等位移准则，并忽略附加阻尼作用，仅采用等效刚度的等代结构估算非线性结构的地震峰值响应。曲哲[102] 通过定性和定量地讨论结构主要参数对非线性计算结果的影响后，完善了等代结构法计算流程及关键步骤，并通过算例分析，表明等代结构法能够较准确估算结构非线性地震峰值响应。罗文文[103] 将等代结构法用于简化计算结构构件滞回耗能需求及楼层加速度峰值响应，并通过与非线性时程分析结果对比验证了等代结构法的准确性。

尽管静力弹塑性分析和等代结构法为两种不同的方法，一个基于等效单自由度，一个基于等效多自由度，但是这两种分析方法有共同的分析过程，即都要将非线性结构进行等效线性化，同时两种分析方法也有共同的研究方向，即提高分析的精度。在影响分析精度的各项因素中，等效参数即等效刚度和等效阻尼比的计算方法受到了广泛的关注。国内外学者也根据自己的研究提出了相应的等效参数计算方法，来提高静力分析的精度。

Rosenblueth 和 Herrera[104] 以最大位移对应的割线刚度作为等效刚度，即割线刚度法，并以实际模型与等效模型在一个周期内的耗能相等为原则确定其等效阻尼比，提出了 R-H 法。很多学者认为采用 R-H 法进行等效线性化分析时，大部分情况下分析精度较差，因此，在 R-H 基础上，提出了对其等效阻尼比的修正系数，如 Dicleli 和 Buddaram[105] 方法，曲哲和叶列平[106] 方法，Liu T[107] 方法等，另外一部分则根据试验或是经验方法提出了新的等效阻尼比计算公式，如 Kowalsky[99]，Jara 和 Casas[108]，马晓辉和朱玉华[109] 等。

除了割线刚度法外，还有学者提出采用割线刚度与初始刚度之间的某个刚度作为等效刚度，即非割线刚度法。Iwan 和 Gates[110] 基于割线刚度等概率幅值平均的平均刚度作为等效刚度，并根据对应的耗能确定等效阻尼比，提出了等效参数的计算公式；欧进萍[111] 在 Iwan 和 Gates 研究的基础上，提出等概率幅值的平均阻尼作为等效阻尼比计算公式；JPWRI[112] 建议采用 0.7 倍最大位移确定等效刚度和等效阻尼比。其他非割线刚度模型大部分根据大量的数值计算结果，提出等效刚度和等效阻尼比计算公式，如 Hwang[113] 方法、Kwan[114] 方法、Guyader 和 Iwan[115] 方法等，其中 Guyader 和 Iwan 方法被 FEMA-440 采纳，并在 Guyader 和 Iwan 方法基础上进一步完善了等效刚度和等效阻尼比的计算公式。

尽管现阶段已经有很多学者提出了不同的等效刚度和等效阻尼比的计算方法，但是还没有哪一种等效刚度和等效阻尼比是针对我国规范反应谱提出的，因此，等效线性化在应用我国规范反应谱进行等效线性化分析的精度仍需要研究。

以上为现阶段隔震设计方法的研究和应用情况，可归纳为以下三种方法：

(1)以反应谱和地震动输入为基础，以静力弹性和动力弹塑性分析方法为计算工具的分部设计法；

(2)以地震动输入为基础，以动力弹塑性分析方法为计算工具的整体设计法；

(3)以反应谱为基础，以等效线性化分析方法为计算工具的整体设计法。

1.3 现阶段隔震设计方法的局限性

本章1.2节对国内外关于隔震结构设计法的研究及应用进行了回顾和总结，本节将针对现有隔震设计方法在我国实际应用中存在的问题进行归纳。

(1)对于以反应谱和地震动输入为基础，以静力弹性和动力弹塑性分析方法为计算工具的分部设计法而言，主要存在的问题有两点：一是将隔震结构各个部分分开设计，其分析模型不能模拟隔震结构实际的受力状态，分析结果的合理性存在质疑；二是采用动力弹塑性分析计算分析时，在没有统一地震动输入的前提下，其计算结果离散性较大，尽管已有很多学者提出选择地震波的方法，但是在实际操作中，只要设计者有足够的地震波，总能够找到既满足相关要求，又满足设计者意愿的地震波，目前没有学者提出判断采用时程分析方法计算结果可靠性的方法。

(2)对于以地震动输入为基础，以动力弹塑性分析方法为计算工具的整体设计法而言，主要存在的问题与分部设计法中动力弹塑性分析方法存在的问题相同，即计算结果离散性较大，目前缺乏评判其计算结果可靠性的依据。

(3)对于以反应谱为基础，以等效线性化分析方法为计算工具的整体设计法而言，尽管有学者提出调整我国规范反应谱长周期段的表达来提高分析精度，但是这些方法均是降低长周期段的强度，而降低长周期段强度的同时也降低了现有规范设计结果的安全储备，也有学者提出了各种等效参数计算方法来提高其计算精度，但是这里所说的精度较高，大多是通过对比非线性时程分析结果与其等效线性体系时程分析结果来体现，而与基于反应谱分析结果对比精度却并不一定高，目前尚没有针对我国规范反应谱提出具有较高分析精度的等效参数计算方法。

因此，综合上述分析可以看出，目前三种隔震设计方法都存在一定的缺陷，均不能合理地指导我国隔震结构的设计。

1.4 本书解决的关键问题和主要研究内容

1.4.1 本书解决的关键问题

本书研究目的是提出一套适合我国规范的隔震设计方法，该设计方法需要满足设计理论的合理性和设计结果的可靠性。

对于设计方法合理性而言，以地震动输入为基础，以动力弹塑性分析方法为计算工具的整体设计法是最为合适的选择，因为对于复杂的隔震结构，静力分析难以模拟其实际受力状况，而动力弹塑性分析方法能够判明各种结构的屈服机制、薄弱环节及可能的破坏类型。然而，就当前的计算设备而言，所有隔震结构均采用动力弹塑性分析方法进行设计较为困难，因此以反应谱为基础，以等效线性化分析方法为计算工具的整体设计法也是必不可少的。

借鉴国外的隔震结构设计方法，本书认为采用这样一套设计方法作为我国隔震结构的设计方法较为合适，即以我国规范反应谱为基础，以等效线性化分析方法为计算工具的整体设计法作为主要的设计方法，对于复杂等隔震结构，以动力弹塑性分析计算结果作为补充。

从上述对现阶段的隔震设计方法的回顾和总结看，完善该隔震设计方法本书需要解决以下两个关键问题：

(1)减小动力弹塑性分析结果离散性，使动力弹塑性分析结果趋于稳定，该问题的解决不仅可以为动力弹塑性分析结果的可靠性提供依据，还可以为其他设计方法分析结果的合理性提供判断标准；

(2)建立适合我国隔震结构设计的等效线性化分析方法，使分析结果具有一定可靠性，并且具有较高的分析精度。

1.4.2 本书主要研究内容

基于本研究的主要目的以及需要解决的关键问题，本书将展开以下主要研究工作：

(1)第2章从两个方面定量讨论了隔震结构分部设计方法中存在的问题，一方面是现阶段隔震设计法过于依赖时程分析方法，但是仅按照规范要求进行时程分析离散性仍然较大，计算结果较难判断其合理性，基于此，总结了一套较容易满足现行设计规范的隔震设计“伪经验”；另一方面是隔震结构的受力模式与传统结构受力模式有较大差别，如果按照传统方法进行上部结构设计，实际受力与设计时不同，导致设计结果并不能保证结构的安全。

(2)第3章针对时程分析结果离散性较大的缺点，提出了相应的解决方案，即可以采用《建筑工程抗震性态设计通则(试用)》建议选取最不利地震动进行设计，或是采用规定地震动持时的人工波进行设计，该章节中也给出了人工波地震动持时和数量的要求。

(3)第4章定量分析了单自由度铅芯橡胶隔震体系(LRB)和摩擦摆隔震体系(FPS)基于我国规范反应谱进行等效线性化分析的精度问题，等效参数计算方法采用常规等效参数计算方法，即Rosenblueth[104]提出的方法计算等效刚度和等效阻尼比。

(4)第5章通过对比研究采用不同加速度反应谱、不同阻尼调整系数及不同等效参数计算方法进行单自由度等效线性化分析的精度，分析了影响等效线性化分析精度的原因，并给出了提高基于我国规范进行等效线性化分析的精度的建议，即需要提出适合中国规范的等效线性化分析的等效参数计算方法。

(5)第6章通过数值试验，分别拟合出了LRB和FPS隔震体系的等效参数计算公式，并通过900个单自由度LRB隔震体系和900个单自由度PFS隔震体系验证了采用本书提出等效参数计算公式配合我国规范进行等效线性化分析时，能够取得较好的位移估算精度，90%以上的隔震体系的精度系数在0.80~1.20之间。

(6)第7章以等代结构法为基础，建立了多自由度隔震结构等效线性化分析方法，并应用于某高层LRB隔震结构分析中，在分析过程中，采用本书提出等效参数计算方法和常规等效参数计算方法来计算隔震支座的等效刚度和等效阻尼比，并采用简化整体阻尼比法、应变能法、强迫解耦法以及复振型分析法处理等代结构阻尼，计算分析不同地震工况下该高层隔震结构的楼层位移和层间位移角，并将分析结果与振动台试验结果进行对比，验证了采用本书提出的等效参数计算方法和复振型分析处理阻尼方法对隔震结构进行等效线性化设计的有效性，并说明了应用常规等效参数计算方法进行等效线性化分析隔震结构存在的安全隐患。

根据以上分析结果，本书确定的总体研究路线以及各章节研究内容如图1.5所示。

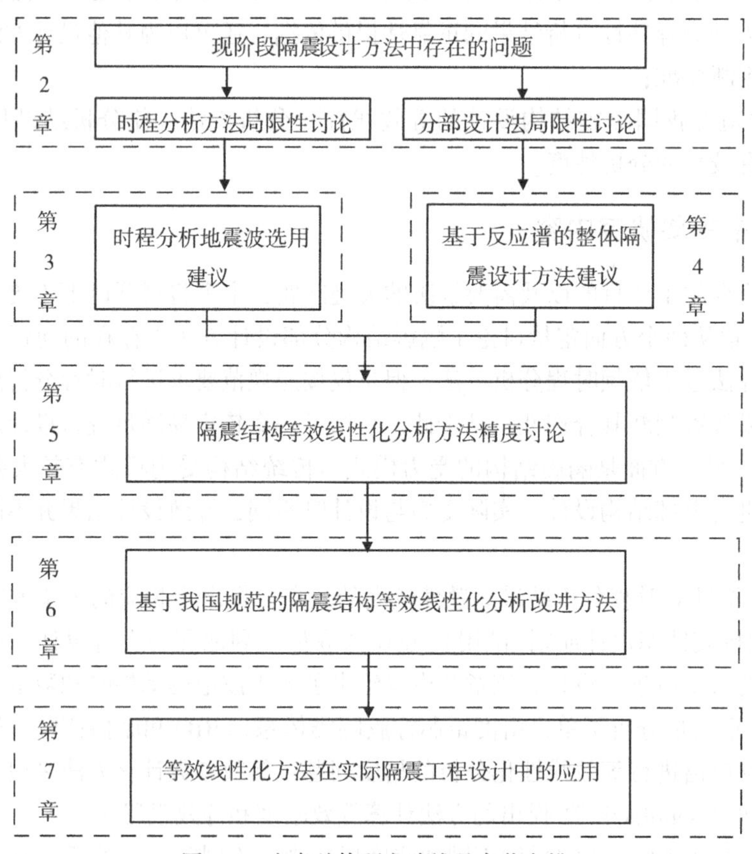

图1.5 本书总体研究路线及章节安排

第 2 章　现阶段隔震结构设计方法中存在的问题研究

2.1　引言

目前，我国隔震设计主要采用分部设计法，通过水平减震系数将隔震结构体系与传统抗震体系衔接起来，使隔震结构设计被广大工程设计人员熟练地掌握和运用。分部设计法中，上部结构的设计方法已较成熟，只要给出准确的水平减震系数，根据传统结构设计经验可以较快完成隔震体系中上部结构的设计。因此，隔震结构设计中，关键的问题是水平减震系数以及隔震层参数的确定。在实际工程设计中，水平减震系数和隔震层参数基本上都是采用时程分析方法计算得到，包括隔震垫的最大变形、拉应力等。尽管时程分析方法被认为是结构分析最可靠方法，但时程分析方法也存在局限性，时程分析方法的局限性对隔震结构设计的影响程度还需要明确。当然，通过水平减震系数进行上部结构设计是否合理，也需要进一步讨论。因此本章将围绕目前我国隔震结构分部设计法中存在的问题展开讨论，并提出相应的解决问题的办法。

2.2　时程分析法局限性

时程分析法能够计算地震反应全过程中各时刻结构的内力和变形状态，给出结构的开裂和屈服的顺序，发现应力和塑性变形集中的部位，从而判明结构的屈服机制、薄弱环节及可能的破坏类型，因此被认为是结构弹塑性分析最可靠的方法。但是，时程分析计算耗费机时，工作量大、结果处理繁杂，分析结果离散性大，规范有关时程分析法的规定又缺乏可操作性，因此在目前的结构设计中，仅对一些特殊的、复杂的重要结构采用时程分析法进行计算分析，而且大多是属于补充计算。

对于时程分析法分析计算耗费机时，计算工作量大、结果处理繁杂等局限性，随着计算硬件水平和结构设计软件的提高，这些问题都可以得到解决。而较难解决的问题是分析结果的离散性。

时程分析结果的离散性主要源于地震动输入的离散性。地震动的输入是时程分析的基础。由于输入地震动的不同，在时程分析计算中所得出的地震反应相差甚远，计算所得结果可以达到数倍甚至十几倍之多。因此，合理选择地震动记录，是结构时程分析方法首先要面临的问题。

为了减少地震动输入离散性的影响，我国《抗规》对地震动输入的选取有具体要求为：采用时程分析时，应当按照建筑场地类别和设计地震分组选用实际强震记录和人工模拟的加速度时程曲线，其中实际强震记录的数量不应少于总数的 2/3。尽管规范规定了实际强震记录需满足的条件，由于我国强震记录并不提供详细台站土层钻孔信息，而国外强震台站场地分类指标也和我国抗震规范的场地分类指标存在差异，无法直接匹配场地类别。因此，规范没有从选波的角度给出切实可行的操作方案，导致在记录选取时普遍忽视或模糊强震记录的地震信息，将地震动特性相关的一切问题都交给设计反应谱[118]。

基于此，《抗规》对于选择强震记录的具体规定都是从设计反应谱方面考虑，如选择多组时程地震波时，地震波的平均反应谱曲线与设计反应谱曲线相比，在主要周期点上的谱值相差不超过 20%；地震动的有效持续时间为结构基本周期的 5～10 倍。除此之外，弹性分析时，时程分析结果在结构主方向的平均底部剪力应在振型分解反应谱法的 80%～120%，单条地震波的结构底部剪力应在振型分解反应谱法的 65%～135%等。

尽管规范对地震动输入进行相应的规定，但是在满足规定的前提下，仍然有较大的调控空间，本小节将结合实例说明这一点。

2.2.1　基于《建筑抗震设计规范》选择地震波分析

2.2.1.1　分析实例简介

某工程抗震设防烈度 8 度，设计基本地震加速度峰值为 0.3g，设计地震分组第三组，Ⅱ类场地，场地特征周期 0.45s。采用框架结构形式，建筑结构高度 19.6m，最小宽度 9.83m，高宽比 2.0。属于重点设防类，乙类建筑。设防地震（中震）作用下，水平地震影响系数最大值 α_{max} 为 0.68，输入加速度峰值为 $PGA = 3000mm/s^2$。上部结构已按降低 1 度完成初步设计，如图 2.1 和图 2.2 所示。

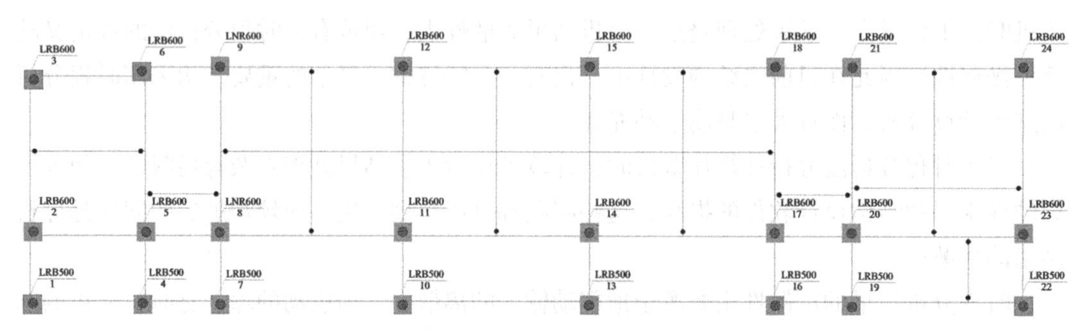

图 2.1　隔震垫布置图

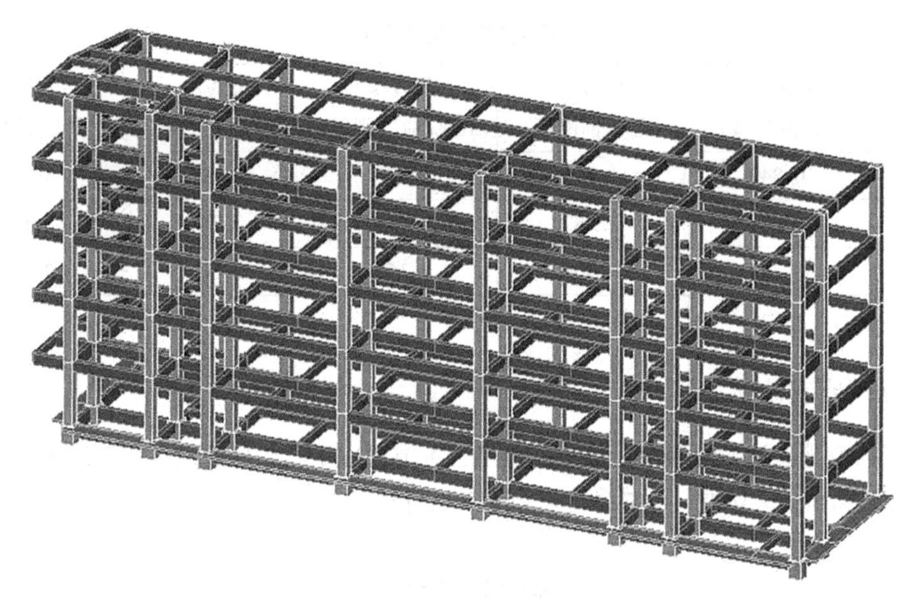

图 2.2 上部结构整体模型图

支座参数如表 2.1 所示。

表 2.1 **隔震垫力学性能表**

类别	符号	单位	LRB500	LRB600	LNR600
使用数量	N	套	8	14	2
第一形状系数	S_1	—	≥15	≥15	≥15
第二形状系数	S_2	—	≥5	≥5	≥5
竖向刚度	K_v	kN/mm	1585	2445	2097
等效水平刚度(剪应变)	K_{eq}	kN/mm	1.36(100%) 0.995(250%)	1.681(100%) 1.230(250%)	0.909
屈服前刚度	K_u	kN/mm	9.776	12.081	—
屈服后刚度	K_d	kN/mm	0.752	0.929	—
屈服力	Q_d	kN	62.6	90.2	—
橡胶层总厚度	T_r	mm	≥95	≥111	≥111
支座总高度	H	mm	219	244	244

按照该上部结构及图 2.1 隔震支座的布置方式，得到该隔震结构体系的周期特性如表 2.2 所示。

表 2.2　　隔震前后结构的周期

振型	非隔震/s（铰接模型）	隔震/s（屈服前刚度）	隔震/s（100%应变刚度）	隔震/s（250%应变刚度）	隔震/s（屈服后刚度）
1	0.849	1.201	2.438	2.795	3.165
2	0.837	1.182	2.433	2.781	3.136
3	0.747	0.809	2.158	2.504	2.851

2.2.1.2　地震波选择

为了研究地震波对隔震分析结果的影响，本节选取了三组地震波，每组地震波中包含 2 条人工波和 5 条天然波，共 7 条地震波。各组地震波信息如表 2.3 所示。

表 2.3(a)　　第一组地震波信息

组别	时程名称	NGA 编号	地震事件	时间	方向	观测台站	采集间隔	数据点
第一组	REN1		人工波 1				0.02	2001
	REN1		人工波 2				0.02	2001
	SCB1	192	Imperial Valley-06	1979	FP	Westmorland Fire Station	0.005	7997
	SCB2	1164	Kocaeli, Turkey	1999	FP	Istanbul	0.01	13879
	SCB3	2938	Chi-Chi, Taiwan-05	1999	FP	CHY016	0.004	26251
	SCB4	2988	Chi-Chi, Taiwan-05	1999	FN	CHY100	0.004	20750
	SCB5	3187	Chi-Chi, Taiwan-05	1999	FN	TCU064	0.005	10399

表 2.3(b)　　第二组地震波信息

组别	时程名称	NGA 编号	地震事件	时间	方向	观测台站	采集间隔	数据点
第二组	REN1		人工波 1				0.02	2001
	REN1		人工波 2				0.02	2001
	SCB1	392	Coalinga-03	1983	FN	Coalinga-14th & Elm (Old CHP)	0.005	7999
	SCB2	1804	Hector Mine	1999	FP	La Canada-Wald Residence	0.01	8300
	SCB3	2636	Chi-Chi, Taiwan-03	1999	FN	TCU094	0.005	19200
	SCB4	2923	Chi-Chi, Taiwan-04	1999	FP	TTN031	0.005	9400
	SCB5	3271	Chi-Chi, Taiwan-06	1999	FP	CHY032	0.005	15000

表 2.3(c) **第三组地震波信息**

组别	时程名称	NGA编号	地震事件	时间	方向	观测台站	采集间隔	数据点
第三组	REN1		人工波 1				0.02	2001
	REN1		人工波 2				0.02	2001
	SCB1	362	Coalinga-01	1983	FN	Parkfield-Vineyard Cany 2W	0.01	3000
	SCB2	2004	CA/Baja Border Area	2002	FN	Calipatria Fire Station	0.005	20000
	SCB3	2112	Denali, Alaska	2002	FN	TAPS Pump Station #08	0.005	15105
	SCB4	3271	Chi-Chi, Taiwan-06	1999	FP	CHY032	0.005	15000
	SCB5	3445	Chi-Chi, Taiwan-06	1999	FP	TCU029	0.005	13399

为了验证所选择的各组地震波是否满足规范要求，本节采用各组地震波对非隔震结构进行弹性时程分析，得到底部剪力与反应谱分析底部剪力的比值、各组地震波持时以及各组地震波平均反应谱与规范反应谱的对比。

图 2.3 为各组地震波时程分析与反应谱分析底部剪力对比结果：

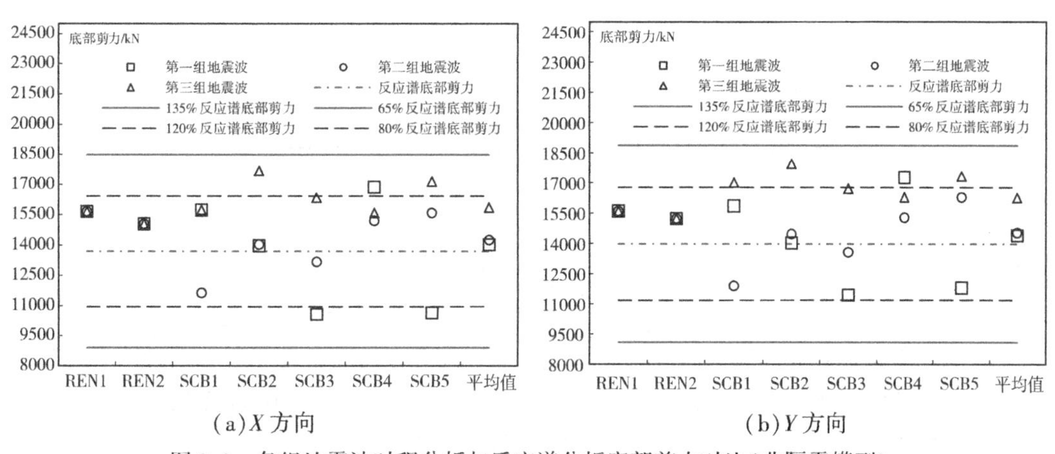

(a)X方向 (b)Y方向

图 2.3 各组地震波时程分析与反应谱分析底部剪力对比(非隔震模型)

从图中可以看出，各组地震波中每条人工波时程分析底部剪力与反应谱分析底部剪力之比均在 65%~135%，各组地震波时程分析底部剪力平均值与反应谱分析底部剪力之比均在 80%~120%。

图 2.4 为各组地震波持时计算结果，本节中持时按照《抗规》第 5.1.2 条文说明中有效持续时间计算，即首次达到时程曲线最大峰值的 10%时刻算起，到最后一点达到最大峰值的 10%为止。结构体系最长周期为隔震结构按照隔震垫屈服后刚度计算得到的第一周期，实际上体系的周期要比最长周期要小。

从有效持时图中可以看出，每条地震波有效持时均在结构体系最长周期 5 倍以上，每条地震波有效持时均满足规范要求。

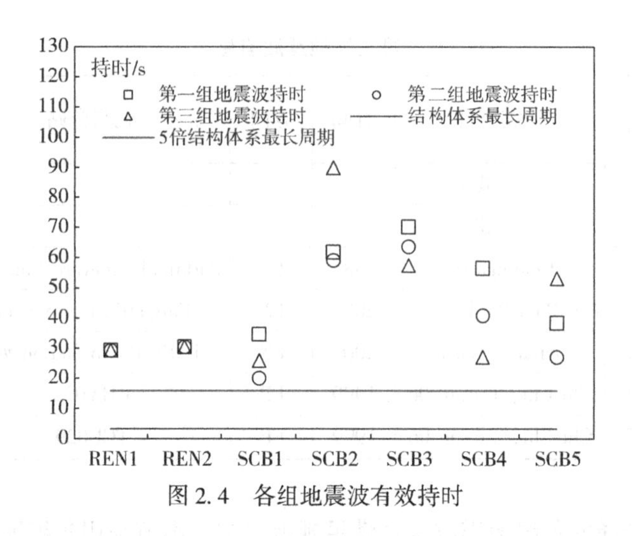

图 2.4　各组地震波有效持时

图 2.5 为各组地震波反应谱图及规范反应谱图对比，地震波峰值为 3000m/s^2，规范反应谱水平地震影响系数最大值 $\alpha_{max}=0.68$。

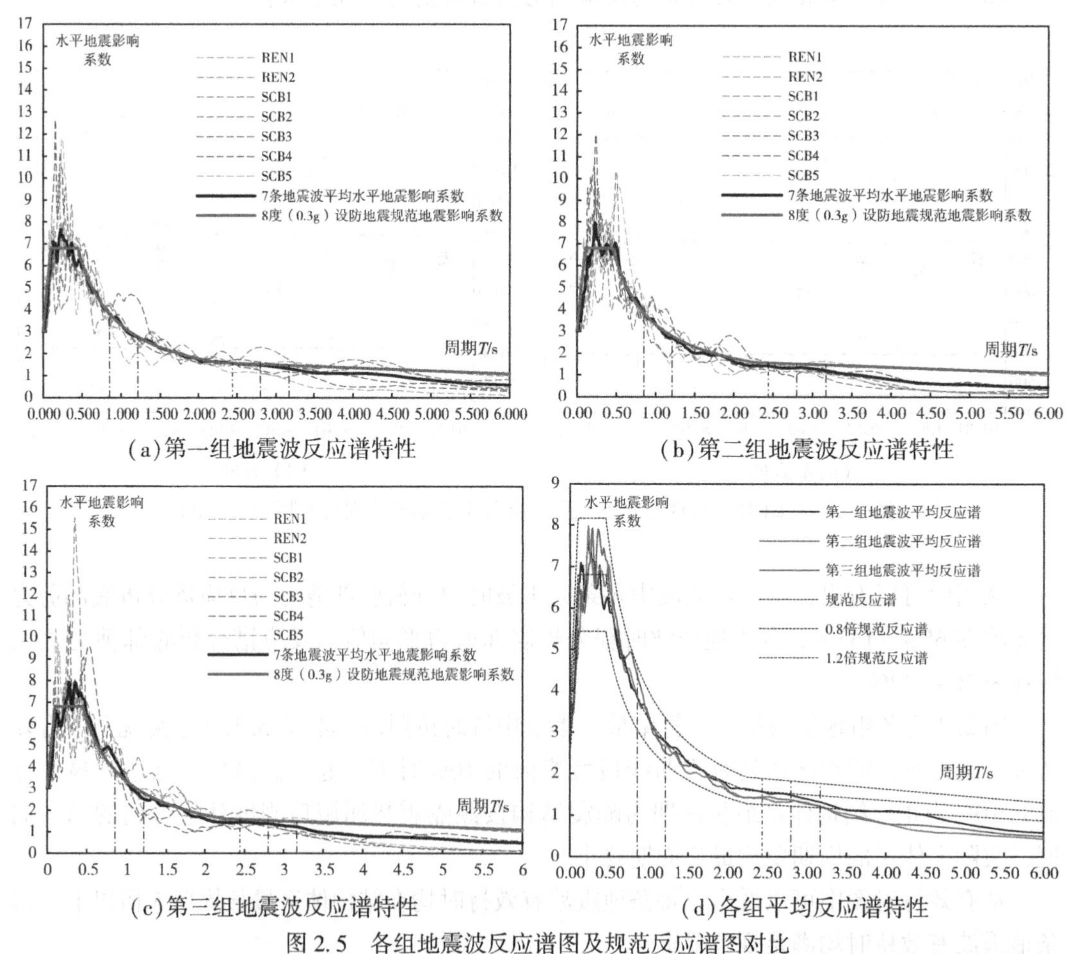

图 2.5　各组地震波反应谱图及规范反应谱图对比

从图 2.5 中可以看出，三组地震波的平均反应谱曲线与规范设计反应谱曲线相比，在主要周期点上的谱值相差不超过 20%。实际上，在 3.20s 内，三组地震波的平均反应谱曲线与规范设计反应谱曲线相比，基本上所有周期点上的谱值相差不超过 20%。即便是按照《抗规》要求，计算罕遇地震作用时，特征周期应增加 0.05s，其在 3.20s 内，三组地震波的平均反应谱曲线与规范设计反应谱曲线相比，基本上所有周期点上的谱值相差也不超过 20%，如图 2.6 所示。

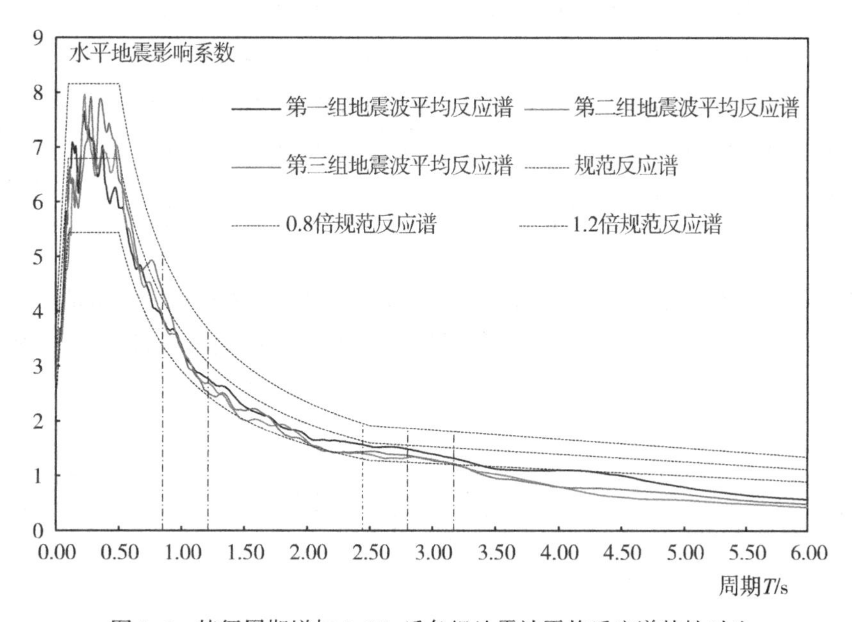

图 2.6 特征周期增加 0.05s 后各组地震波平均反应谱特性对比

综合上述，本工程中选择的三组地震波在有效持时、底部剪力及主要周期点上的谱值均满足规范要求。

2.2.1.3 分析结果

分部设计法中，通过对隔震结构模型进行时程分析，得到设防地震作用下的水平减震系数、罕遇地震作用下隔震支座的拉应力、变形以及隔震支座的轴力和剪力。本节通过对比各组地震波在设防地震作用下的水平减震系数、罕遇地震作用下隔震支座的拉应力、变形以及隔震支座的轴力和剪力，来分析地震波对隔震设计的影响。

(1)设防地震作用下水平减震系数

根据《抗规》要求，隔震层以上结构的水平地震作用应根据水平向减震系数确定。对于多层建筑，水平向减震系数为弹性计算(除隔震支座为非弹性外)所得的隔震与非隔震各层层间剪力的最大比值，如表 2.4 所示。

从表中可以看出，各组地震波时程分析得到的水平减震系数均满足降度要求，其中，第三组水平向减震系数小于 0.27，按照《抗规》规定，上部结构水平地震作用可按降 1 度半进行计算。二、三组的水平向减震系数小于 0.3，按照《抗规》，上部结构计算时，需要考虑竖向地震作用。

表 2.4　　　　　　　　　　各组地震波水平向减震系数

组别	方向	REN1	REN2	SCB1	SCB2	SCB3	SCB4	SCB5	平均值	水平向减震系数
第一组	*X*	0.317	0.326	0.267	0.330	0.411	0.317	0.272	0.320	0.322
	Y	0.318	0.340	0.250	0.323	0.440	0.318	0.263	0.322	
第二组	*X*	0.317	0.326	0.297	0.280	0.337	0.237	0.243	0.291	0.293
	Y	0.318	0.340	0.299	0.258	0.368	0.227	0.240	0.293	
第三组	*X*	0.317	0.326	0.224	0.229	0.250	0.243	0.239	0.261	0.262
	Y	0.318	0.340	0.220	0.235	0.231	0.240	0.250	0.262	

从水平向减震系数可以看出，相同上部结构、相同隔震垫布置，各组地震波计算出的减震系数有较大差异，这种差异可以从各组地震波平均反应谱特性得以解释，如图 2.7 和图 2.8 所示。

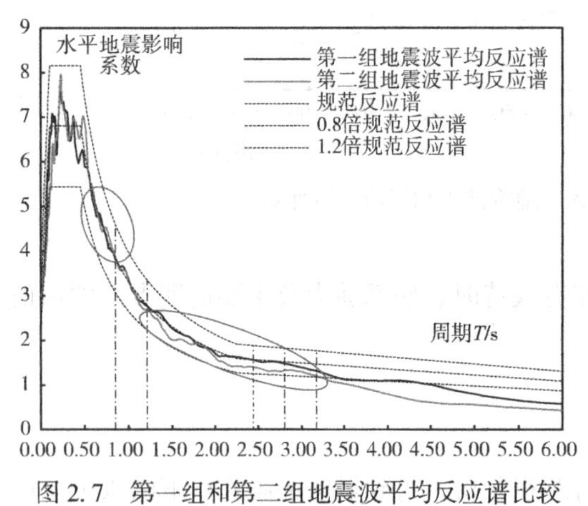

图 2.7　第一组和第二组地震波平均反应谱比较

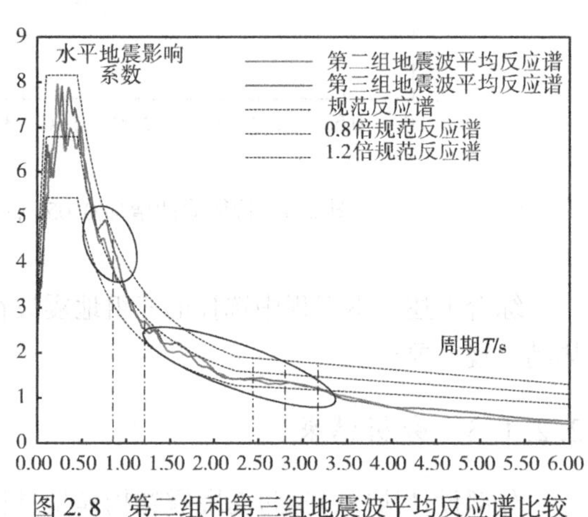

图 2.8　第二组和第三组地震波平均反应谱比较

从图 2.7 中可以看出，在非隔震结构主要周期点处，两组地震波平均反应谱非常接近，由此可推测，对于非隔震结构，两组地震波计算结构各层层间剪力非常接近，从时程分析平均底部剪力与反应谱分析底部剪力对比表中也可以看出这一结果。而在隔震结构主要周期段(1.20s 以后，尤其在 2.00s 以后)，第一组地震波的平均反应谱值普遍大于第二组地震波平均反应谱值，因此，第一组地震波计算隔震结构各层层间剪力要大于第二组地震波，由于两组地震波计算非隔震结构层间剪力接近，而隔震结构层间剪力第一组大于第二组，根据水平减震系数计算方法可知，第一组计算的水平减震系数要大于第二组。

同理，从图2.8可以看出，在隔震结构主要周期段(1.20s以后，尤其在2.00s以后)，两组地震波平均反应谱非常接近，因此，对于隔震结构，两组地震波计算结构各层层间剪力非常接近。而在非隔震结构主要周期处，第三组地震波的平均反应谱值普遍大于第二组地震波平均反应谱值，故第三组地震波计算非隔震结构各层层间剪力要大于第二组地震波，从时程分析平均底部剪力与反应谱分析底部剪力对比表中也可以看出这一结果。根据水平减震系数计算方法可知，第三组计算的水平减震系数要小于第二组。

从上述水平向减震系数的分析结果可以看出，相同上部结构、相同隔震垫布置，完全可以通过选择地震波来控制水平向减震系数的大小，从而达到性能目标的要求。

(2)支座变形

根据《抗规》要求，罕遇地震作用下，橡胶隔震支座水平变形限值不应超过该支座有效直径的0.55倍和支座内部橡胶总厚度3.0倍二者的较小值，本工程所用隔震支座类型中，直径分别为500mm和600mm，其内部橡胶总厚度98mm和120mm，因此，本工程中隔震垫变形限值为

$$d_{\max500} = \min\{0.55 \times 500 = 275\text{mm},\ 3 \times 98 = 294\text{mm}\} = 275\text{mm} \tag{2-1}$$

$$d_{\max600} = \min\{0.55 \times 600 = 330\text{mm},\ 3 \times 120 = 360\text{mm}\} = 330\text{mm} \tag{2-2}$$

一般情况下，为了减小隔震结构的扭转效应，在隔震支座布置时，会尽量使隔震层各支座的水平变形接近，因此，在隔震支座变形控制时，将按照较小支座的变形限值作为该工程的支座变形限值。本工程隔震支座的变形限值取275mm。

图2.9为罕遇地震作用下，三组地震波时程分析中各隔震支座的X方向的变形值(Y方向变形与X方向变形接近)。

从图中可以看出，在各条地震波作用下，各支座的变形均接近，说明该工程中隔震垫布置可以有效地控制结构扭转效应。

相同位置支座，在不同地震波作用下，其变形有较大差别，如在第三组地震波中，相同位置处支座，在不同地震波作用下的变形相差约2.85倍。

各组地震波时程分析结果中，第一组支座平均变形最大，达到291mm，已经超过限值275mm，而第二组和第三组支座平均变形接近，支座变形在205mm左右。

三组地震波分析支座变形的特点同样可以从三组地震波平均反应谱图得以解释，如图2.10所示。

从图中可以看出，隔震结构主要周期段，第一组地震波平均反应谱要普遍高于二、三组，二、三组地震波平均反应谱比较接近，因此，在第一组地震波激励下，隔震结构反应较大，支座变形较大，而在二、三组地震波激励下，隔震结构反应接近，支座变形接近，并小于第一组地震波激励下支座的变形。

从上述罕遇地震作用下，隔震支座变形分析结果可以看出，相同上部结构、相同隔震垫布置，也可以通过选择地震波来控制隔震支座变形的大小。

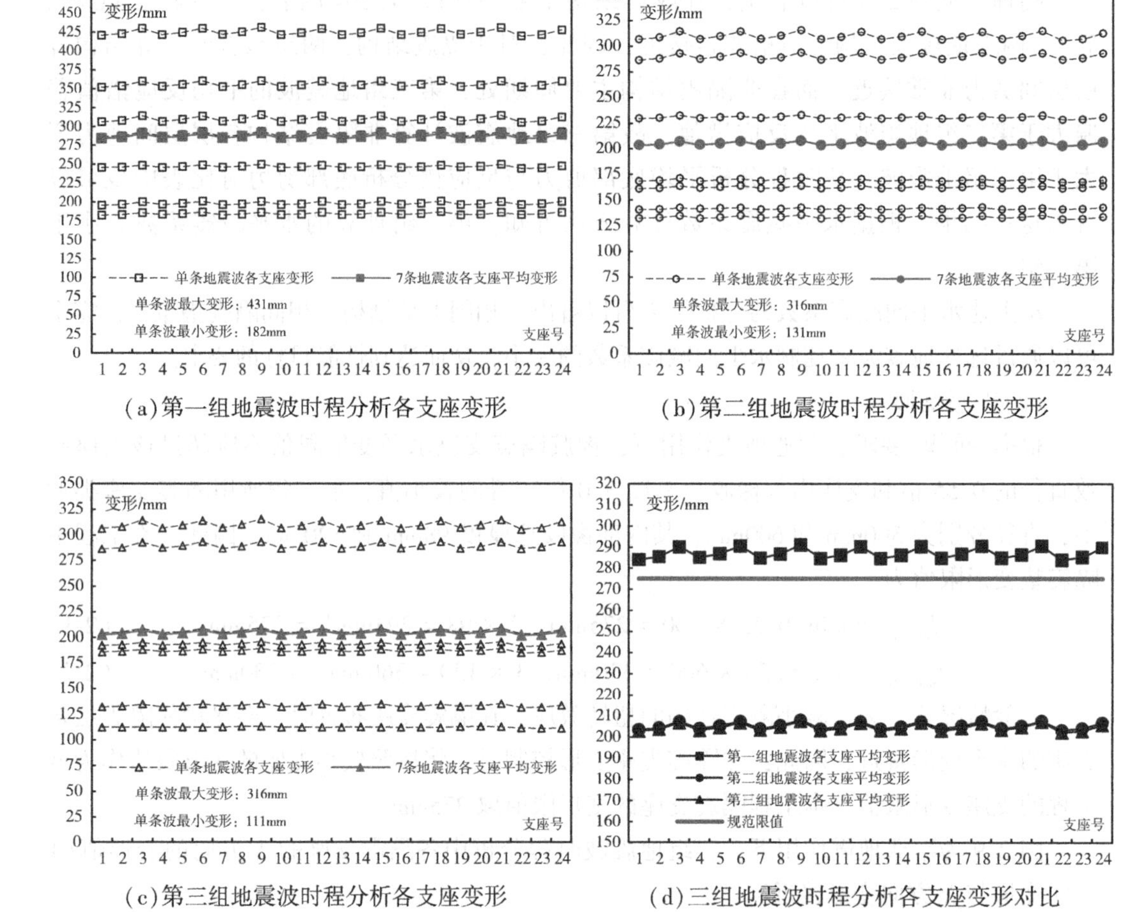

图 2.9　各组地震波反应谱图及规范反应谱图对比

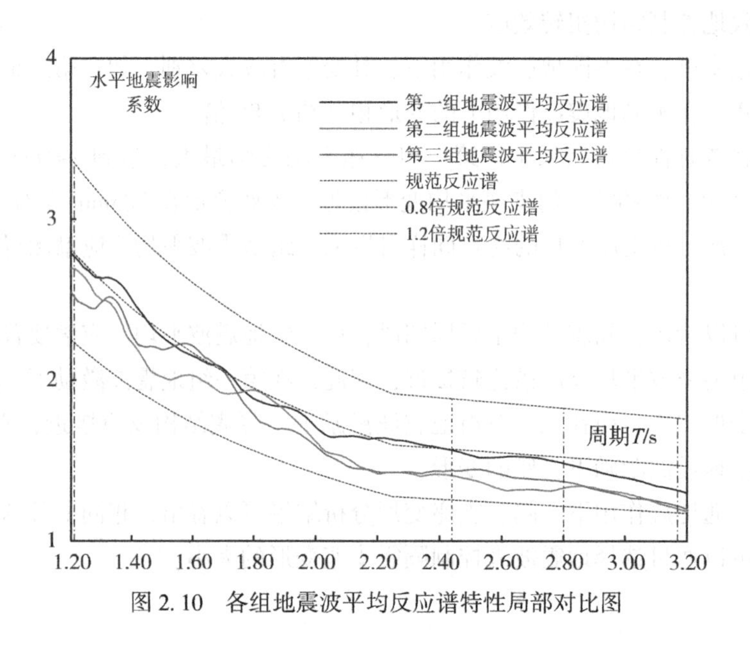

图 2.10　各组地震波平均反应谱特性局部对比图

(3)支座拉力、轴力及剪力

根据《抗规》要求，罕遇地震作用下，橡胶隔震支座在罕遇地震的水平和竖向地震同时作用下，拉应力不应大于 1MPa。罕遇地震作用下，隔震结构在各组地震波激励下的最大拉应力如表 2.5 所示。

表 2.5　　**各组地震波作用下支座拉应力信息**

组别	出现拉应力支座数量	最大拉应力/MPa	拉应力限值/MPa	出现最大拉应力支座号	是否满足要求
第一组	8	0.64	1.00	22	满足
第二组	8	0.42	1.00	22	满足
第三组	8	0.40	1.00	22	满足

从表中可以看出，在各组地震波作用下，均出现了支座受拉情况，但均在规范限值范围内，其中，在第一组地震波激励下，拉应力最大，在第二、三组地震波激励下，拉应力接近，均小于第一组拉应力。

在各组地震波作用下，支座轴力和剪力的对比结果的规律与拉应力相似，如图 2.11 和图 2.12 所示。

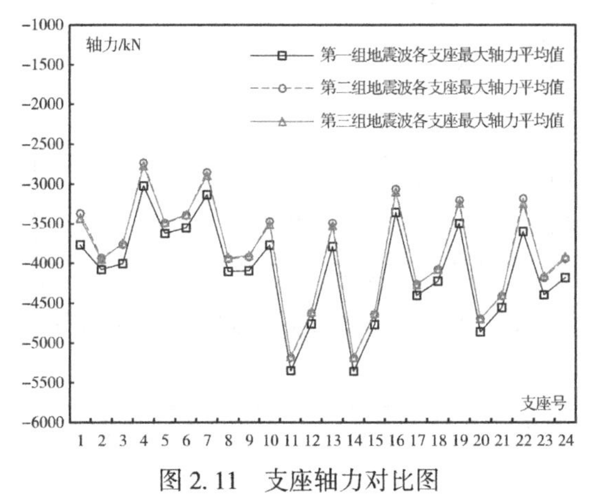

图 2.11　支座轴力对比图

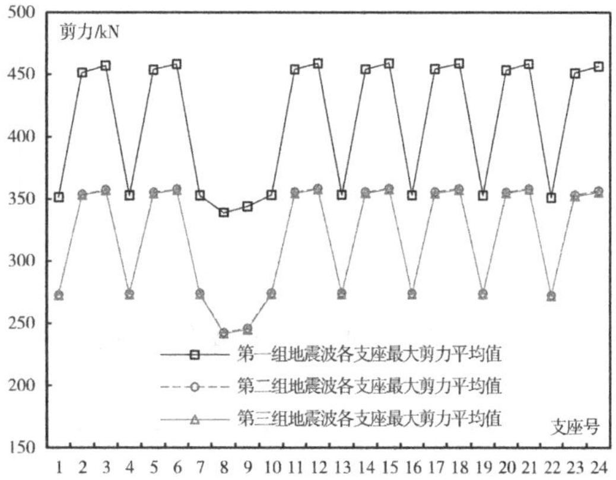

图 2.12　支座剪力对比图

从图中可以看出，在各组地震波作用下，在第一组地震波激励下，轴力和剪力最大，在第二、三组地震波激励下，轴力和剪力接近，均小于第一组轴力和剪力。

2.2.1.4　分析结论

本节主要通过对比各组地震波在设防地震作用下的水平减震系数、罕遇地震作用下隔震支座的拉应力、变形以及隔震支座的轴力和剪力，来分析地震波对隔震设计的影响，对比结果如表 2.6 所示。

表 2.6　**各组地震波隔震分析结果对比**

组别	水平向减震系数	支座变形	支座拉压	支座轴力	支座剪力
第一组	大	大	大	大	大
第二组	中	小	小	小	小
第三组	小	小	小	小	小

一般情况下，为了提高隔震效果，通常的做法是减小隔震层刚度，延长隔震结构周期，降低隔震结构层剪力，由于隔震层刚度的减小，隔震支座的变形会增加。因此，通常认为水平向减震系数较小的情况下，支座变形会很大。对于统一的地震输入而言，这样的结论是正确的，但是由于现阶段隔震设计的地震输入不统一，可以从另一个角度来提高隔震效果，即降低隔震结构的地震输入来提高隔震效果，如本例中第三组地震波计算结果，就是通过选择地震波得到水平向减震系数小，而且罕遇地震作用下支座变形、支座拉压、支座轴力及剪力都较小。基于此本书总结得到一套隔震结构分析选择地震波所谓的"经验"，如图 2.13~图 2.16 所示。

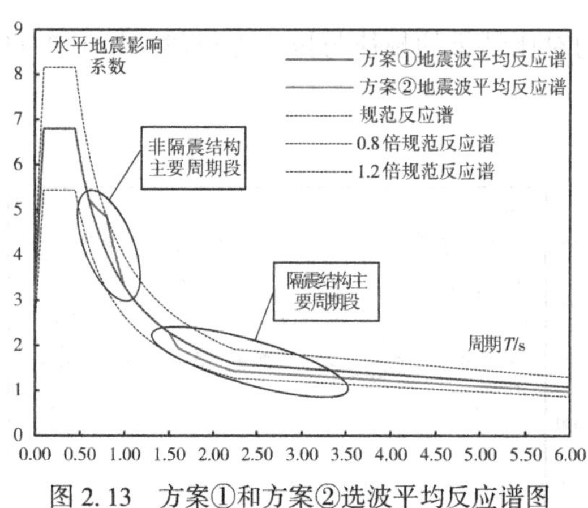

图 2.13　方案①和方案②选波平均反应谱图

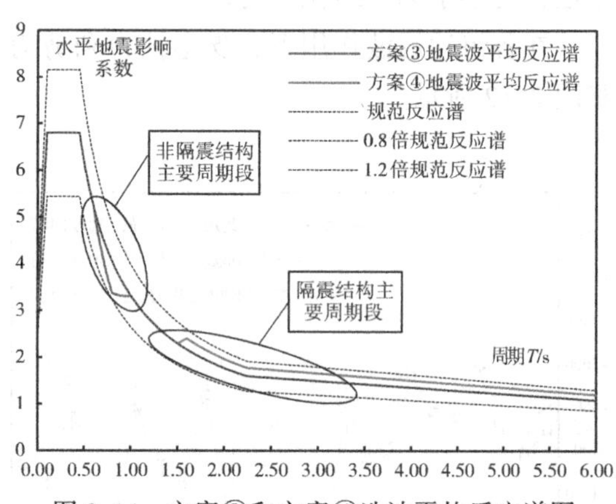

图 2.14　方案③和方案④选波平均反应谱图

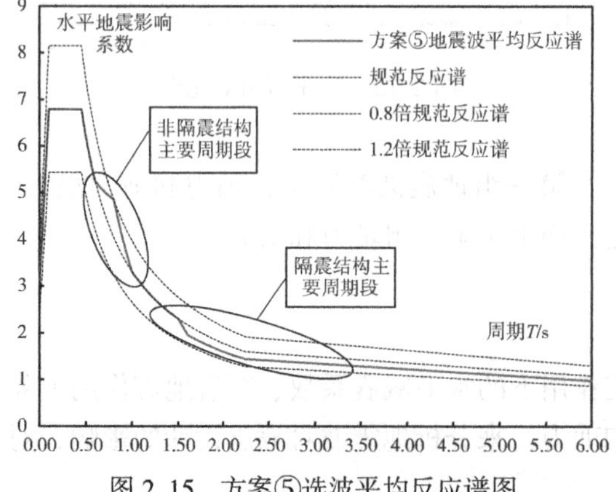

图 2.15　方案⑤选波平均反应谱图

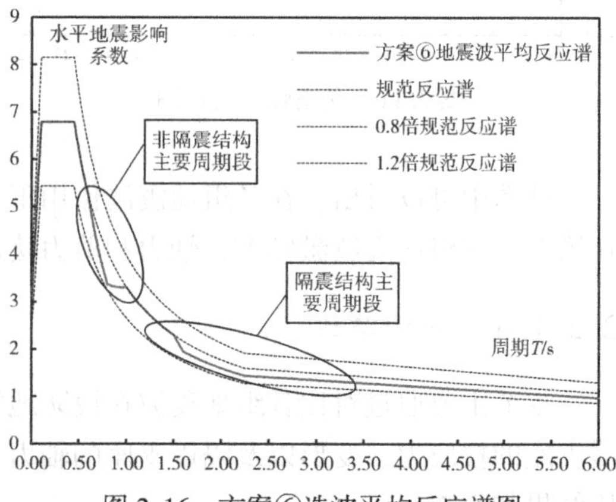

图 2.16　方案⑥选波平均反应谱图

(1)如果初步分析水平向减震系数达不到降度的要求，可以通过选择一组在非隔震结构周期段平均反应谱谱值较大(方案①)或在隔震结构主要周期段平均反应谱谱值较小(方案②)的地震波进行隔震分析，达到降低水平向减震系数的目的，如图2.13所示。

(2)如果初步分析水平向减震系数太小，如小于0.3时，上部结构分析要考虑竖向地震作用，可以通过选择一组在非隔震结构周期段平均反应谱谱值较小(方案③)或在隔震结构主要周期段平均反应谱谱值较大(方案④)的地震波进行隔震分析，达到增加水平向减震系数的目的，如图2.14所示。

(3)如果隔震目标较高，比如降低1度半，按照方案①和方案②仍然达不到性能目标要求，可以选择一组在非隔震结构周期段平均反应谱谱值较大，同时在隔震结构主要周期段平均反应谱谱值较小(方案⑤)的地震波进行隔震分析，达到大幅度降低水平向减震系数的目的，如图2.15所示。

(4)如果初步分析支座变形过大，需要减小隔震结构地震反应，但又不能降低水平向减震系数，可以选择一组在非隔震结构周期段平均反应谱谱值较小，同时在隔震结构主要周期段平均反应谱谱值较小(方案⑥)的地震波进行隔震分析，达到大幅度降低水平向减震系数的目的，如图2.16所示。

根据上述所谓的隔震结构选波"经验"来看，只要地震波库数据足够，总能通过选择地震波达到预定隔震目标的目的。然而，想通过选择不同地震波达到性能目标的目的，并没有提高结构的安全性，反而可能使不满足规范要求的指标，达到满足规范要求的目的，使结构存在较大的安全隐患。

本研究认为，选择地震波的方法解决隔震分析目标的原因主要有两个，一是目前隔震结构设计过于依赖时程分析结果，二是规范对时程分析所用地震波规定较少，以至于对隔震分析结果缺少判断依据，导致隔震时程分析的随意性。

因此，要避免通过选择地震波来实现隔震性能目标的问题，可以从两个方面加以限制，一是统一隔震结构分析的地震输入，二是对隔震时程分析的地震波进行更为详细的规定。

由于时程分析方法不仅仅是用于隔震分析，在结构设计分析中，很多情况需要时动力时程分析作为补充验算，因此，目前学者对地震波的适用性研究也有较多，那么这些研究成果是否能为隔震结构时程分析提供依据需要进一步分析。

2.2.2 基于人工合成地震动分析

根据2.2.1节分析可知，按照《抗规》规定在主要周期点上的地震波的平均反应谱值与规范设计反应谱相差不超过20%，以及弹性时程分析与反应谱分析底部剪力结果对比相差不超过65%的方法控制选波，并不能减少地震波造成时程结果的离散性。

王亚勇[46]提出四种选波原则：①按场地类别选波；②按地震加速度记录反应谱特征周期 T_g 选波；③按地震加速度记录反应谱特征周期 T_g 和结构第一周期 T_1 双指标选波；④按反应谱面积选波。随后，杨溥[54]等详细分析了上述四种选波原则，认为地震地面运动的影响因素很多，在相同烈度情况下，同一场地类别上所观测到的地震加速度记录无论在峰值、波形、频谱和持续时间上所造成的地面运动也不尽相同，即使在同一地点来自同一震源的先后两次地震所造成的地面运动也不尽相同。并且由于场地类别的标定具有很大的模糊性，所谓"相同场地"往往是不相同的，因此依据场地类别选波缺乏可行的操作方法。由于规范中相邻类场地的 T_g 较接近，单纯依靠 T_g 控制选波较难得到满意结果。

综合王亚勇提出的四种选波原则，杨溥等提出基于规范标准反应谱平台段和结构基本自振周期段的两频段控制选波方案。该方法指出，对地震记录加速度反应谱在[0.1，T_g]平台段的均值进行控制，要求所选地震记录加速度谱在该段的均值与设计反应谱相差不超过10%，并且对结构基本周期 T_1 附近[$T_1-\Delta T_1$，$T_1+\Delta T_2$]段加速度反应谱均值进行控制，要求所选地震记录加速度谱在该段的均值与设计反应谱相差不超过10%，并建议取 $\Delta T_1 \leq \Delta T_2=0.5\text{s}$。该方案相比《抗规》而言，不仅仅考虑了主要周期点上地震波谱特性和设计谱特性上的差异，而且还考虑了主要周期点附近的差异，从而可以考虑结构进入塑性状态后地震波的适用性。

周颖[119]等在杨溥的基础上，提出了 1.5T 面积法，该方法除在[0.1，T_g]平台段和结构基本周期 T_1 附近[T_1-0.5s，T_1+0.5s]双频段谱面积和规范反应谱谱面积偏差控制在10%内，还增加了[T_1，T_1+1.5T_1]频段谱面积和规范反应谱谱面积偏差，该方法着重考虑了中长周期结构进入弹塑性阶段之后，构件刚度发生退化，结构基本周期延长，造成结构地震响应变化，因此认为该方法可用于结构弹性和弹塑性时程分析选波。

《EC8》[120]要求[0.2T_1，2T_1]周期段内所选择地震波的平均反应谱值不应小于目标反应谱的值 90%。

《UBC97》[121]要求所选择的地震波应能够代表实际情况，地震波的反应谱应能够与规范设计弹性反应谱相接近。

《ASCE-7》[122]要求[0.2T_1，1.5T_1]段内，所选择地震波的平均值不应小于规范反应谱。

从上述研究可以看出，目前选择地震波的原则与《抗规》选波原则类似，主要还是基于规范反应谱选择地震波，如《EC8》和《ASCE-7》，但其要求比《抗规》更严格，如精度要求控制在 10%以内，而且考虑了结构进入弹塑性的影响，即考虑周期段的谱差异，并不仅仅是周期点上的差异。

由于上述选波原则的控制精度高，而且控制范围为周期段，控制范围广，似乎可以避免上节中提出的通过控制谱特性选择所需要的地震波，为了明确上述选波原则对隔震时程分析控制的有效性，本节将结合上节中的实例进行说明。

2.2.2.1　地震波说明

由于目前各国规范大部分仍是依靠控制地震波反应谱与规范反应谱的偏差为选波原则，其差别在于控制的精度和控制范围不同，如我国控制主要周期点谱特性，控制精度为20%以内，《EC8》控制[0.2T_1，2T_1]段谱特性，控制精度为 10%以内。为了使地震波反应谱与规范反应谱匹配较好，本节采用人工波进行分析。

目前，工程上以三角级数合成人工法应用得最为普遍。它是用一组三角级数之和，构造一个近似的平稳高斯过程，然后用强度包线系数对其进行修正，以形成时域内非平稳的加速度时程曲线[123]。合成地震波的相位信息，是通过在(0，2π)区间内均匀分布的随机数提供的，因此地震波在频域内是完全平稳的。合成地震波的反应谱与设计反应谱在整个频带上的符合程度，通过不断迭代修正来完成。这类方法产生的地震波一般与地震动参数，特别是地震反应谱具有较好的拟合精度，其基本公式如式(2-3)所示：

$$a(t)=f(t)\cdot x(t)=f(t)\cdot \sum_{i=1}^{N} C(\omega_i)\sin(\omega_i t+\varphi_i) \tag{2-3}$$

式中，$a(t)$为拟合人工波加速度，$f(t)$为强度包线系数，$x(t)$为平稳高斯过程，ω_i为圆频率，人工地震波由这些圆频率构成的三角级数迭代而成，φ_i 为随机相位角，其范围为0~2π，$C(\omega_i)$为振幅。其拟合思路如图2.17所示。

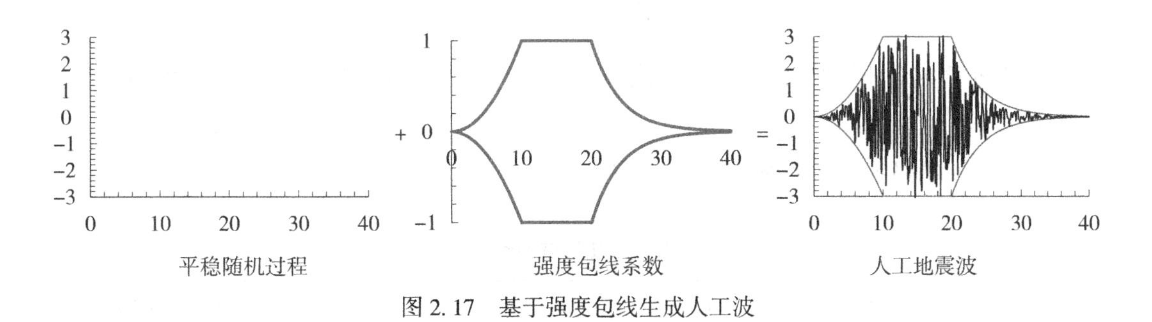

图2.17 基于强度包线生成人工波

本节将采用三角级数法产生7组人工波，每组人工波包含7条人工波，目标反应谱为8度0.30g设防地震规范反应谱，精度控制在10%以内，控制点如表2.7所示。

表2.7 **三角级数生成人工波周期控制点**

	区间1	区间2	区间3
周期范围/s	0.04~T_g	T_g~$5T_g$	$5T_g$~6.00
周期增量/s	0.01	0.05	0.125

注：表中 T_g 为场地特征周期。

强度包线函数采用较常用的三段式模型，包含上升、平稳和下降段，如图2.18及式(2-4)所示。

$$f(t)=\begin{cases}(t/t_1)^2, & 0\leqslant t<t_1\\ 1, & t_1\leqslant t<t_2\\ e^{-c(t-t_2)}, & t_2\leqslant t<T_d\end{cases} \tag{2-4}$$

式中，参数 t_1 为强度包线平稳段起点，t_2 为强度包线平稳段终点，c 为下降段衰减指数，e为自然常数，T_d 为总记录时间。

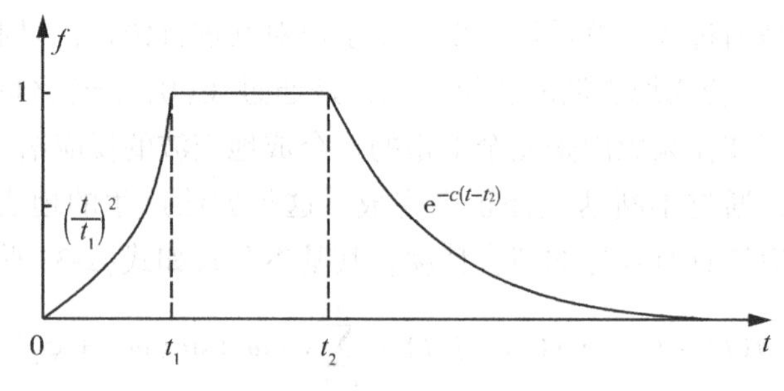

图 2. 18　强度包线模型

对于 T_d 可以按照式(2-5)取值

$$T_d \geqslant t_2 - \frac{\ln\theta}{c} \tag{2-5}$$

式中 θ 值为 T_d 时刻强度包线值，该值一般小于 0. 05，即认为 T_d 时刻的强度包线值小于峰值包线值的 5%。

7 组人工波强度包线参数如表 2. 8 所示。

表 2. 8　**各组人工波强度包线参数**

人工波组号	t_1/s	t_2/s	$t_s=t_2-t_1$/s	c	总记录时间 T_d/s
Group1	5	6	1	0. 5	40
Group2	5	15	10	0. 1	40
Group3	5	15	10	0. 5	40
Group4	5	15	10	0. 9	40
Group5	5	30	25	0. 5	40
Group6	10	20	10	0. 5	40
Group7	20	30	10	0. 5	40

人工波时程特性如图 2. 19 所示，7 组人工波平均反应谱图如图 2. 20 所示。

从图 2. 19～图 2. 20 中可以看出，7 组人工波除了在波形上有所差别外，其平均加速度谱、平均速度谱和平均位移谱均与规范谱非常接近。其中，平均速度谱和平均位移谱均是按照 Newmark-β 法进行直接积分计算获得，按规范加速度谱换算速度谱和位移谱计算公式如式(2-6)和式(2-7)所示。

$$S_v = \frac{T}{2\pi}S_a \tag{2-6}$$

$$S_d = \frac{T^2}{4\pi^2}S_a \tag{2-7}$$

由于 7 组人工波的平均反应谱与规范反应谱在各个周期点的偏差均非常小，因此如果按照反应谱特性选择地震波，7组人工波均能用于各种周期结构的时程分析。

从反应谱特性的角度可以看出，7组人工波可以避免通过控制反应谱特性选择所需要的地震波，那么反应谱特性非常接近的人工波是否可以避免隔震结构分析结果的离散性，需进一步研究。本节将采用上述7组人工波对2.2.1节中的隔震结构模型进行时程分析，并对比了各组人工波时程分析结果。

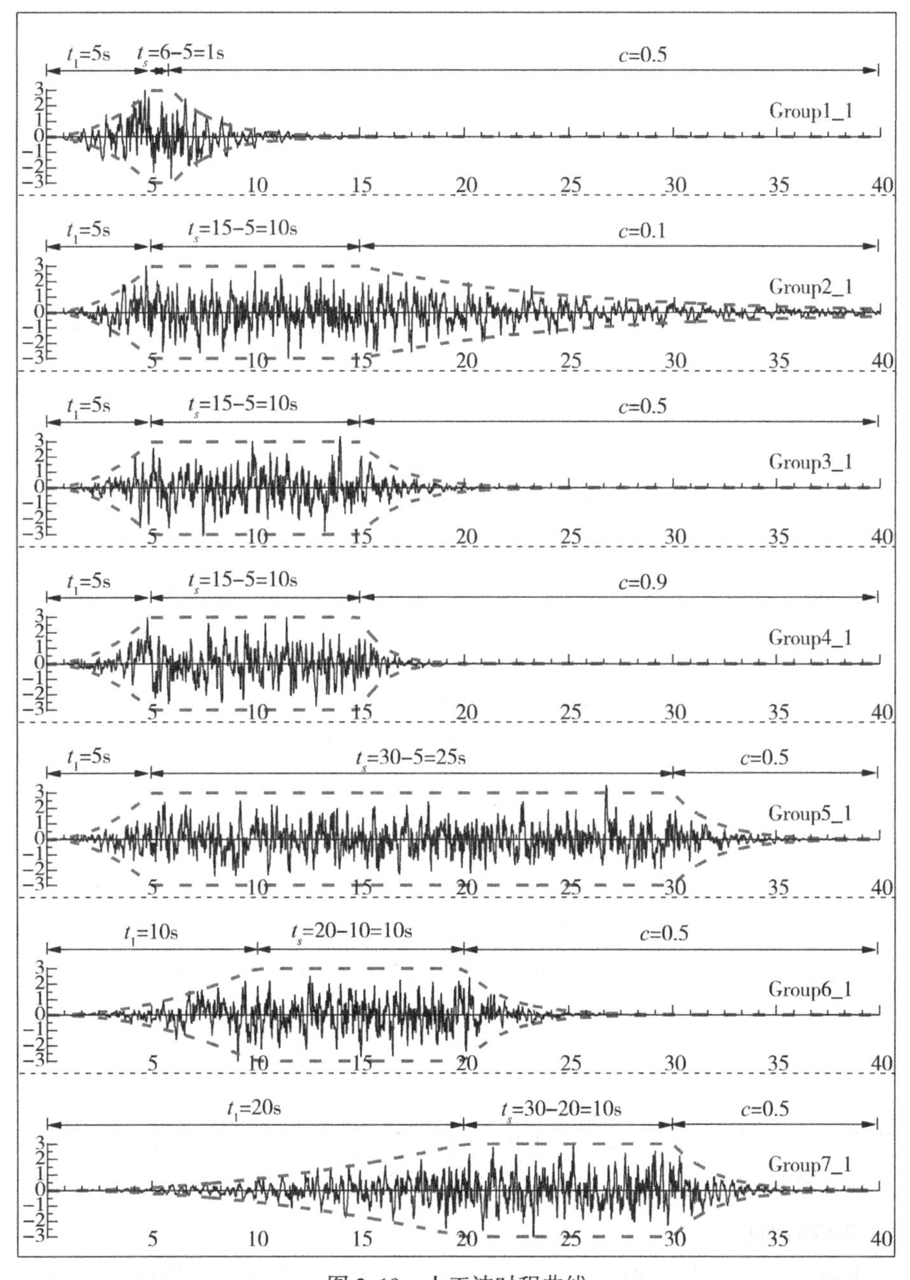

图2.19　人工波时程曲线

注：Group1_1表示Group1中第一条人工波

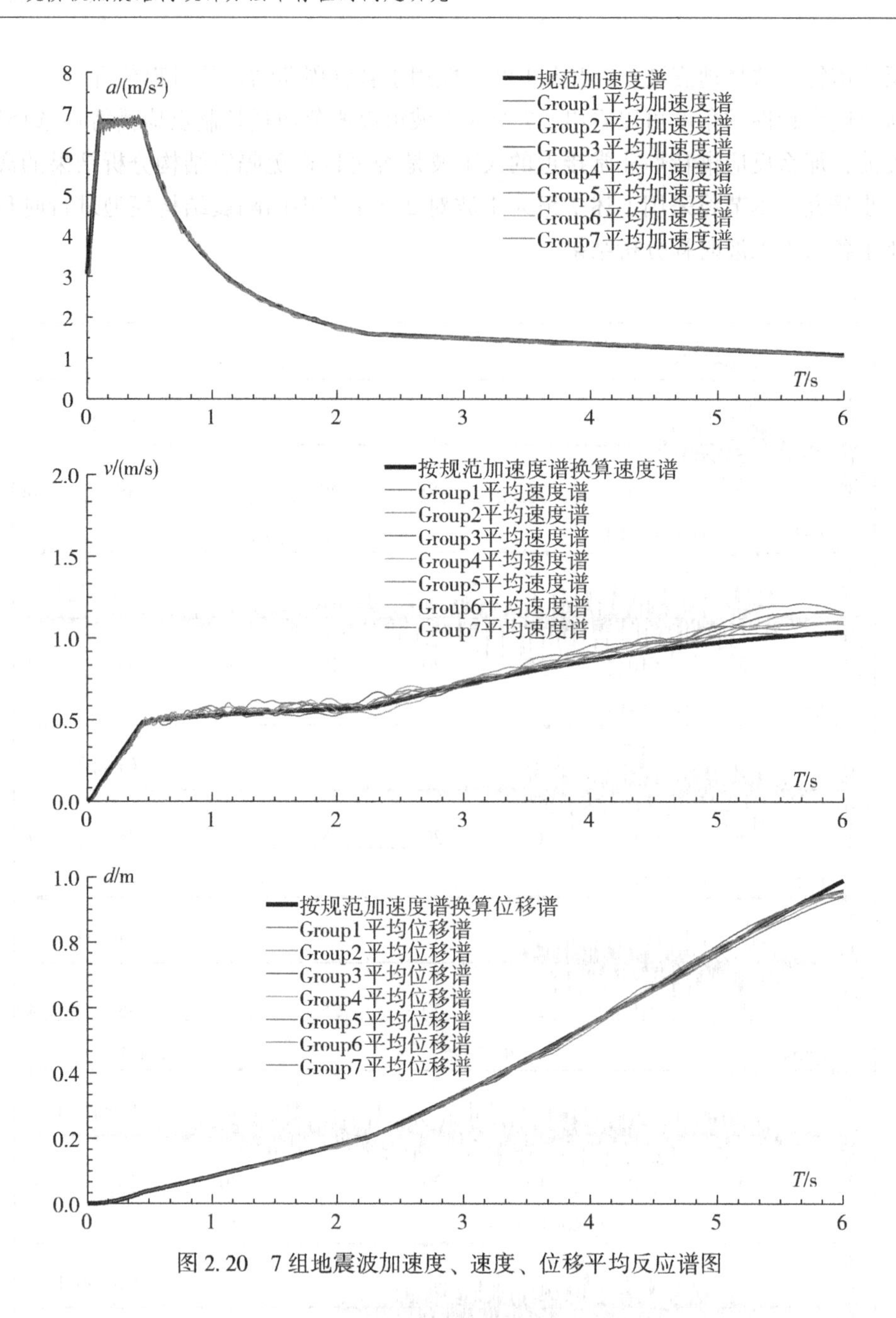

图 2.20　7 组地震波加速度、速度、位移平均反应谱图

2.2.2.2　分析结果

本节主要通过对比 7 组人工波激励时，在设防地震作用下底部剪力和水平向减震系数，以及在罕遇地震作用下隔震支座的变形来分析 7 组人工波对隔震结构的影响。

1. 底部剪力对比

下图为设防地震作用下各组人工波激励时隔震结构与非隔震结构底部剪力对比（Y 方向），如表 2.9 所示。

表 2.9 **时程分析隔震与非隔震底部剪力平均值对比**

组号	非隔震底部剪力平均值		隔震底部剪力平均值	
	Y 方向/kN	最大值/最小值	*Y* 方向/kN	最大值/最小值
Group1	14471	Group3/Group4 = 1.04	6648	Group1/Group5 = 1.34
Group2	14595		5250	
Group3	14602		5441	
Group4	14341		5467	
Group5	14540		4953	
Group6	14076		5323	
Group7	14328		5318	

从表 2.9 中可以看出，7 组人工波计算非隔震结构的底部剪力平均值非常接近，最大底部剪力与最小底部剪力之比不超过 4%，而 7 组人工波计算隔震结构的底部剪力平均值差别较大，其中 Group1 人工波计算底部剪力平均值最大，Group5 计算底部剪力较小，其差别超过 30%，其他各组底部剪力较为接近。

2. 水平向减震系数对比

表 2.10 为设防地震作用下，7 组人工波按照《抗规》计算水平向减震系数结果，从表中可以看出，水平向减震系数差别非常大，从 0.4 以上变化到了 0.3 以下。其中 Group1 平均减震系数最大，Group5 平均减震系数最大，其他各组平均减震系数最大较为接近，其规律与底部剪力相似。

表 2.10 **7 组地震波水平向减震系数(*Y* 方向)**

组号	REN1	REN2	REN3	REN4	REN5	REN6	REN7	平均值
Group1	0.410	0.439	0.389	0.377	0.458	0.412	0.382	0.410
Group2	0.309	0.341	0.308	0.278	0.359	0.310	0.275	0.311
Group3	0.315	0.354	0.314	0.284	0.393	0.298	0.314	0.325
Group4	0.308	0.333	0.339	0.289	0.370	0.329	0.299	0.324
Group5	0.297	0.290	0.290	0.262	0.329	0.316	0.285	0.296
Group6	0.327	0.327	0.303	0.296	0.326	0.323	0.343	0.321
Group7	0.334	0.325	0.332	0.300	0.323	0.326	0.300	0.320

根据上述分析数据可以看出，7 组人工波对非隔震结构模型的分析结果平均值差别较小，而对隔震结构模型的分析结果平均值差别较大，呈现出的规律大致为 Group1 人工波计算底部剪力及支座变形均较大，Group5 人工波计算底部剪力及支座变形均较小，由于

非隔震结构计算结果接近，导致水平向减震系数呈现出Group1计算结果较大，Group5计算结果较小。

3. 隔震支座变形对比

图2.21为罕遇地震作用下，各组人工波中，7条人工波计算支座变形最大值与最小值，图2.22为罕遇地震作用下，7组人工波计算隔震支座*Y*方向变形平均值。

从图2.21中可以看出，各条人工波计算支座变形差别较大，Group1人工波计算支座变形最大值达461mm，Group7人工波计算支座变形最小值为239mm，其差距达1.93倍。但是各组内地震波计算支座最大值与最小值差别有明显缩小，最大差别为1.49倍。因此，即使采用反应谱特性非常接近的人工波对隔震进行分析，其计算结果仍然具有很大离散性，但是在确定的强度包线系数的情况下，其离散性有显著降低。

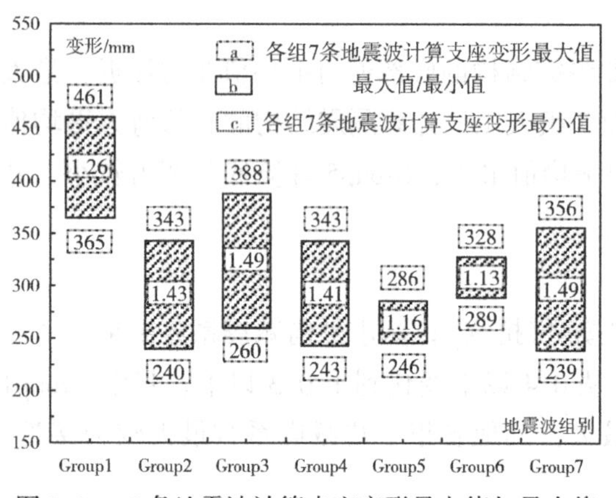

图2.21　7条地震波计算支座变形最大值与最小值

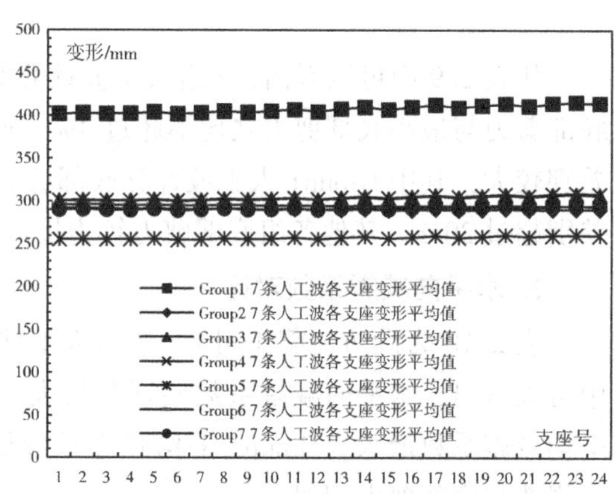

图2.22　7组地震波计算支座变形平均值

从图2.22中可以看出，各组人工波计算支座平均变形差别较大，Group1人工波计算支座平均变形最大，各支座最大变形达到416mm，Group5人工波计算支座平均变形最小，各支座最大变形为261mm，其他组人工波计算各支座变形非常接近，均在288~309mm之间。

4. 结果分析

从上述分析可以看出，7组人工波对线性非隔震结构分析的结果非常接近，而对非线性隔震结构分析的结果差别则比较大。为了说明人工波特性对非线性体系分析结果的影响，表2.11给出了7组人工波强度包线参数及隔震结构底部剪力、支座变形的对比。

表2.11　**人工波强度包线参数及隔震结构分析结果对比**

$t_s=t_2-t_1$ /s	人工波组号	t_1 /s	t_2 /s	c	记录时间 /s	隔震底部剪力 /kN	隔震支座变形 /mm
1	Group1	5	6	0.5	0.5	6648	416

续表

$t_s=t_2-t_1$ /s	人工波组号	t_1 /s	t_2 /s	c	记录时间 /s	隔震底部剪力 /kN	隔震支座变形 /mm
10	Group2	5	15	0.1	0.1	5250	292
	Group3	5	15	0.5	0.5	5441	308
	Group4	5	15	0.9	0.9	5467	309
	Group6	10	20	0.5	0.5	5323	296
	Group7	20	30	0.5	0.5	5318	295
25	Group5	5	30	0.5	0.5	4953	261

Group1 和 Group5 与其他组人工波的差别主要在于强度包线参数 t_s 的长度，即(t_2-t_1)对应的地震动平稳段的长度，表现出地震动平稳段持时越短，隔震结构最大响应值越大，地震动平稳段持时越长，隔震结构最大响应值越小；在平稳段持时一定时，地震动上升段持时(t_1)和下降段持时(c 体现)的变化对隔震结构的响应影响较小。

2.2.2.3 进一步讨论

从上小节分析结果可以看出，人工波平稳段持时对隔震结构分析结果影响较大，在峰值加速度相同和反应谱特性接近的情况，平稳段越短，隔震结构地震响应越大，由于该规律仅仅通过具体模型计算结果得出，是否具有普遍性需要进一步研究。为此，本节将采用上节中 7 组人工波对不同隔震模型进行分析，隔震模型采用单自由度双线性模型，双线性模型中屈服后刚度比取 1/13，结构阻尼比取 0.05，峰值加速度为 3000mm/s^2，隔震体系屈服位移 d_y 讨论范围为 2~11mm，隔震体系初始周期 T_0讨论范围为 0.6~1.5s。如表 2.12 和表 2.13 所示。

表 2.12 **初始周期 T_0影响**

屈服位移 d_y/mm	初始周期 T_0/s									
2.00	0.60	0.70	0.80	0.90	1.00	1.10	1.20	1.30	1.40	1.50
6.00	0.60	0.70	0.80	0.90	1.00	1.10	1.20	1.30	1.40	1.50
11.00	0.60	0.70	0.80	0.90	1.00	1.10	1.20	1.30	1.40	1.50

表 2.13 **屈服位移 d_y影响**

初始周期 T_0/s	屈服位移 d_y/mm									
0.60	2.00	3.00	4.00	5.00	6.00	7.00	8.00	9.00	10.00	11.00
1.10	2.00	3.00	4.00	5.00	6.00	7.00	8.00	9.00	10.00	11.00
1.50	2.00	3.00	4.00	5.00	6.00	7.00	8.00	9.00	10.00	11.00

对比分析各模型水平向最大位移，分析结果如图 2.23 和图 2.24 所示：

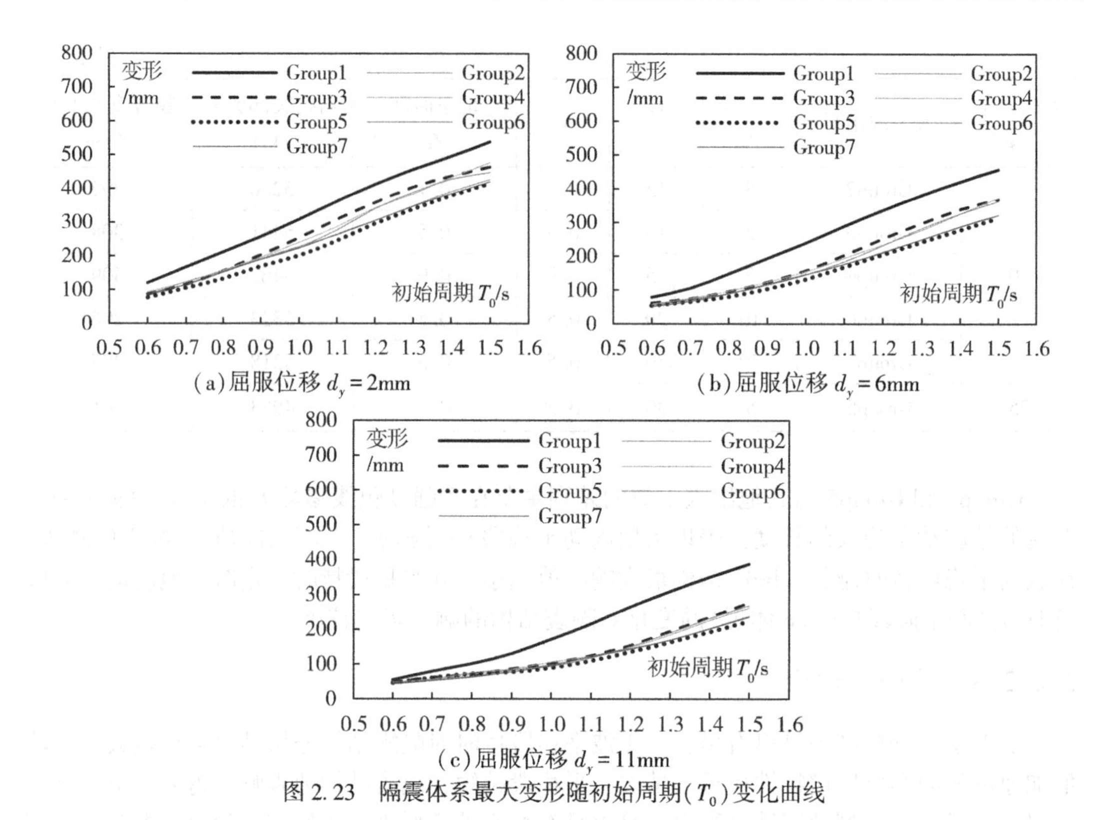

(a)屈服位移 $d_y = 2$mm

(b)屈服位移 $d_y = 6$mm

(c)屈服位移 $d_y = 11$mm

图2.23 隔震体系最大变形随初始周期(T_0)变化曲线

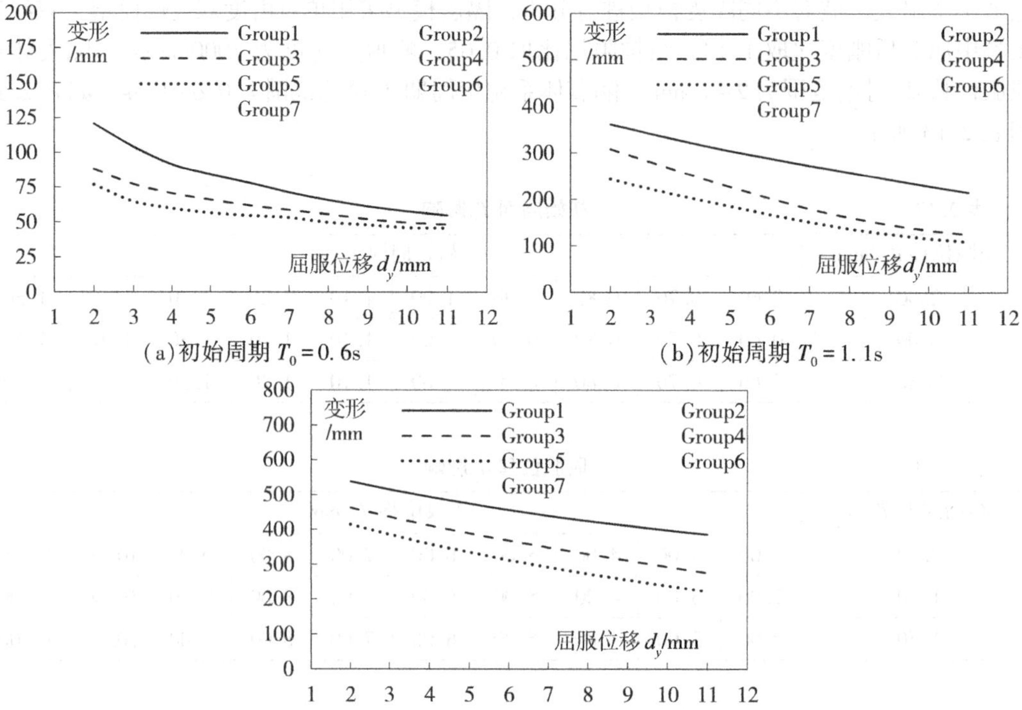

(a)初始周期 $T_0 = 0.6$s

(b)初始周期 $T_0 = 1.1$s

(c)初始周期 $T_0 = 1.5$s

图2.24 隔震体系最大变形随屈服位移(d_y)变化曲线

从图中可以看出，Group1、Group3 和 Group5 人工波对各种初始周期和屈服位移的隔震模型分析结果变化规律基本相同，呈现出 Group1 分析结果最大，Group5 分析结果最小，这与上节中分析结果一致，说明强度包线参数 t_1 和 c 相同的情况下，t_s 平稳段持时越短的人工波，对隔震结构的作用效应越显著这一规律具有普遍性。t_1 和 c 对隔震结构的作用效应影响规律不明显，但总体上看，t_1 和 c 对隔震结构作用下影响较 t_s 小。

上述分析中，强度包线参数 t_1，t_s 及 c 对隔震结构地震作用效应的影响，实质上是地震动持时对隔震结构地震作用效应的影响。实际上，地震动三要素包含振幅、频谱和持时，直至现阶段，大部分研究者都把振幅和反应谱谱特性作为结构抗震设计的研究重点，由于以往的抗震设计多采用弹性振动模型，因此地震动持时的重要性一直没有得到重视，但是，对于具有非线性特征的隔震结构体系而言，地震动持时有不可忽略的影响。尽管《抗规》给出了有效持续时间的定义，并规定有效持时一般为结构基本周期的 5~10 倍，但是这些规定对持时并没有太大的约束作用，一般情况下，地震动的持时均满足这个要求。并且，规范定义有效持时的大小也不能反映持时对结构非线性分析的影响，表 2.14 给出了按《抗规》定义的持时计算结果。

表 2.14　**规范方法计算 7 组人工波有效持续时间**

组别	REN1/s	REN2/s	REN3/s	REN4/s	REN5/s	REN6/s	REN7/s	平均值/s
Group1	9.84	8.96	8.83	9.37	8.89	9.17	11.75	9.54
Group2	33.76	37.04	36.26	35.20	33.72	35.67	37.02	35.52
Group3	16.34	17.61	16.84	17.25	17.35	16.68	16.28	16.91
Group4	14.42	14.86	14.98	14.75	14.66	15.45	14.35	14.78
Group5	31.96	31.78	31.67	31.03	30.73	31.55	30.23	31.28
Group6	18.93	19.98	21.50	20.71	20.04	18.66	18.55	19.77
Group7	28.62	25.94	25.99	26.06	26.62	26.40	28.70	26.90

从表 2.14 中可以看出，Group5 的有效持时不是最长也不是最短，但是其计算隔震结构体系地震响应最小；尽管 Group1 有效持时最短，其计算隔震结构体系地震响应最大，但是也并非有效持时最短，其计算隔震结构模型地震响应越大，如 Group2、Group4、Group6 人工波作用下，其有效持时却相差较大，但是隔震结构体系地震响应非常接近。因此，《抗规》中的有效持时不能反映持时对结构非线性分析的影响。

从上述分析可以看出，地震动持时对隔震结构的地震响应有较大影响，尽管本节中提出人工波中平稳段持时越短，地震作用越强，但是，这结论仅仅建立在基于峰值加速度和反应谱特性接近，且采用强度包线生成的人工波而言，这类人工波有明确的平稳段持时，而对于天然波或其他人工波，如何定义平稳段，即便是定义出平稳段的计算方法，是否仍然有这样的规律还需要进一步研究，本书将不做深入讨论。

2.2.2.4　分析结论

本节采用三角级数并配合强度包线方法生成 7 组人工波，每组人工波中包含 7 条人工波，通过采用 7 组人工波对隔震结构进行分析，得出以下结论：

(1)仅仅依靠地震动反应谱特性与规范反应谱特性接近的方法选择天然波或是生成人工波不能有效避免隔震时程分析结果的离散性，地震动三要素中除峰值和反应谱谱特性外，持时对隔震结构时程分析的结果影响同样显著；

(2)并非地震动有效持时越长，对隔震结构地震作用效应越强；

(3)在峰值加速度相同、弹性反应谱特性、地震动上升段(由弱变强段)和下降段(衰减段)接近的情况下，地震动平稳段持时越短，对隔震结构地震作用效应越强；

(4)在反应谱特性接近的情况下，采用具有相同的强度包线参数的人工波分析隔震结构可减少分析结果的离散性。

根据上述结论可知，采用与规范反应谱匹配精度非常高的人工波对隔震结构进行时程分析，当计算结果不满足规范要求时，可以通过控制人工波平稳段长度，减小隔震结构的地震响应，使得隔震结构模型满足规范要求，这样会使隔震结构存在较大的安全隐患。

2.3　隔震结构分部设计法局限性

目前的隔震装置通常由弹性恢复力单元和耗能单元组成，这种隔震装置在工作过程中表现为强烈非线性力学性能，因此，如果要较精确模拟隔震结构的力学特性，需要考虑隔震元件的非线性性能。但是目前我国的结构设计均是基于弹性设计，一般没有考虑非线性特性，如果隔震结构设计完全采用非线性设计，那么设计者在短时间内较难完成隔震设计的任务，而且目前的规范大部分是针对传统抗震结构规定的，为了与传统的抗震设计衔接起来，我国《抗规》提出了分部设计法的隔震设计方法。

分部设计法就是指将隔震结构区分成上部结构、隔震层、下部结构还有基础等多个部分，然后对每个部分分别进行设计。由于上部结构为单独设计，没有设置隔震装置力学性能，因此，上部结构设计需要一个参数来体现出隔震装置的作用，这个参数就是水平向减震系数。水平向减震系数指在设防地震作用下，隔震结构与非隔震结构各层层间剪力(弯矩)比的最大值。上部结构设计时，结构最大地震影响系数采用非隔震结构的最大地震影响系数乘以减震系数，并考虑橡胶隔震支座的性能，除以小于 1 的调整系数得到。这种分部设计法的最大特点是把隔震设计和传统的抗震设计衔接起来，采用现有的软件就能够完成隔震设计，隔震设计被广大工程设计人员熟练地掌握和应用。

尽管分部设计法能够将隔震结构设计与传统抗震结构设计较好地衔接起来，方便了工程设计人员掌握和使用，但是，隔震结构与传统抗震结构毕竟有差别，将隔震结构按照传统抗震结构设计存在不合理之处，造成结构设计分析受力与结构实际受力存在一定的差别。目前分部设计法的不合理之处主要体现在以下几个方面。

2.3.1 地震力分布差异问题

传统抗震结构在地震作用下，其上部结构的地震力竖向分布通常为倒三角形或类似倒三角形，而基础隔震结构其底部隔震层刚度较小，隔震层以上的结构接近平动，地震力竖向分布类似矩形或是梯形，其具体分布形式与隔震刚度相关。图 2.25 和图 2.26 为典型多层框架隔震结构和非隔震结构地震力和层剪力对比。

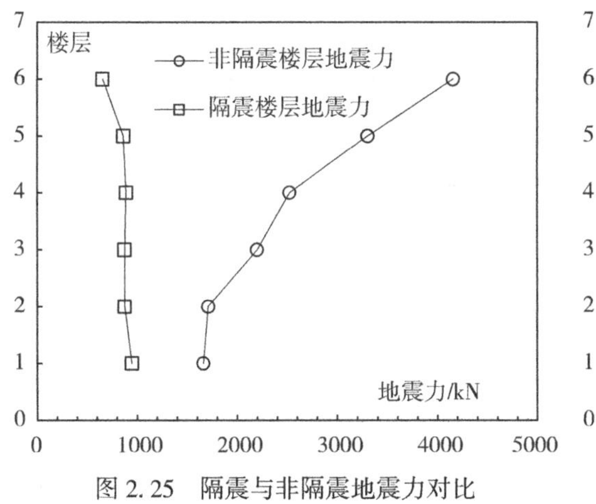

图 2.25 隔震与非隔震地震力对比

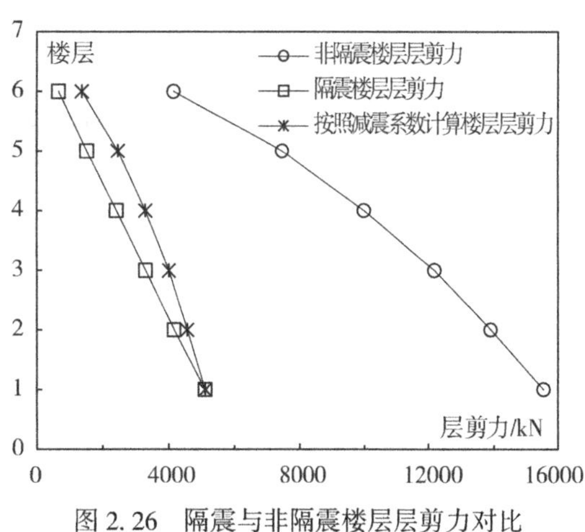

图 2.26 隔震与非隔震楼层层剪力对比

如图 2.25 所示，隔震结构隔震层以上的各楼层地震力非常接近，而非隔震结构各楼层地震力随着楼层的增加而增大，这就导致多层框架结构在计算水平向减震系数时，一般底部水平向减震系数较大，随着楼层的增加，水平向减震系数越来越小，水平向减震系数取值都是取各楼层中剪力比值最大值，因此，一般情况多层框架结构的隔震结构水平向减震系数往往都是取底部的减震系数。

如图 2.26 所示，图中给出隔震结构、非隔震结构，以及按照水平向减震系数折减后的非隔震结构各楼层的层剪力，从图中可以看出，按照水平向减震系数对最大地震影响系数进行折减，再按照传统抗震结构设计时，除了底部楼层剪力与隔震结构实际楼层剪力相同外，上部楼层的层剪力均大于隔震结构实际楼层剪力。因此，按照分部设计法对隔震结构设计时，相当于对隔震层以上结构的地震力进行了放大，楼层越往上，地震力放大越多，按照这种地震力来确定构件截面尺寸及配筋势必增加建造成本，增加的成本看上去提高了上部楼层的安全，而实际上这种不协调地增加构件截面尺寸和配筋会导致结构上部楼层构件较难进入塑性，相对上部楼层而言，下部楼层的构件较易进入塑性，导致下部楼层较薄弱，增加了结构的安全隐患。

如本书 2.2.1.1 节中模型，按照分部设计法对结构进行构件截面尺寸和配筋设计的结果，对其进行罕遇地震作用分析，隔震模型和非隔震模型在罕遇地震作用下塑性铰发展情况如图 2.27~图 2.31，其中隔震结构塑性分布对应峰值加速度为 510gal，非隔震结构塑性铰分布对应峰值加速度为 310gal，即非隔震结构地震作用相当于隔震结构降一度后的地震作用。

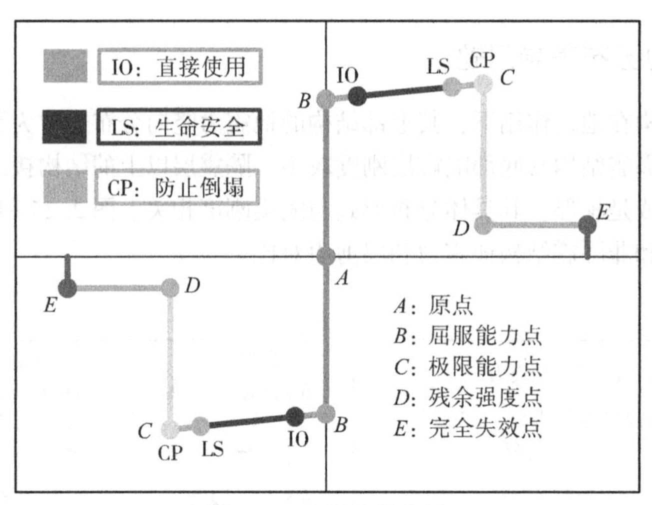

图 2.27　塑性铰状态图

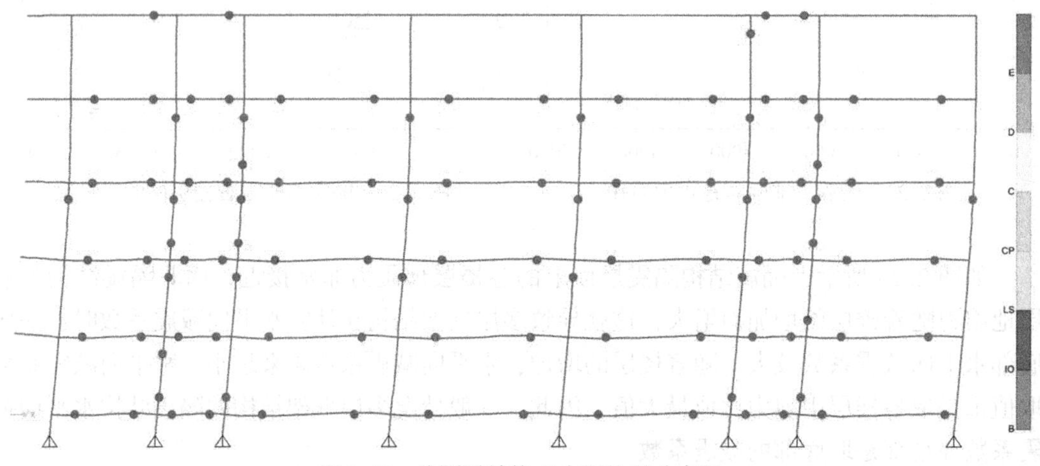

图 2.28　非隔震结构 X 向塑性铰分布图

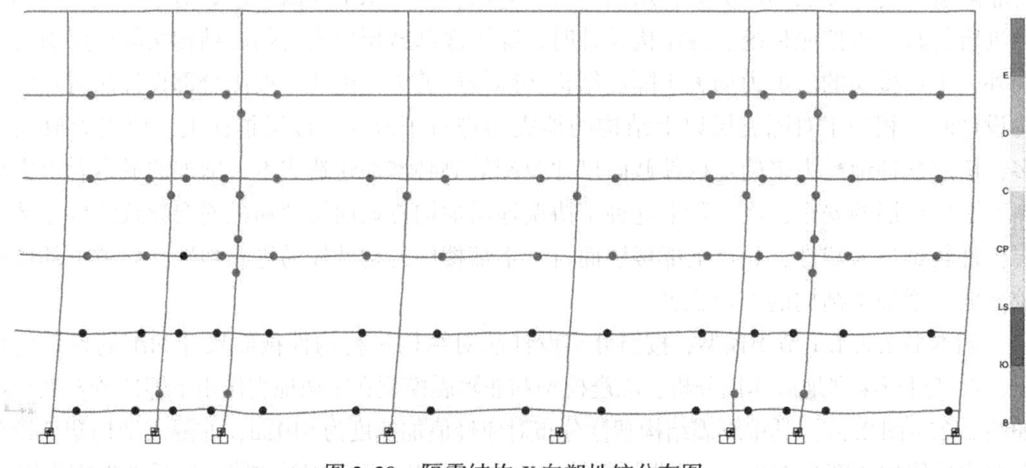

图 2.29　隔震结构 X 向塑性铰分布图

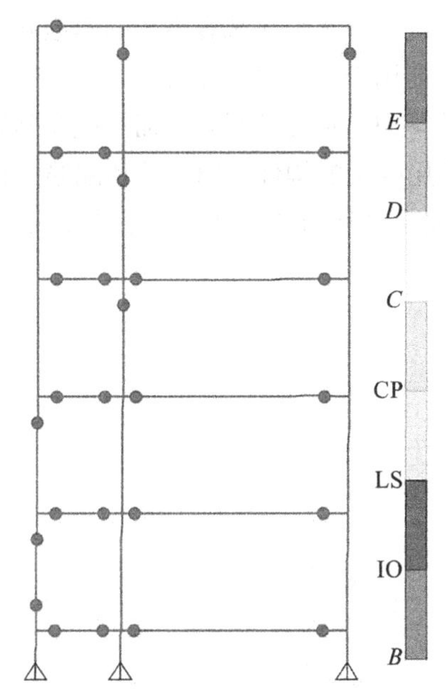

图 2.30 非隔震结构 Y 向塑性铰分布图

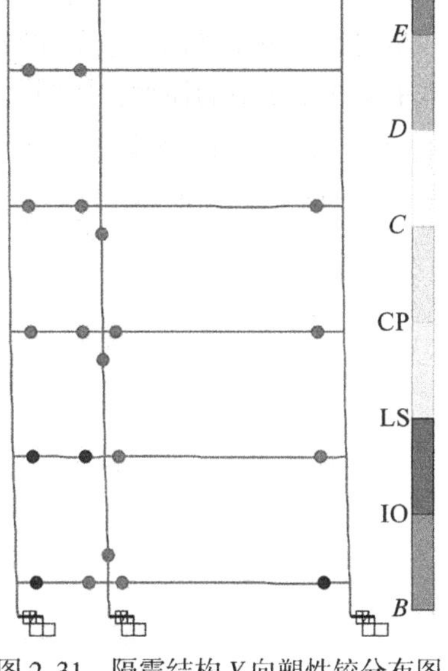

图 2.31 隔震结构 Y 向塑性铰分布图

从非隔震模型和隔震模型在罕遇地震作用下塑性铰分布情况可以看出，塑性铰在非隔震结构模型中均匀分布，而且塑性铰发展状态也较轻，均为可以直接使用状态，这种塑性铰的分布以及发展状态是结构较理想的塑性状态，均匀分散耗散地震能量，不集中某一构件破坏，符合传统的设计理念，也符合预期的设计目标。

而对于隔震结构模型而言，正如上述分析所述，由于放大了结构上部楼层的截面尺寸和配筋，导致上部楼层承载力增强，罕遇地震作用下，上部楼层较难进入塑性耗能，导致下部楼层进入塑性状态较深，从隔震模型塑性铰颜色可以看出这一点，由于下部楼层进入塑性状态较深，容易导致整个结构失效。因此，不协调地增加结构构件尺寸及配筋不仅不能提高结构的安全性，反而会使其他构件出现集中破坏，而降低整个结构的安全性。

因此，从本节分析结果可看出，隔震结构分部设计法中，按照降度的思想将隔震结构转换为传统抗震结构进行受力分析，其与隔震结构实际受力结果有较大的差别，这种差别导致隔震结构的破坏模式与设计者预期的破坏模式不一致，进而导致结构存在安全隐患，而且也不利于结构设计经济性原则。

2.3.2 水平向减震系数计算问题

在隔震结构分部设计法中，主要通过水平向减震系数将传统抗震设计与隔震设计衔接起来，因此，水平向减震系数是非常关键的参数，其计算方法的合理性也直接关系到结构的安全性。在《抗规》中规定，采用时程分析法计算水平向减震系数时，按照设计基本地震加速度输入进行弹性计算，而在确定结构构件截面尺寸及配筋时，则是按照地震影响系数折减后的多遇地震作用进行设计。这种设计方法至少存在以下两个问题：

(1)按照多遇地震作用确定的构件截面尺寸和配筋，是否能保证该构件在设防地震作用下为弹性，如果不能保证所有构件为弹性，那么计算水平向减震系数的模型并非实际受力模型，因此，此时计算的水平向减震系数是否能用于结构设计需要进一步研究，本书中不做进一步讨论，只是提出在水平向减震系数计算中存在此类问题，而且此类问题也较常见，如本书2.2.1.1节的模型，按照多遇地震作用确定的构件截面尺寸和配筋，在设防地震中，不管是隔震模型还是非隔震模型，均不能保证所有构件为弹性，尤其是非隔震模型，如图2.32和图2.33所示。

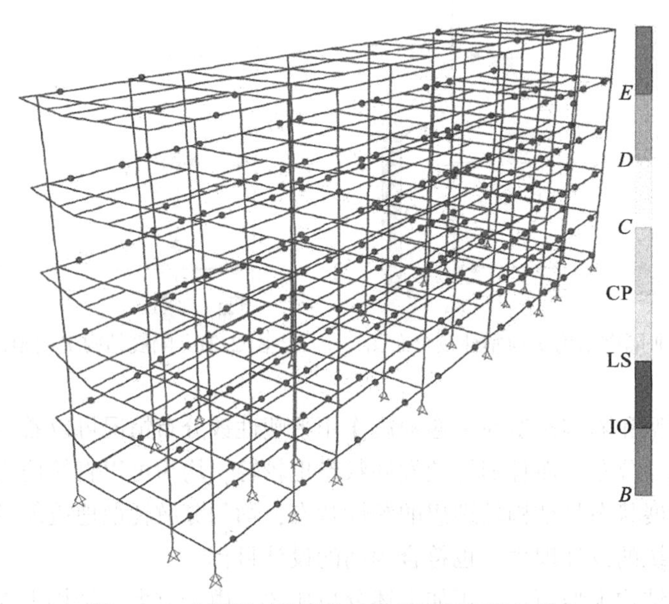

图2.32　非隔震结构设防地震作用下塑性铰分布

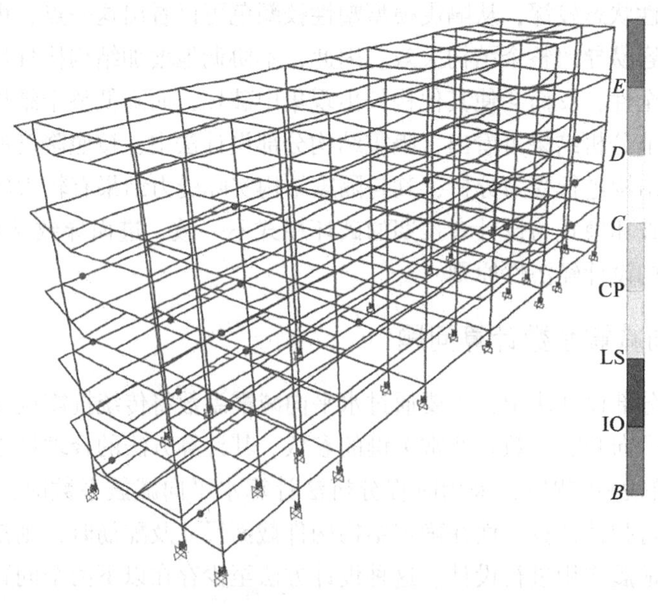

图2.33　隔震结构设防地震作用下塑性铰分布

从上图可以看出，设防地震作用下，计算水平向减震系数的模型均为不能保证不屈服，更不能保证为弹性，而计算水平向减震系数均将模型按弹性计算，计算结果合理性值得商榷。

(2)按照设防地震作用计算的水平向减震系数，是否能够保证在多遇地震作用下，达到降低水平向地震力的目标要求。

一般而言，相同上部结构和相同隔震垫布置的隔震结构，地震力越大，隔震效果越好，即水平向减震系数越小，因此采用设防地震作用计算的水平向减震系数要小于多遇地震作用下的水平向减震系数，如果在设计中采用设防地震作用计算的水平向减震系数刚好满足减震目标要求，那么在多遇地震作用下计算的水平向减震系数较难满足减震目标要求，即分部设计法中，采用设防地震作用下的水平向减震系数对地震力进行折减来确定的构件截面尺寸及配筋并不一定能够保证隔震结构在该情况下处于弹性。

2.3.3 周期折减问题

在传统抗震设计中，因为考虑框架填充墙对结构抗侧刚度的影响，所以对结构自振周期进行折减，进而实现对地震作用的放大。对于传统框架结构，填充墙确实可以提高整个结构的抗侧刚度，但是，对隔震结构而言，由于隔震层刚度非常小，对整个隔震体系的刚度起着控制作用，填充墙仅能提高上部结构的刚度，而对隔震结构体系的刚度影响较小，因此，填充墙对隔震体系刚度的影响并不会使隔震体系地震作用发生明显的变化。如果按照传统的抗震设计方法对隔震体系的上部结构进行设计，在考虑折减时，会增加上部结构的地震力，加大上部结构的截面尺寸及配筋，增加建造费用，但不能较好体现隔震体系的优越性。

2.4 本章小结

本章通过具体的实例，定量分析了我国现阶段隔震设计采用分部设计法的缺点以及分析过程采用时程分析方法的局限性，并得到以下结论：

(1)现阶段的隔震结构设计过于依赖时程分析结果，而规范对时程分析所用地震波规定较少，以至于对隔震分析结果缺少判断依据，导致可以通过选择不同地震波来达到性能目标的目的，而这种仅仅通过更换地震波的方法实现设定的性能目标，并没有提高结构的安全性，反而存在较大的安全隐患。

(2)仅仅依靠地震动反应谱特性与规范反应谱特性接近的方法选择天然波或是生成人工波不能有效避免隔震时程分析结果的离散性，地震动三要素中除峰值和反应谱谱特性外，持时对隔震结构时程分析的结果影响同样显著。

(3)在峰值加速度相同、弹性反应谱特性、地震动上升段(由弱变强段)和下降段(衰减段)接近的情况下，地震动平稳段持时越短，对隔震结构地震作用效应越强。

(4)在反应谱特性接近的情况下，采用具有相同的强度包线参数的人工波分析隔震结构可减少分析结果的离散性。

(5)由于传统抗震结构与隔震结构水平地震力分布有较大不同，按照传统设计方法确定隔震体系上部结构的构件截面及配筋，其设计结果会偏大，而这种偏大的截面和配筋并不一定能增加结构的安全性。

(6)由于水平向减震系数是在设防地震作用下计算所得，采用该水平向减震系数对多遇地震作用进行折减时不一定能满足地震力降低的目标要求，而且由于设防地震作用下，非隔震模型和隔震模型均并非弹性模型，计算水平向减震系数的模型均非实际结构模型，计算结果的适用性值得商榷。

(7)由于填充墙对传统抗震结构抗侧刚度具有较大贡献，而对于隔震结构体系的贡献有限，因此按照传统抗震方法设计上部结构，当考虑填充墙刚度贡献时会增大隔震体系上部结构的地震力，增加建设成本。

第3章 时程分析方法地震动建议

3.1 引言

采用时程分析方法能够计算地震反应全过程中各时刻结构的内力和变形状态，可判明结构的破坏类型，被认为是结构非线性分析的最可靠方法。但是，从第2章中可以看出，采用时程分析方法进行结构设计有较大离散性，缺乏统一的输入标准。如果要采用时程分析方法进行隔震设计，首先应该明确时程分析的输入。

目前尽管《抗规》对时程分析所选用的地震动进行了相应的规定，但是，从第2章分析的结果看，这些规定并不能避免不同地震动计算结果的离散性。如采用天然波进行时程分析时，只要有足够多的地震波库，总是可以选择出既满足规范要求，又能使隔震结构地震响应小的天然波；如采用人工波进行时程分析，通过控制人工波平稳段长度，同样可以达到既满足规范要求，又能使隔震结构地震响应小的目的。这些做法均没有从根本上提高隔震结构的安全性，反而会导致隔震结构存在较大的安全隐患。基于此，本书对结构抗震时程分析所用地震波提出两点建议。

3.2 关于天然地震动建议

如果要求采用天然波进行时程分析，建议给出统一天然波，即所有结构在相同的条件下进行抗震分析，并根据不同地震水准对峰值进行调整。只有统一地震动输入，才能从根本上解决时程分析计算结果的离散性问题。

《建筑工程抗震性态设计通则(试用)》[116]给出了推荐用于Ⅰ、Ⅱ、Ⅲ、Ⅳ类场地的设计地震动，该《通则》在挑选地震动时，综合考虑了峰值加速度、峰值速度、峰值位移、有效峰值速度、能量持时、位移延性及滞回耗能等多种地震动参数，这些参数中有些是直接由地震动本身得到，有些则是由地震动经过结构弹性反应得到。因此，该地震动可以全面反映地震动的幅值、持时和频谱特性以及结构的动力特性[117]。本书认为可以采用该《通则》中推荐的天然波作为统一天然波，推荐天然波如表3.1所示。

表 3.1 《建筑工程抗震性态设计通则(试用)》推荐用于 Ⅰ、Ⅱ、Ⅲ、Ⅳ类场地的设计地震动[116]

场地类别	用于短周期结构输入 (0.0~0.5s)		用于中周期结构输入 (0.5~1.5s)		用于长周期结构输入 (1.5~5.5s)	
	组号	记录名称	组号	记录名称	组号	记录名称
Ⅰ	F1	1985, La Union, Michoacan Mexico	F1	1985, La Union, Michoacan Mexico	F1	1985, La Union, Michoacan Mexico
	F2	1994, Los Angeles Griffith Observation, Northridge	F2	1994, Los Angeles Griffith Observation, Northridge	F2	1994, Los Angeles Griffith Observation, Northridge
	N1	1988, 竹塘 A 浪琴	N1	1988, 竹塘 A 浪琴	N1	1988, 竹塘 A 浪琴
Ⅱ	F3	1971, Castaic Oldbridge Route, San Fernando	F4	1979, El Centro Array#10, Imperial Valley	F4	1979, El Centro Array#10, Imperial Valley
	F4	1979, El Centro Array#10, Imperial Valley	F5	1952, Taft, Kern County	F5	1952, Taft, Kern County
	N2	1988, 耿马 1	N2	1988, 耿马 1	N2	1988, 耿马 1
Ⅲ	F6	1984, Coyote Lake Dam, Morgan Hill	F7	1940, El Centro-Imp Vall Irr Dist, El Centro	F7	1940, El Centro-Imp Vall Irr Dist, El Centro
	F7	1940, El Centro-Imp Vall Irr Dist, El Centro	F12	1966, Cholame Shandon Array2, Parkfield	F5	1952, Taft, Kern County
	N3	1988, 耿马 2	N3	1988, 耿马 2	N3	1988, 耿马 2
Ⅳ	F8	1949, Olympia HwyTest Lab, Western Washington	F8	1949, Olympia HwyTest Lab, Western Washington	F8	1949, Olympia HwyTest Lab, Western Washington
	F9	1981, Westmor and, Westmoreland	F10	1984, Parkfield Fault Zone 14, Coalinga	F11	1979, El Centro Array #6, Imperial Valley
	N4	1976, 天津医院, 唐山地震	N4	1976, 天津医院, 唐山地震	N4	1976, 天津医院, 唐山地震

注：组号中符号 F 代表国外的记录，N 代表国内的记录。

3.3 关于人工地震动建议

3.3.1 人工波强度包线取值建议

根据第2章分析结论可知，在反应谱特性接近的情况下，采用具有相同的强度包线模型参数的人工波分析隔震结构可减少分析结果的离散性。因此，如果要求采用人工波进行抗震时程分析，建议拟合的人工波除满足谱特性与规范反应谱较小差异外，还应满足人工波持时要求，如果采用强度包线模型进行人工波拟合技术，应该给出强度包线参数取值。在没有地震安全评估性报告的情况下，本书建议按下列流程进行计算取值，计算流程如图3.1所示。

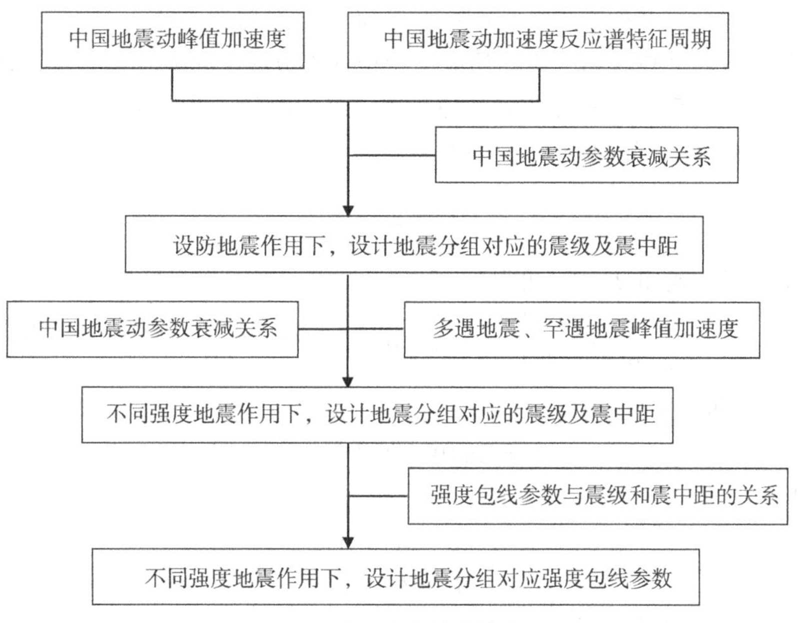

图3.1 强度包线参数计算流程图

具体计算方法如下：

1）地震动参数衰减关系模型

本书采用的地震动参数衰减关系模型[126]如式（3-1）所示：

$$\lg Y = A + BM + C\lg(R + De^{EM}) \tag{3-1}$$

式中，Y 为地震动参数 α_E 和 ν_E，分别为有效峰值加速度（cm/s^2）和有效峰值速度（cm/s），M 为面波震级，R 为震中距（km），A、B、C、D 和 E 为回归系数，其数据如表3.2和表3.3所示，表中 σ 为标准差。

表 3.2　　**地震动参数 α_E 衰减关系系数**

系数与标准差	A_α	B_α	C_α	D_α	E_α	σ_α
$M<6.5$	0.561	0.746	−1.925	0.956	0.462	0.236
$M\geqslant 6.5$	2.501	0.448	−1.925	0.956	0.462	

表 3.3　　**地震动参数 ν_E 衰减关系系数**

系数与标准差	A_ν	B_ν	C_ν	D_ν	E_ν	σ_ν
$M<6.5$	−1.819	0.879	−1.731	0.956	0.462	0.271
$M\geqslant 6.5$	0.425	0.533	−1.731	0.956	0.462	

2)设计地震分组

根据设计地震分组规定[34]，《中国地震动参数区划图 B1》[127]中反应谱特征周期 0.35s 的区域作为设计地震第一组，反应谱特征周期 0.40s 的区域作为设计地震第二组，反应谱特征周期 0.45s 的区域作为设计地震第三组。因此，首先要计算反应谱特征周期，反应谱特征周期计算公式如式(3-2)所示。

$$T_g = 2\pi \frac{v_E}{\alpha_E} \tag{3-2}$$

将式(3-1)代入式(3-2)中，可得

$$T_g = 2\pi \frac{10^{A_v+B_vM+C_v\lg(R+D_ve^{E_vM})}}{10^{A_a+B_aM+C_a\lg(R+D_ae^{E_aM})}} = 2\pi 10^{[A_v+B_vM+C_v\lg(R+D_ve^{E_vM})-A_a-B_aM-C_a\lg(R+D_ae^{E_aM})]} \tag{3-3}$$

根据表 3.2 和表 3.3，可得

$$T_g = 2\pi 10^{A_T+B_TM+C_T\lg(R+D_Te^{E_TM})} \tag{3-4}$$

其中 A_T、B_T 为

$$A_T = A_v - A_a \tag{3-5}$$

$$B_T = B_v - B_a \tag{3-6}$$

而根据表 3.2 和表 3.3 可知，

$$D_v = D_a \tag{3-7}$$

$$E_v = E_a \tag{3-8}$$

因此，可得

$$D_T = D_v = D_a \tag{3-9}$$

$$E_T = E_v = E_a \tag{3-10}$$

进而可得

$$C_T = C_v - C_a \tag{3-11}$$

其数据如表 3.4 所示：

表 3.4 特征周期 T_g 计算系数

系数与标准差	A_T	B_T	C_T	D_T	E_T
$M<6.5$	-2.380	0.133	0.194	0.956	0.462
$M\geqslant 6.5$	-2.076	0.085	0.194	0.956	0.462

根据《抗规》可知各设防烈度下的设计基本地震加速度，如表 3.5 所示。

表 3.5 抗震设防烈度和设计基本地震加速度的对应关系

抗震设计烈度	6	7	8	9
设计基本地震加速度/(cm/s^2)	50	100(150)	200(300)	400

综合上述关系，可以得到 6 度、设计地震分组第一组，即反应谱特征周期为 0.35s 时，有如下关系式：

当 $M<6.5$ 时

$$\begin{cases} 2\pi 10^{-2.380+0.133M+0.194\lg(R+0.956e^{0.462M})}=0.35 \\ 0.561+0.746M-1.925\lg(R+0.956e^{0.462M})=\lg 50 \end{cases} \tag{3-12}$$

当 $M\geqslant 6.5$ 时

$$\begin{cases} 2\pi 10^{-2.076+0.085M+0.194\lg(R+0.956e^{0.462M})}=0.35 \\ 2.501+0.448M-1.925\lg(R+0.956e^{0.462M})=\lg 50 \end{cases} \tag{3-13}$$

解上述方程可得：

$$M=5.96 \qquad R=37.26$$

同理可以得到各设防烈度下设计地震分组，如表 3.6 所示：

表 3.6 设防地震各设计地震分组震级及震中距

抗震设计烈度	参数类型	设防地震		
	地震分组	第一组	第二组	第三组
6	加速值	50		
	M	5.96	6.24	6.48
	R	37.26	49.95	64.33
7 (0.10g)	加速值	100		
	M	6.1	6.38	6.77
	R	25.48	34.99	46.59
7 (0.15g)	加速值	150		
	M	6.19	6.47	6.9
	R	19.6	27.55	36.39

续表

<table>
<tr><td rowspan="2">抗震设计烈度</td><td>参数类型</td><td colspan="3">设防地震</td></tr>
<tr><td>地震分组</td><td>第一组</td><td>第二组</td><td>第三组</td></tr>
<tr><td rowspan="3">8
(0. 20g)</td><td>加速值</td><td colspan="3">200</td></tr>
<tr><td>M</td><td>6. 25</td><td>6. 61</td><td>7</td></tr>
<tr><td>R</td><td>15. 83</td><td>23. 55</td><td>29. 79</td></tr>
<tr><td rowspan="3">8
(0. 30g)</td><td>加速值</td><td colspan="3">300</td></tr>
<tr><td>M</td><td>6. 34</td><td>6. 74</td><td>7. 14</td></tr>
<tr><td>R</td><td>10. 98</td><td>16. 61</td><td>21. 26</td></tr>
<tr><td rowspan="3">9</td><td>加速值</td><td colspan="3">400</td></tr>
<tr><td>M</td><td>6. 4</td><td>6. 84</td><td>7. 23</td></tr>
<tr><td>R</td><td>7. 85</td><td>12. 08</td><td>15. 7</td></tr>
</table>

注：表中 M 为面波震级，R 为震中距，单位为 km，加速度单位为 cm/s^2。

上述计算结果可通过等加速度区分图体现出来，如图 3. 2 所示。

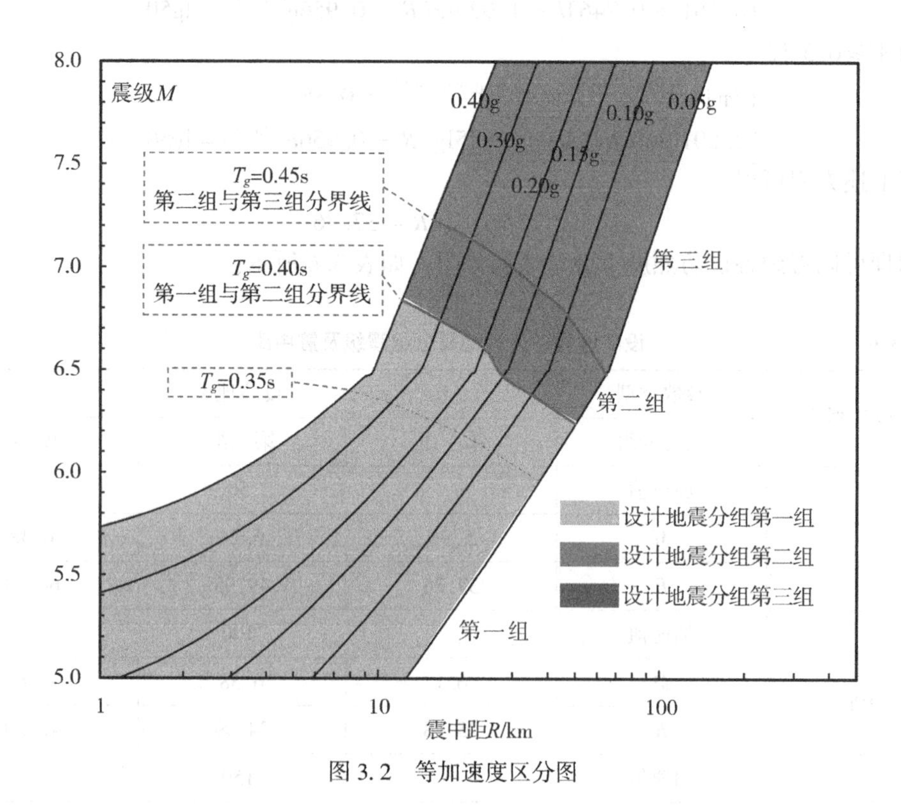

图 3. 2　等加速度区分图

对于多遇地震和罕遇地震而言，其与设防地震的差别主要是震级大小不同，因此，可以认为在多遇地震和罕遇地震作用下，震中距与设防地震震中距相同，从而根据多遇地震和罕遇地震的峰值加速度大小，以及加速度衰减关系，即式(3-1)，确定多遇地震和罕遇地震的震级。

例如，8度(0.20g)罕遇地震，设计地震分组为第二组的震级计算过程：先根据表3.6可知，8度(0.20g)设防地震作用下，设计地震分组为第二组的震中距 R 为23.55km，因此，罕遇地震作用下，震中距同样取震中距 R 为23.55km。

根据《抗规》可知，8度(0.20g)罕遇地震对应的地震加速度为400cm/s^2，根据式(3-1)及表3.2可计算得到震级 M 为7.85。

按照该方法可以求得各水准地震作用下震级和震中距如表3.7所示：

表3.7 **各级别地震作用下震级与震中距取值**

抗震设计烈度	参数类型	多遇地震			设防地震			罕遇地震		
	地震分组	第一组	第二组	第三组	第一组	第二组	第三组	第一组	第二组	第三组
6	加速值	18			50			125		
	M	5.27	5.56	5.82	5.96	6.24	6.48	6.68	7.19	7.63
	R	37.26	49.95	64.33	37.26	49.95	64.33	37.26	49.95	64.33
7 0.10g	加速值	35			100			220		
	M	5.36	5.66	5.93	6.1	6.38	6.77	6.89	7.42	7.90
	R	25.48	34.99	46.59	25.48	34.99	46.59	25.48	34.99	46.59
7 0.15g	加速值	55			150			310		
	M	5.44	5.75	6	6.19	6.47	6.9	7.07	7.61	8.00
	R	19.6	27.55	36.39	19.6	27.55	36.39	19.60	27.55	34.77
8 0.20g	加速值	70			200			400		
	M	5.44	5.78	5.99	6.25	6.61	7	7.24	7.85	8.00
	R	15.83	23.55	29.79	15.83	23.55	29.79	15.83	23.55	25.64
8 0.30g	加速值	110			300			510		
	M	5.51	5.82	6.02	6.34	6.74	7.14	7.28	7.86	8.00
	R	10.98	16.61	21.26	10.98	16.61	21.26	10.98	16.61	18.00
9	加速值	140			400			620		
	M	5.47	5.77	5.96	6.4	6.84	7.23	7.37	7.92	8.00
	R	7.85	12.08	15.7	7.85	12.08	15.7	7.85	12.08	12.52

注：①表中 M 为面波震级，R 为震中距，单位为km，加速度单位为cm/s^2。

②由于公式(3-1)建议适用范围为 $M=4.5\sim8$，$R=0\sim200$km，因此，当 M 超过8时，本书取 $M=8$，进而计算 R，实际上按照本书方法计算得出的 M 最大值为8.27，对应9度罕遇地震，设计地震分组第三组，差别不到3.4%，而且 M 超过8的情况非常少。

3）强度包线参数

根据张美玲和李山有[128]提出的中国大陆地区地震动时程强度包络函数衰减关系，如式(3-14)所示：

$$\lg Y = c_1 + c_2 M + c_3 \lg(R + R_0) \tag{3-14}$$

式中，Y 表示强度包线参数 t_1，t_s，c，如图 2.18 所示，其中，$t_s = t_2 - t_1$。M 表示面波震级，R 表示震中距，R_0 表示与震级相关的近场距离饱和因子，取 10km，c_1，c_2，c_3 为回归系数，其数值如表 3.8 所示，表中 σ 为标准差。

表 3.8　**强度包线参数表**

强度包线参数	c_1	c_2	c_3	σ
t_1	−1.987	0.200	0.786	−1.987
t_s	−2.349	0.304	0.683	−2.349
c	1.477	−0.222	−0.429	1.477

根据表 3.7 和表 3.8 以及式(3-14)，可以得到多遇、设防及罕遇地震作用下人工波强度包线参数，如表 3.9 所示。

表 3.9　**基于强度包线参数合成人工波强度包线参数建议取值**

抗震设计烈度	参数类型		多遇地震			设防地震			罕遇地震		
	地震分组		第一组	第二组	第三组	第一组	第二组	第三组	第一组	第二组	第三组
6	加速值		18			50			125		
	强度包线参数	t_1	2.42	2.49	0.39	3.32	4.55	6.02	4.63	7.05	10.23
		t_s	3.33	3.59	0.30	4.04	5.78	7.92	6.70	11.25	17.74
		c	4.44	4.99	0.24	0.27	0.21	0.17	0.19	0.13	0.10
7 0.10g	加速值		35			100			220		
	强度包线参数	t_1	2.01	2.78	3.77	2.83	3.88	5.55	4.07	6.26	9.35
		t_s	2.18	3.17	4.48	3.66	5.24	8.06	6.38	10.86	17.78
		c	0.42	0.32	0.26	0.29	0.22	0.17	0.19	0.13	0.09
7 0.15g	加速值		55			150			310		
	强度包线参数	t_1	1.81	2.52	3.33	2.56	3.50	5.04	3.83	5.92	8.14
		t_s	2.04	2.98	4.10	3.45	4.94	7.70	6.37	10.96	16.24
		c	0.43	0.33	0.27	0.30	0.23	0.17	0.19	0.13	0.10

续表

抗震设计烈度	参数类型		多遇地震			设防地震			罕遇地震		
	地震分组		第一组	第二组	第三组	第一组	第二组	第三组	第一组	第二组	第三组
8 0.20g	加速值		70			200			400		
	强度包线参数	t_1	1.63	2.33	2.94	2.36	3.42	4.68	3.73	6.06	6.80
		t_s	1.86	2.82	3.67	3.28	5.04	7.44	6.57	12.01	13.90
		c	0.46	0.35	0.29	0.30	0.23	0.17	0.18	0.12	0.11
8 0.30g	加速值		110			300			510		
	强度包线参数	t_1	1.43	1.98	2.47	2.09	3.03	4.13	3.21	5.07	5.63
		t_s	1.69	2.48	3.18	3.03	4.71	6.96	5.83	10.32	11.79
		c	0.49	0.37	0.32	0.32	0.23	0.18	0.20	0.13	0.12
9	加速值		140			400			620		
	强度包线参数	t_1	1.23	1.67	2.06	1.89	2.74	3.69	2.96	4.50	4.74
		t_s	1.47	2.10	2.67	2.83	4.45	6.48	5.58	9.48	10.16
		c	0.53	0.42	0.35	0.33	0.24	0.18	0.20	0.14	0.13

注：表中 t_1 和 t_s 的单位为 s，加速度单位为 cm/s^2。

当结构所处的设防烈度以及设计地震分组确定后，即可根据表 3.9 中强度包线参数生成各个水准地震下的人工波进行抗震时程分析。从表 3.9 可以看出，同一设防烈度下，多遇地震、设防地震及罕遇地震对应的强度包线参数各不相同，因此，基于表 3.9 中参数生成人工波，可以避免直接通过对多遇地震作用下生成的地震波进行数值上的缩放来获得设防或是罕遇地震作用所需的地震波。

当然，生成人工波时，周期控制点和控制精度也会影响人工波特性，本书建议采用表 2.7 作为周期控制点数据的依据，控制点上的精度控制在 10%以内。

3.3.2 人工波分析数量建议

根据第 2 章分析结果可知，采用具有相同的强度包线参数生成人工波分析隔震结构可减少分析结果的离散性，但其离散性仍然存在。因此，不能仅用一条人工波的计算结果作为设计依据，应采用多条人工波计算结果平均值作为设计依据。那么究竟取多少条人工波进行时程分析比较合适，需要进一步研究。

本书将采用以下思路进行人工波分析数量的确定，思路如下：

首先，选择分析模型及工况。

其次，取 5 组人工波，每组人工波中包含 3 条人工波，并分析选择的模型在各组人工波作用下的位移反应平均值，并计算 5 组位移平均值中最大值与最小值之间的误差 Er_3；随后，增加每组人工波数量，如每组 n 条人工波，同样分析选择的模型在各组人工波作用下的位移反应平均值，并计算 5 组位移平均值中最大值与最小值之间的误差 Er_n，这样可以得到人工波数量 n 与误差 Er_n 的关系图。

最后，根据人工波数量 n 与误差 Er_n 的关系图确定时程分析时合理的人工波数量。

其分析流程如图 3.3 所示。

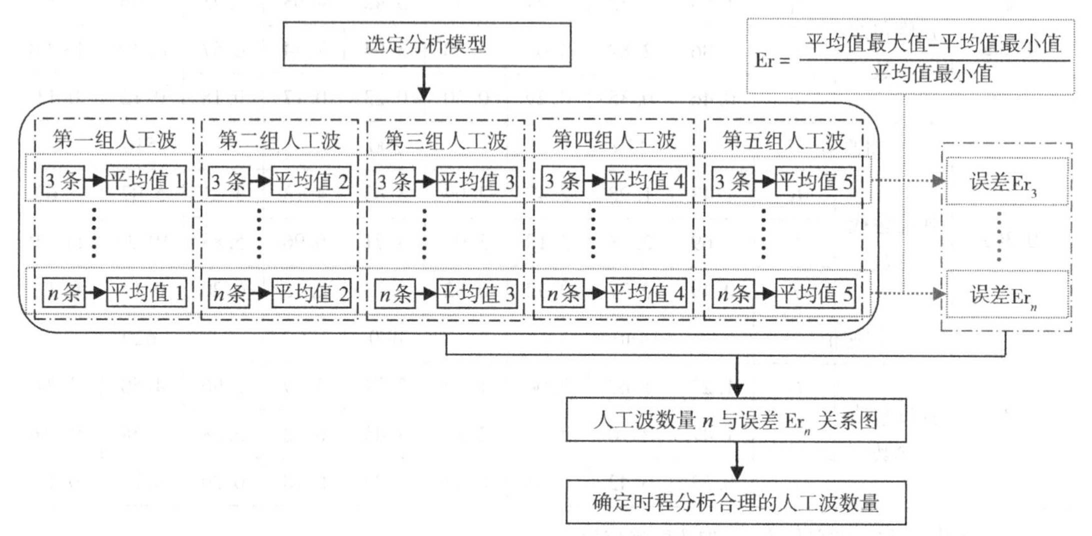

图 3.3　确定人工波分析数量流程图

根据上述思路，首先选择分析工况及模型，分析工况取 8 度 0.20g 设防地震作用，地震分组为第二组，即 T_g=0.40s，PAG=200gal。按照 3.3.1 节的分析结论，在生成人工波时，强度包线参数取值如表 3.10 所示。

表 3.10　**强度包线参数表**

强度包线参数	t_1/s	t_s/s	c
取值	3.42	5.04	0.23

生成人工波时，周期控制点如表 2.7 所示。人工波记录时间间隔取 d_t=0.01s，总记录时间取 T_d=40.00s。

分析模型采用单位质量的单自由度双线性模型，双线性模型中屈服后刚度比为 1/13，结构初始阻尼比取 0.05，屈服位移 d_y 取 2~11mm，间隔 1mm，即 10 种屈服位移，初始周期 T_0为 0.6~1.5s，间隔 0.1s，即 10 种初始周期，总共 100 个隔震模型。由于有 100 个模型，每次计算误差 Er 时，都有 100 个 Er，最终取值时取 100 个 Er 中的最大值。

对上述过程作简要说明：如当每组人工波数量增加到 15 条时，第一组人工波计算第 1 个模型的位移平均值为 d_1，第二组人工波计算第 1 个模型的位移平均值为 d_2……第五组人工波计算第 1 个模型的位移平均值为 d_5，假如 d_5最大，d_2最小，则五组人工波计算第 1

个模型的误差为

$$\mathrm{Er}_{15,\ 1}=\frac{d_5-d_2}{d_2} \tag{3-15}$$

按照上述方法，可以计算得到第 100 个模型误差 $\mathrm{Er}_{15,100}$，那么每组人工波数量为 15 条时的误差取

$$\mathrm{Er}_{15}=\max[\mathrm{Er}_{15,1}\quad \mathrm{Er}_{15,2}\quad \mathrm{Er}_{15,3}\quad \cdots\quad \mathrm{Er}_{15,98}\quad \mathrm{Er}_{15,99}\quad \mathrm{Er}_{15,100}] \tag{3-16}$$

这样可以得到每组人工波数量为 n 时的误差 Er_n，根据 n 和 Er_n 的具体数值，即可得到 n 与 Er_n 的关系曲线图。

经过计算分析，n 与 Er_n 的关系曲线图如图 3.4 所示。

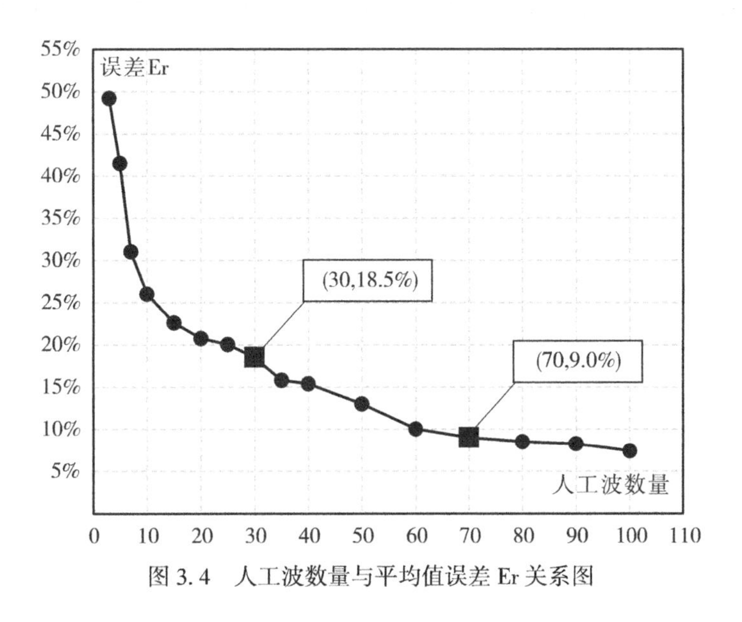

图 3.4　人工波数量与平均值误差 Er 关系图

从图中可以看出，当每组人工波数量少于 20 条时，增加人工波数量可以显著降低计算误差；当每组人工波数量达到 20 条时，增加每组人工波数量可以降低计算误差，但是降低效果不明显，即便是从每组 20 条人工波增加到每组 70 条人工波，计算误差 Er 也仅刚好降低到 10%以内。从计算分析工作量以及计算精度综合考虑，本书建议时程分析时，采用相同包线参数及反应谱特性生成 30 条人工波进行计算分析。从图中可以看出，采用相同包线参数及反应谱特性生成 30 条人工波进行计算分析时，误差 Er 可以保证在 20%以内。当然，如果要想将误差控制在 10%以内，则人工波数量要达到 70 条。就工程设计而言，20%的误差是可以接受的。

3.4　本章小结

本章首先给出采用天然波进行时程分析的建议，建议采用《通则》中推荐用于Ⅰ、Ⅱ、Ⅲ、Ⅳ类场地的设计地震动作为时程分析的地震动输入，这种做法至少可以保证时程分析

输入的统一性。

其次，通过对基于三角级数法生成人工波的强度包线参数取值进行研究，并应用中国地震动参数衰减关系、反应谱特征周期的定义，确定了不同峰值加速度和不同设计地震分组对应的震级和震中距，并且根据强度包线参数与震级和震中距之间的关系，确定不同峰值加速度和不同设计地震分组对应的强度包线参数取值。根据该强度包线参数取值即可生成《抗规》中不同水准地震和不同设计地震分组对应的人工波。通过该方法确定时程分析所需的人工波，不仅可以减小时程分析结果的离散性，还可以避免直接通过对多遇地震作用下生成的地震波进行数值上的缩放来获得设防或是罕遇地震作用所需的地震波。

最后，通过分析人工波数量对时程分析计算结果离散性的影响，得到了人工波数量与计算误差直接的关系曲线，建议在工程设计时取相同强度包线参数生成的 30 条人工波进行时程分析。

第 4 章　基于反应谱的整体隔震设计方法探讨

4.1　引言

时程分析被认为是结构非线性分析的最可靠方法，本书第 3 章也给出了减少时程分析方法离散性的方法。从理论上讲，可以利用时程分析方法进行隔震结构设计，但是笔者认为如果直接采用时程分析方法进行隔震结构设计还存在以下三个问题：

(1)采用《建筑工程抗震性态设计通则(试用)》推荐用于Ⅰ、Ⅱ、Ⅲ、Ⅳ类场地的设计地震动进行计算时，由于给出的地震动数量少，而我国建筑结构的地理位置分布广，结构类型多，仅采用少数量的天然波来设计所有建筑结构的做法欠妥；

(2)采用本书提出的强度包线模型参数和规范反应谱特性生成人工波进行时程分析时，人工波数量达到 30 条时，才能有效控制计算结果的离散性，对于结构设计而言，计算工作量较大，设计周期长；

(3)即便是采用高效的计算机进行设计分析，缩短设计周期，但是“采用 30 条人工波计算分析可以有效控制计算结果的离散性”的结论是以“随机生成”为前提的。在结构设计时，如果为了达到某一目标，可生成上百条满足要求的人工波，再在上百条人工波中选择使结构地震作用小的 30 条人工波进行结构设计，同样可以达到采用地震波来控制设计结果的目的。

因此，从计算工作量及计算结果的确定性(不一定 100%精准)来看，目前还较难直接采用动力非线性分析方法进行结构设计。

除动力时程分析外，工程上常用等效线性化来处理非线性地震响应。本章将详细讨论等效线性化分析在隔震设计中的应用。

4.2　隔震结构等效线性化分析简介

4.2.1　隔震结构等效线性化基本原理

等效线性化方法是一种计算结构非线性地震响应的有效方法。该方法首先根据设计者对结构受力模式和合理损伤机制的判断，预设结构的预期损伤机制和损伤程度，为预期损伤部位赋予等效刚度，为整体结构赋予等效阻尼比，建立结构的等效线性化模型，并将该等效线性化模型的地震峰值响应作为原非线性模型的近似。该方法以等效的线弹性结构为分析对象，可以直接利用反应谱法计算结构的地震响应。因此，等效线性化可以避免选用不同的地震动记录而引起分析结果差异较大的问题，同时降低了计算工作量。而且，隔震结构采用等效线性化设计时，由于隔震结构的隔震层较早进入屈服，设计者可较准确地判断结构受力模式，进一步降低了等效线性化的难度，因此，等效线性化在隔震设计中越来越受到重视。

4.2.2　隔震结构等效线性化实施过程

为了明确隔震结构如何应用等效线性化进行设计，本节首先以一个简单实例来说明隔震结构采用等效线性化分析的实施过程，如图 4.1 所示。

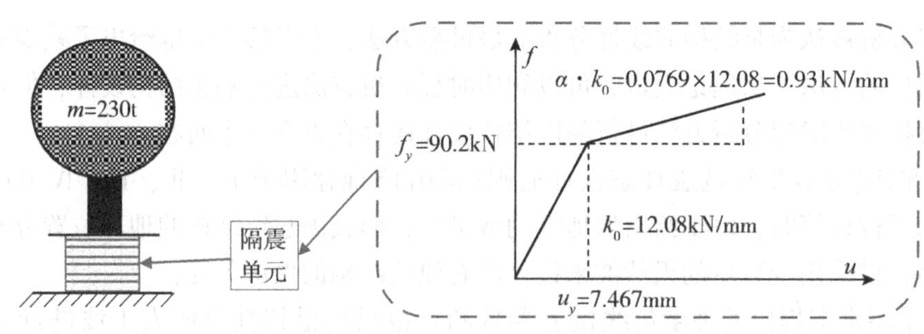

图 4.1　单自由度隔震结构算例简图

图 4.1 为一个单自由度隔震体系，隔震层的力学模型为双线性无刚度退化模型，隔震层屈服力为 90.2kN，屈服位移为 7.467mm，屈服前刚度为 12.08kN/mm，屈服后刚度比为 0.0769。上部结构质量为 230t，该单自由度隔震体系屈重比约为 0.04，结构初始阻尼比为 0.05。

根据上述参数可以计算，该隔震体系初始周期 T_0 为

$$T_0 = 2\pi\sqrt{\frac{m}{k_0}} = 0.867\text{s}$$

本算例计算工况如表 4.1 所示。

表 4.1　**算例计算工况**

场地类型	地震分组	特征周期（T_g）	地震烈度	地震作用	地震峰值加速度(PGA)	地震影响系数最大值(α_{max})
Ⅱ	第二组	0.40s	8 度（0.20g）	设防地震	200gal	0.45

等效线性化设计可以直接采用反应谱来计算结构的地震响应，反应谱可以为地震波时程转换的反应谱，也可以为规范反应谱，如果为地震波转换得到的反应谱，则需要得到不同阻尼比下的转换反应谱，如果是规范反应谱，一般规范反应谱中有相应的阻尼调整系

数，通过阻尼调整系数得到不同阻尼比下的反应谱。总之，等效线性化主要是通过调整非线性结构的阻尼比和周期来考虑结构的非线性特性。本节首先通过地震波转换得到的反应谱来说明单自由度隔震结构等效线性化分析的过程。地震波为人工波，并通过 NewMark-β 法计算不同阻尼比下的加速度反应谱和位移谱，如图 4.2 所示。

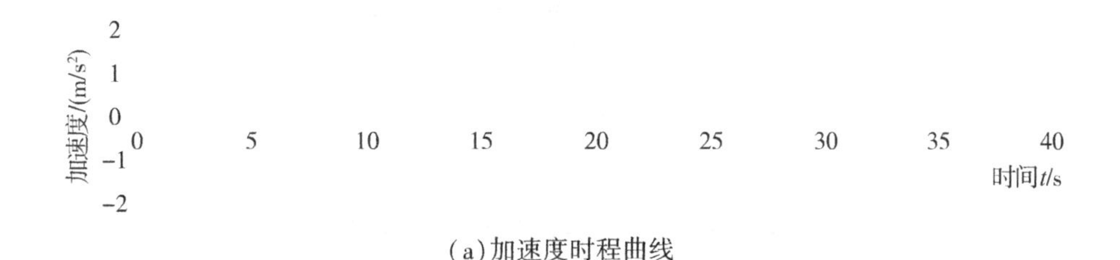

(a)加速度时程曲线

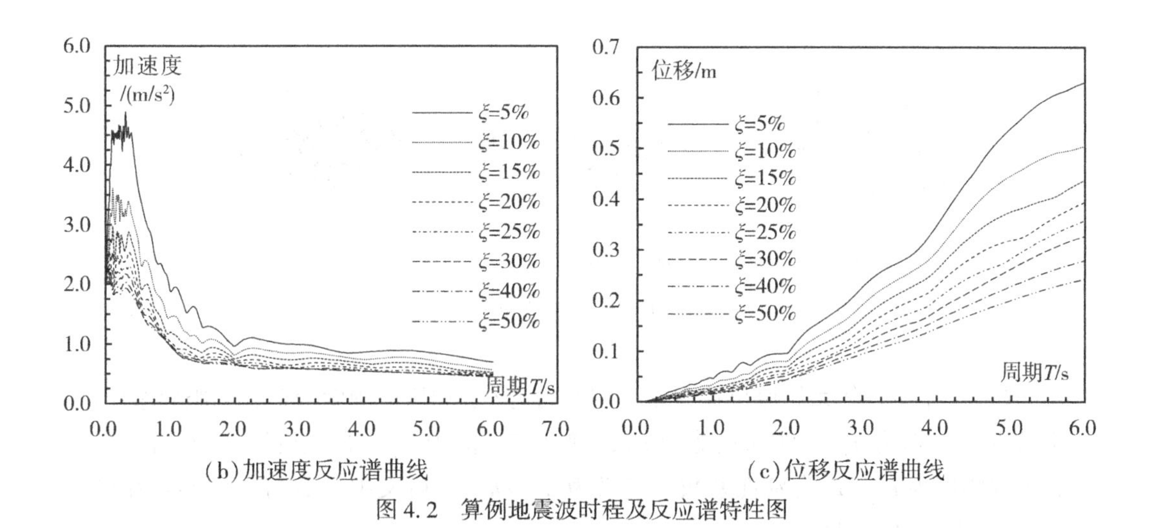

(b)加速度反应谱曲线　　(c)位移反应谱曲线

图 4.2　算例地震波时程及反应谱特性图

计算不同阻尼比下结构位移反应谱的主要目的是获得结构的位移与结构周期及阻尼比的关系，不过对于单条地震波而言，这种关系以离散形式呈现，即

$$S_{dij} = f(T_i,\ \xi_j,\ A_{\max}) \tag{4-1}$$

式中 T_i为第 i 个周期点，ξ_j为第 j 种阻尼比，$A_{\max}$为地震峰值加速度，S_{dij}为在给定输入地震水准 $A_{\max}$下第 i 个周期点在阻尼比为 ξ_j时的位移值。

从上述关系可以看出，在地震作用给定的情况下，结构的位移由结构周期及阻尼比决定。等效线性化过程就是确定结构周期和阻尼比的过程。

在等效线性化设计过程中，需要计算结构的等效刚度 k_{eq} 和等效阻尼比 ξ_{eq}，本节采用 Rosenblueth 和 Herrera[104] 提出的等效刚度和等效阻尼比计算方法来确定等效刚度和等效阻尼比，该方法利用最大变形处的割线刚度来确定等效线性体系的等效刚度，即割线刚度法，并根据 Jacobsen[137] 提出的等效黏滞阻尼比的方法确定等效阻尼比，其计算简图如图 4.3 和图 4.4 所示。

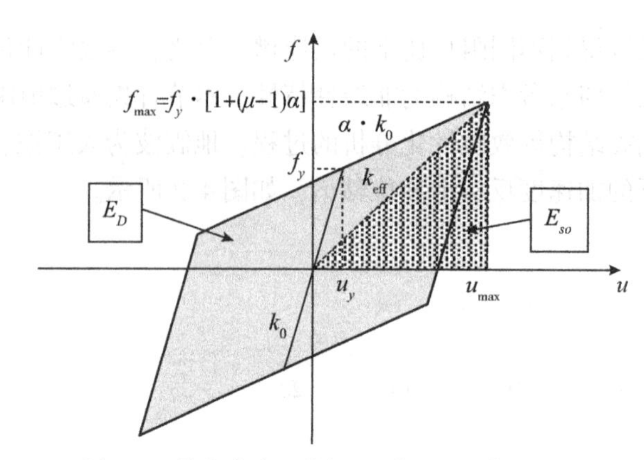

图 4.3　单自由度双线性无刚度退化滞回模型

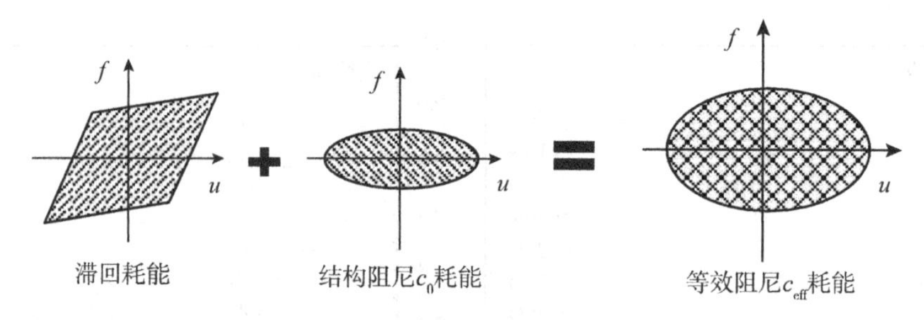

图 4.4　滞回耗能等效为黏滞耗能

上图模型中结构体系屈服位移为 u_y，屈服力为f_y，屈服前刚度为 k_0，屈服后刚度比为 α，体系最大变形为 u_{max}，滞回耗能为 E_D，弹性应变能为 E_{so}，最大变形对应的恢复力为 f_{max}，等效刚度为 k_{eq}，μ 为延性系数，定义为 u_{max}/u_y。（后文中参数与图中参数相同者，与该图中参数意义相同）

Rosenblueth 和 Herrera 定义的等效刚度 k_{eq} 为

$$k_{eq}=\frac{f_{max}}{u_{max}}=\frac{f_y\cdot[1+(\mu-1)\alpha]}{u_y\cdot\mu}=k_0\frac{1+(\mu-1)\alpha}{\mu} \tag{4-2}$$

根据周期与刚度的关系

$$\frac{T_{eq}}{T_0}=\sqrt{\frac{k_0}{k_{eq}}} \tag{4-3}$$

可以得到对应的等效周期为

$$T_{eq}=T_0\sqrt{\frac{\mu}{1+(\mu-1)\alpha}} \tag{4-4}$$

式中 T_{eq}为等效周期，T_0为结构初始周期。

等效阻尼比 ξ_{eq}为

$$\xi_{eq}=\frac{1}{4\pi}\frac{E_D}{E_{so}}+\xi_0=\frac{2(1-\alpha)(\mu-1)}{\pi\mu[1+\alpha(\mu-1)]}+\xi_0 \tag{4-5}$$

式中，ξ_0为原结构弹性时的初始阻尼比。

该方法也是 AASHTO[129]中确定等效刚度和等效阻尼比的方法，我国规范尽管没有明确提出采用该方法计算等效刚度和等效阻尼比的计算，但是，实际应用中，基本上是采用该公式计算，本书后续将该方法简称为 R-H 法。

本例中 k_0 为 12.08kN/mm；α 为 0.0769；T_0 为结构的初始周期，T_0 为 0.867s；ξ_0 为 0.05。

从式(4-4)和式(4-5)中可以看出，结构的等效周期和等效阻尼比与结构的位移相关。而根据式(4-2)可知，结构的位移又是由周期和阻尼比决定的，因此在给定地震输入的情况下，可以得到如下方程：

$$\begin{cases} u = f(T_{\text{eq}}, \xi_{\text{eq}}) \\ T_{\text{eq}} = f(u) \\ \xi_{\text{eq}} = f(u) \end{cases} \tag{4-6}$$

方程组中有三个未知数、三个等式，理论上可以通过直接求解方程组的解得到在给定地震力下结构的位移响应，以及对应等效阻尼比及等效周期。但是，由于各表达式过于复杂，尤其对于参数之间为离散关系，更是没有办法得到具体的显式表达式，因此，实际操作中通常采用迭代的方法获得结构的位移响应。

本例迭代过程如下：

第一步，根据结构的初始周期及初始阻尼比确定谱位移，即 $T_0=0.867\text{s}$，$\xi_0=5\%$时位移反应谱值为

$$S_{d1} = 43.6\text{mm}$$

第二步，根据上部计算的谱位移计算延性系数

$$\mu = \frac{S_d}{u_y} = \frac{43.6\text{mm}}{7.467\text{mm}} = 5.839$$

第三步，根据延性系数按式(4-4)和式(4-5)计算等效周期和等效阻尼比

$$T_{\text{eq}} = T_0\sqrt{\frac{5.839}{1+(5.839-1)\alpha}} = 0.867\times\sqrt{\frac{5.839}{1+(5.839-1)\times 0.0769}} = 1.789\text{s}$$

$$\begin{aligned} \xi_{\text{eq}} &= \frac{2(1-\alpha)(\mu-1)}{\pi\mu[1+\alpha(\mu-1)]} + \xi_0 \\ &= \frac{2\times(1-0.0769)\times(5.839-1)}{3.14\times 5.839\times[1+0.0769\times(5.839-1)]} + 0.05 = 40.5\% \end{aligned}$$

第四步，根据结构的等效周期及等效阻尼比确定谱位移为

$$S_{d2} = 40.1\text{mm}$$

第五步，比较第四步谱位移与第一步谱位移的误差

$$\text{err} = \frac{|S_{d2}-S_{d1}|}{S_{d2}} = \frac{|43.6-40.1|}{40.1}\times 100\% = 8.73\%$$

第六步，如果误差 err 小于规定误差(本例中取 1%)，则第四步计算结果为该隔震体系在给定地震力作用下的位移值，否则重复第一步到第五步工作，此时第一步中初始周期

和初始阻尼比应该为上一步等效周期和等效阻尼比，直到比较第四步谱位移与第一步谱位移的误差小于规定误差，并取第四步计算结果为该隔震体系在给定地震力作用下的位移值。

上述过程如图 4.5 所示。

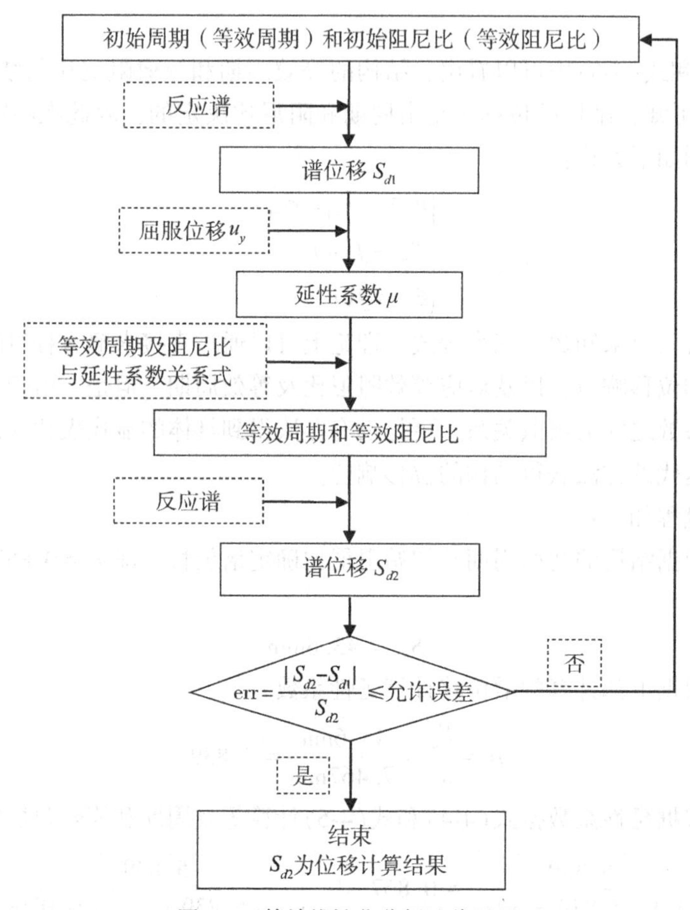

图 4.5　等效线性化分析迭代过程

根据上述迭代方法，本例的计算过程如表 4.2 所示。

表 4.2　**根据地震波转换反应谱迭代过程数据**

迭代次数	初始 延性系数	等效周期 /s	等效阻尼比	谱位移 /mm	计算 延性系数	误差/%
0	1	0.867	0.050	43.6	5.839	
1	5.839	1.789	0.405	40.1	5.370	8.728
2	5.370	1.738	0.408	38.5	5.156	4.156

续表

迭代次数	初始 延性系数	等效周期 /s	等效阻尼比	谱位移 /mm	计算 延性系数	误差/%
3	5.156	1.714	0.409	37.7	5.049	2.122
4	5.049	1.701	0.410	37.3	4.995	1.072
5	4.995	1.695	0.410	37.1	4.969	0.539

上述分析中如果将地震波转换的反应谱换成规范反应谱，即变成基于规范反应谱的等效线性化分析，分析过程与上述相同，只是规范反应谱给出了加速度曲线和阻尼比调整系数，使用更加方便。

本例中采用《抗规》中的加速度反应谱，如图 4.6 所示。

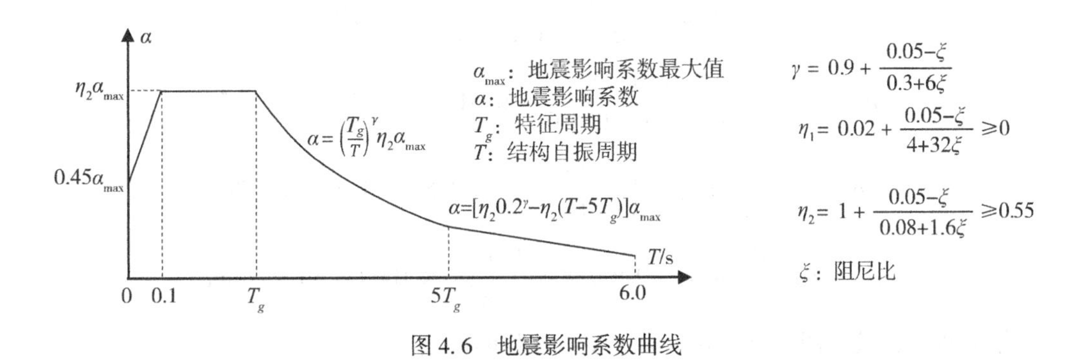

图 4.6 地震影响系数曲线

根据谱位移与谱加速度之间的关系

$$S_d = S_a \frac{T^2}{4\pi^2} = \alpha g \frac{T^2}{4\pi^2} \tag{4-7}$$

式中 S_d为谱位移，S_a为谱加速度，T 为结构自振周期，g 为重力加速度，α 为地震影响系数。

迭代过程如下：

第一步，根据结构的初始周期及初始阻尼比计算谱位移：

$$\gamma = 0.9 + \frac{0.05 - 0.05}{0.3 + 6 \times 0.05} = 0.9$$

$$\eta_2 = 1 + \frac{0.05 - 0.05}{0.08 + 1.6 \times 0.05} = 1.0$$

$$\alpha = \left(\frac{T_g}{T}\right)^\gamma \eta_2 \alpha_{max} = \left(\frac{0.40}{0.867}\right)^{0.9} \times 1.0 \times 0.45 = 0.224$$

$$S_{d1} = \alpha g \frac{T^2}{4\pi^2} = 0.224 \times 9.8 \times \frac{0.867^2}{4\pi^2} \times 1000 = 41.855\text{mm}$$

第二步，根据上步计算的谱位移计算延性系数：

$$\mu = \frac{S_d}{u_y} = \frac{41.855\text{mm}}{7.467\text{mm}} = 5.605$$

第三步，根据延性系数计算结果，并按式(4-4)和式(4-5)计算等效周期和等效阻尼比：

$$T_{\text{eq}} = T_0\sqrt{\frac{\mu}{1+(\mu-1)\alpha}} = 0.867 \times \sqrt{\frac{5.605}{1+(5.605-1)\times 0.0769}} = 1.764\text{s}$$

$$\xi_{\text{eq}} = \frac{2(1-\alpha)(\mu-1)}{\pi\mu[1+\alpha(\mu-1)]} + \xi_0$$

$$= \frac{2\times(1-0.0769)\times(5.605-1)}{3.14\times 5.605\times[1+0.0769\times(5.605-1)]} + 0.05 = 0.407$$

第四步，根据结构的等效周期及等效阻尼比计算谱位移：

$$\gamma = 0.9 + \frac{0.05-0.407}{0.3+6\times 0.407} = 0.770$$

$$\eta_2 = 1 + \frac{0.05-0.407}{0.08+1.6\times 0.407} = 0.512 < 0.55 \quad \eta_2 = 0.55$$

$$\alpha = \left(\frac{T_g}{T}\right)^{\gamma}\eta_2\alpha_{\max} = \left(\frac{0.40}{1.764}\right)^{0.778} \times 0.55 \times 0.45 = 0.079$$

$$S_{d2} = \alpha g\frac{T^2}{4\pi^2} = 0.079 \times 9.8 \times \frac{1.764^2}{4\pi^2} \times 1000 = 60.997\text{mm}$$

第五步，比较第四步谱位移与第一步谱位移的误差：

$$\text{err} = \frac{|S_{d2} - S_{d1}|}{S_{d2}} = \frac{|60.997 - 41.855|}{60.997} \times 100\% = 31.38\%$$

第六步，如果误差 err 小于规定误差(本例中取 1%)，则第四步计算结果为该隔震体系在给定地震力作用下的位移值，否则重复第一步到第五步工作，此时第一步中初始周期和初始阻尼比应该为上一步等效周期和等效阻尼比，直到比较第四步谱位移与第一步谱位移的误差小于规定误差，并取第四步计算结果为该隔震体系在给定地震力作用下的位移值。

根据规范加速度反应谱的等效线性化计算过程如表 4.3 所示。

表 4.3　**根据规范反应谱迭代过程数据**

迭代次数	延性系数	等效周期/s	等效阻尼比	谱位移/mm	误差/%
0	1.000	0.867	0.050	41.9	
1	5.605	1.764	0.407	61.0	31.381
2	8.169	1.990	0.382	70.5	13.479

续表

迭代次数	延性系数	等效周期/s	等效阻尼比	谱位移/mm	误差/%
3	9.442	2.074	0.369	76.2	7.458
4	10.202	2.119	0.360	79.4	4.051
5	10.633	2.143	0.356	81.1	2.108
6	10.862	2.155	0.353	82.0	1.072
7	10.980	2.161	0.352	82.4	0.539

上述过程为等效线性化分析方法在隔震设计中的应用过程，在计算过程中，尽管最后迭代收敛，计算得到最终位移为82.4mm，但是这一个结果是否正确需要探讨，按照上节给出的时程方法进行分析，选取70条人工波，分析该模型的位移值为52.1mm，70条人工波分析结果的误差基本上在10%以内，因此可以认为52.1mm为该模型较精确位移值。而按照规范加速度反应谱进行等效线性化分析计算的结果为82.4mm，该结果为精确位移值的1.58倍，误差较大，实际工程应用中不能接受。实际上，这种误差不是个例，大部分模型在应用我国规范反应谱进行等效线性化分析时，其位移估算结果均存在较大误差，这也是等效线性化分析在我国应用较少的原因。

因此，要在我国应用等效线性化分析方法进行设计，则需要对等效线性化分析方法的估算精度进行进一步讨论。

4.3 基于我国规范的等效线性化隔震设计方法存在的问题

本节将按照4.2节中的等效线性化分析方法，采用我国加速度反应谱和R-H等效参数计算方法，对典型隔震结构进行等效线性化分析，通过分析单自由度隔震体系的位移响应，并与时程分析结果进行对比，来讨论基于中国规范的等效线性化方法在隔震体系中应用的问题。

4.3.1 分析模型

目前实际工程中应用的隔震结构主要包括铅芯橡胶隔震结构(LRB)和摩擦摆隔震结构(FPS)，LRB隔震结构的应用已经较为成熟，也是目前应用最多的隔震结构形式。FPS隔震结构也从理论试验阶段迈向了实际应用阶段，在今后的隔震结构建设中也就会被大量使用，因此本书分析的隔震模型主要包括这两种隔震体系。

4.3.1.1 铅芯橡胶(LRB)隔震模型

目前应用最为广泛的隔震技术主要为铅芯橡胶隔震，铅芯橡胶隔震体系的滞回曲线可用无刚度退化的双线性模型表示[130]，如图4.7和图4.8所示。

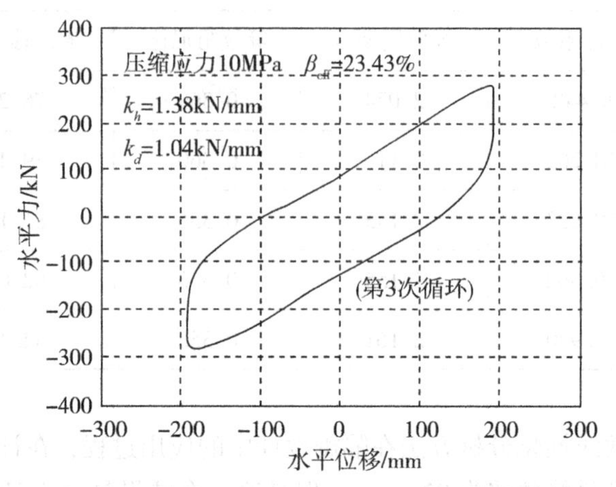

图 4.7　LRB 隔震支座水平力与水平位移关系[131]

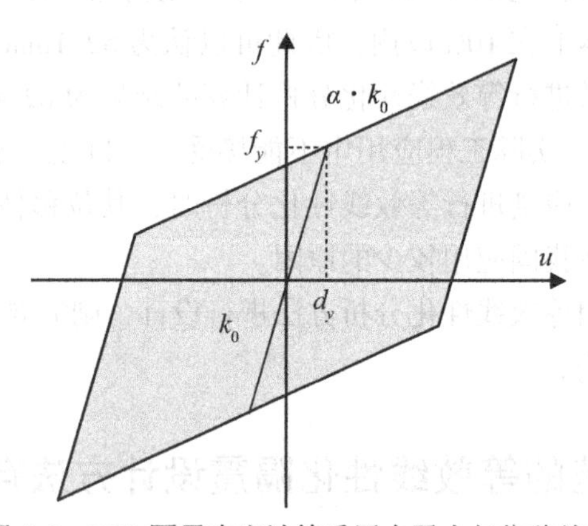

图 4.8　LRB 隔震支座计算采用水平力与位移关系

图中 k_0 为隔震体系屈服前刚度，f_y 为屈服力，d_y 为屈服位移，α 为屈服后刚度与屈服前刚度比，按单自由度体系计算分析时，假定上部结构为刚体，隔震层刚度即为隔震体系刚度，根据《建筑隔震橡胶支座》(GB 20688.3—2006)可知，α 取值一般为 1/10～1/15，实际产品中，α 一般取 1/13。设上部结构质量为 M，则隔震体系初始周期 T_0 为

$$T_0 = 2\pi\sqrt{\frac{M}{K_0}} = 2\pi\sqrt{\frac{G}{gF_y}\cdot u_y} = 2\pi\sqrt{\frac{d_y}{rg}} \tag{4-8}$$

式中 r 为屈重比。目前市场较多使用直径为 500～800mm 的铅芯橡胶隔震垫，其屈服位移 d_y 为 3～10mm，由于《抗规》对橡胶隔震垫的面压有要求，一般不超过 15MPa，实际设计中，面压也不会太小，面压太小会导致不经济，其隔震效果也不一定理想。而且隔震层必须具备足够的屈服前刚度和屈服承载力，以满足风荷载和微振动的要求。规范同时规定隔震的结构风荷载产生的总水平力不宜超过结构总重力的 10%，因此，实际建筑结构设计中屈重比一般为 2%～4%[124]，基于此，本书讨论铅芯橡胶隔震模型如表 4.4 所示。

表 4.4 **LRB 隔震体系讨论范围(屈服后刚度比取 1/13，初始阻尼比 0.05)**

屈服位移 d_y/m 屈重比 r	0.002	0.003	0.004	0.005	0.006	0.007	0.008	0.009	0.01	0.011
	对应初始周期 T_0/s									
0.020	0.634	0.777	0.897	1.003	1.099	1.187	1.269	1.346	1.419	1.488
0.025	0.567	0.695	0.802	0.897	0.983	1.062	1.135	1.204	1.269	1.331
0.030	0.518	0.634	0.733	0.819	0.897	0.969	1.036	1.099	1.158	1.215
0.035	0.480	0.587	0.678	0.758	0.831	0.897	0.959	1.017	1.072	1.125
0.040	0.449	0.549	0.634	0.709	0.777	0.839	0.897	0.952	1.003	1.052
0.045	0.423	0.518	0.598	0.669	0.733	0.791	0.846	0.897	0.946	0.992
0.050	0.401	0.491	0.567	0.634	0.695	0.751	0.802	0.851	0.897	0.941
0.055	0.383	0.469	0.541	0.605	0.663	0.716	0.765	0.811	0.855	0.897
0.060	0.366	0.449	0.518	0.579	0.634	0.685	0.733	0.777	0.819	0.859
0.065	0.352	0.431	0.498	0.556	0.609	0.658	0.704	0.746	0.787	0.825

从表中可以看出，本节讨论铅芯橡胶隔震体系屈服位移范围为 2~11mm，屈重比范围为 0.02~0.065，总共 100 个单自由度铅芯橡胶隔震体系，其屈服后刚度均取 1/13，初始阻尼比均为 0.05。

4.3.1.2 摩擦摆(FPS)隔震模型

除了应用较广的铅芯橡胶隔震系统外，摩擦摆系统(FPS)也是一种主要的隔震形式，而且其工程实践应用也在逐年增加，FPS 的滞回曲线同样可以用无刚度退化的双线性模型表示[132]，如图 4.9 和图 4.10 所示。

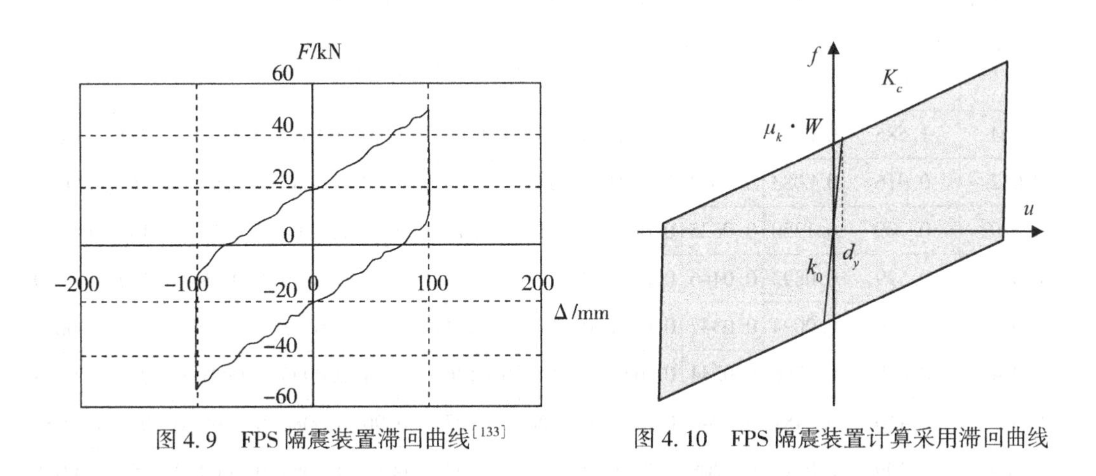

图 4.9 FPS 隔震装置滞回曲线[133]

图 4.10 FPS 隔震装置计算采用滞回曲线

图 4.10 中 K_0为支座初始刚度，μ_k为动摩擦系数，d_y为屈服位移，一般取 2.5mm，K_c为屈服后刚度，W 为支座竖向荷载[132]。

其中初始刚度

$$K_0 = \frac{\mu_k W}{d_y} \tag{4-9}$$

初始周期

$$T_0 = 2\pi \sqrt{\frac{W}{g} \frac{d_y}{\mu_k W}} = 2\pi \sqrt{\frac{d_y}{\mu_k g}} \tag{4-10}$$

屈服后刚度

$$K_c = \frac{W}{R} \tag{4-11}$$

式中 R 为 FPS 滑面的曲率半径。

摆动周期

$$T = 2\pi \sqrt{\frac{R}{g}} \tag{4-12}$$

屈服后刚度比为

$$\alpha = \frac{K_c}{K_0} = \frac{W}{R} \frac{d_y}{\mu_k W} = \frac{d_y}{\mu_k R} \tag{4-13}$$

目前市场上 FPS 产品的摩擦系数一般不大于 0.06，大部分产品摩擦系数为 0.03，葛楠等[134]指出实用的滑动摩擦系数一般在 0.02~0.05 之间，因此，本书讨论的 FPS 的摩擦系数设定为 0.01~0.06 之间。其对应的初始周期为 0.4~1.0s。本书讨论的滑动面曲率半径 R 为 1~9m，基于此，本书讨论 FPS 隔震模型如表 4.5 所示。

表 4.5　**FPS 隔震体系讨论范围(屈服位移 d_y=2.5mm，初始阻尼比 0.05)**

曲率半径 R/m		1.0	2.0	3.0	4.0	4.5	5.0	6.0	7.0	8.0	9.0
摩擦系数 μ_k	初始周期 T_0	对应屈服后刚度比 α									
0.004	1.586	0.6250	0.3125	0.2083	0.1563	0.1389	0.1250	0.1042	0.0893	0.0781	0.0694
0.012	0.916	0.2083	0.1042	0.0694	0.0521	0.0463	0.0417	0.0347	0.0298	0.0260	0.0231
0.020	0.709	0.1250	0.0625	0.0417	0.0313	0.0278	0.0250	0.0208	0.0179	0.0156	0.0139
0.028	0.599	0.0893	0.0446	0.0298	0.0223	0.0198	0.0179	0.0149	0.0128	0.0112	0.0099
0.036	0.529	0.0694	0.0347	0.0231	0.0174	0.0154	0.0139	0.0116	0.0099	0.0087	0.0077
0.044	0.478	0.0568	0.0284	0.0189	0.0142	0.0126	0.0114	0.0095	0.0081	0.0071	0.0063
0.052	0.440	0.0481	0.0240	0.0160	0.0120	0.0107	0.0096	0.0080	0.0069	0.0060	0.0053
0.060	0.409	0.0417	0.0208	0.0139	0.0104	0.0093	0.0083	0.0069	0.0060	0.0052	0.0046

续表

曲率半径 R/m		1.0	2.0	3.0	4.0	4.5	5.0	6.0	7.0	8.0	9.0
0.068	0.385	0.0368	0.0184	0.0123	0.0092	0.0082	0.0074	0.0061	0.0053	0.0046	0.0041
0.076	0.364	0.0329	0.0164	0.0110	0.0082	0.0073	0.0066	0.0055	0.0047	0.0041	0.0037

从表中可以看出，本节讨论的 FPS 隔震体系滑动面曲率半径范围为 1~9m，摩擦系数范围为 0.004~0.076，总共 100 个单自由度 FPS 隔震体系，其屈服位移均取 2.5mm，初始阻尼比均为 0.05。

综上所述，本节将通过对 100 个 LRB 隔震模型和 100 个 FPS 隔震模型，应用我国规范加速度反应谱，并采用 R-H 参数计算方法进行等效线性化分析来探讨基于我国规范反应谱应用等效线性分析精度的问题。

4.3.2 地震输入

本节在分析过程中，按照 8 度 0.2g 设防地震作用进行输入，场地条件为Ⅱ类，设计地震分组为二组，取 T_g 为 0.40s，α_{max} 为 0.45。为了研究等效线性化分析结果的精度，本书将其结果与时程分析结果进行比较，在时程分析中，采用人工波，生成人工波的包线参数如表 3.10 所示，周期控制点如表 2.7 所示，控制点处精度在 10%以内。人工波数量为 70 条，根据上一章分析结论可知，人工波的离散性可以控制在 10%以内，总记录时间为 T_d = 40.00s，时间间隔 d_t = 0.01s。地震波峰值加速度 PGA 取 200gal，地震波反应谱如图 4.11 所示。

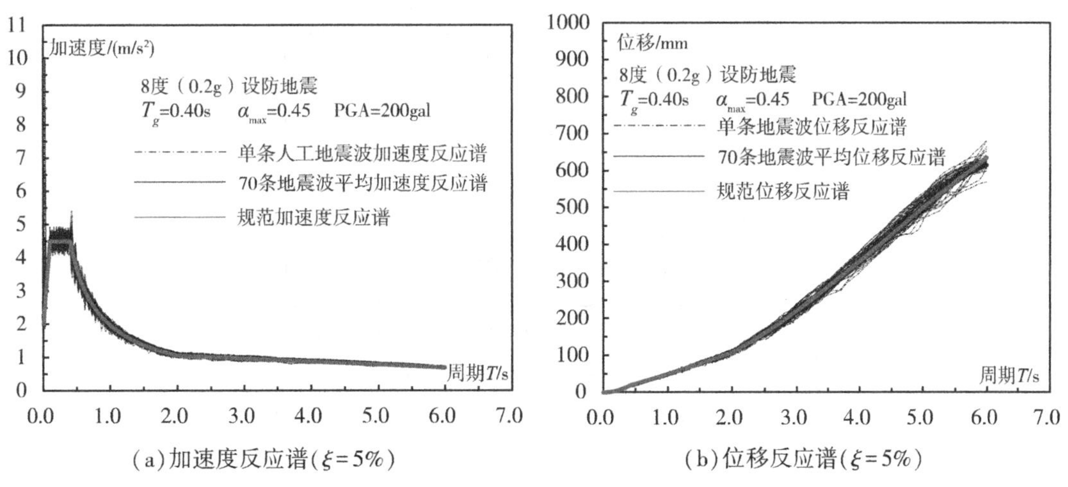

(a)加速度反应谱(ξ=5%)　　(b)位移反应谱(ξ=5%)

图 4.11　人工波反应谱图

从加速度反应谱图中可以看出来，在 0~6s 周期段内，人工波平均反应谱与规范反应谱拟合程度非常高。从位移反应谱图中可以看出，在阻尼比为 5%时，直接计算的位移谱与按式(4-7)计算的位移谱值非常接近。

4.3.3　分析结果

4.3.3.1　铅芯橡胶隔震模型(LRB)分析结果

1. 延性系数

图 4.12 为 LRB 隔震模型采用人工波进行时程分析延性系数(70 条地震波平均延性系数)、采用反应谱进行等效性线性化计算的延性系数以及两种方法计算延性系数的比较。

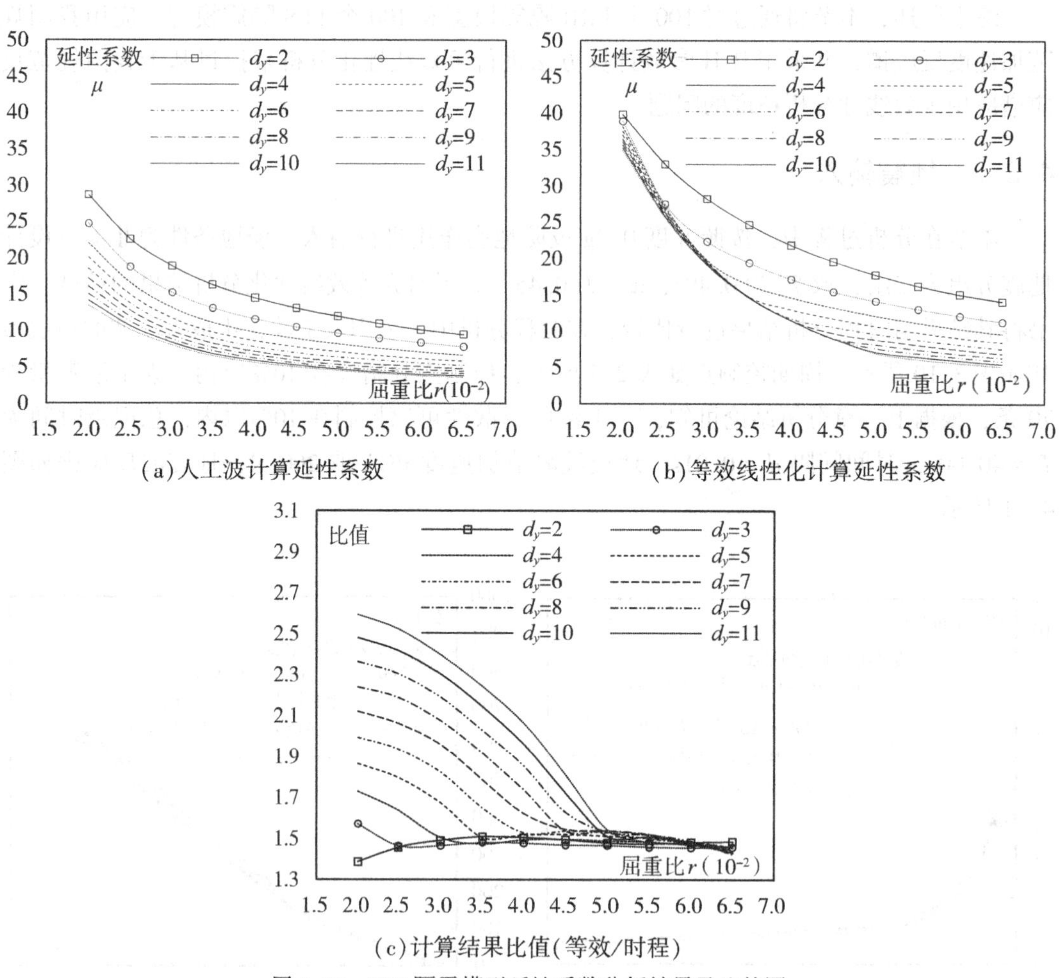

(a)人工波计算延性系数　(b)等效线性化计算延性系数

(c)计算结果比值(等效/时程)

图 4.12　LRB 隔震模型延性系数分析结果及比较图

从计算延性系数图中可以看出，相同屈重比和屈服位移条件下，采用等效线性化分析计算结果较大，屈服位移 d_y 越大、屈重比 r 越小时，两种方法计算的延性系数差距越大。等效线性化分析结果与人工波计算结果相比，差距大部分在 1.5 倍以上，最大差距可达 2.6 倍。

在屈服位移 d_y 大、屈重比 r 小处，不同屈服位移的等效线性化计算延性系数结果差别非常小，这一规律与时程分析结果差别较大。

2. 等效参数

图 4.13 为 LRB 隔震模型进行等效线性化分析结果收敛时的等效周期和等效阻尼比。

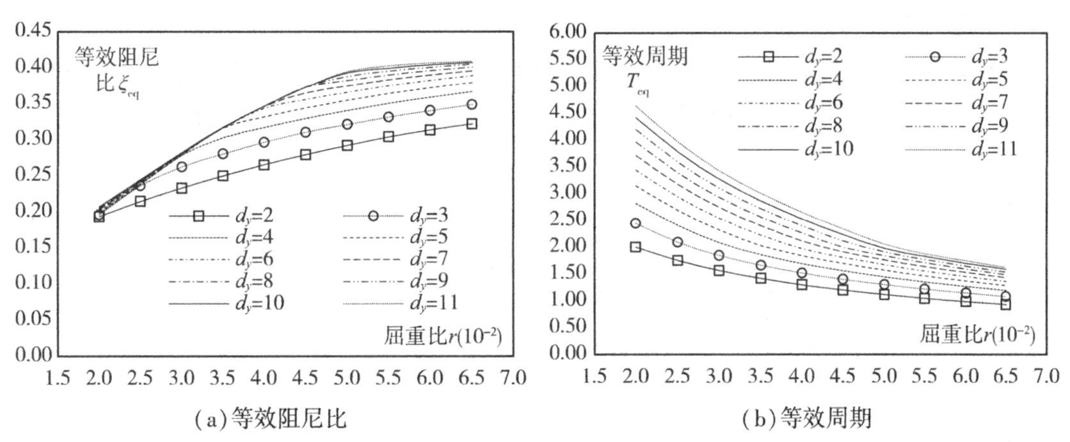

(a)等效阻尼比　　(b)等效周期

图 4.13　LRB 隔震模型进行等效线性化分析收敛时等效参数随屈重比及屈服位移变化曲线

从等效阻尼比计算结果可以看出，在屈服位移 d_y 大、屈重比 r 小处，不同屈服位移对应的等效阻尼比差别非常小，结合等效周期计算结果看，在等效周期大于 2s 时，屈服位移对等效阻尼比的影响非常小。结合图 4.12 可以看出，等效周期越长，等效线性化计算延性系数结果与时程分析计算结果的差别越大。

3. 阻尼调整系数

图 4.14 为 LRB 隔震模型进行等效线性化分析结果收敛时的阻尼调整系数图。

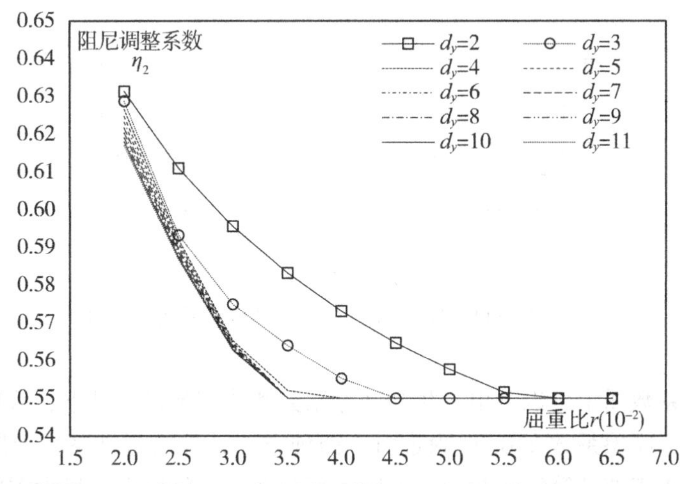

图 4.14　LRB 隔震模型进行等效线性化分析收敛时阻尼调整系数随屈重比及屈服位移变化曲线

从阻尼调整系数计算结果可以看出，当屈重比小于 0.04，屈服位移大于 3mm 时，不同屈服位移对应阻尼调整系数非常接近；当屈重比超过 0.04，屈服位移大于 3mm 时，阻尼调整系数趋于定值。

4.3.3.2　摩擦摆隔震模型(FPS)分析结果

1. 延性系数

图 4.15 为 FPS 隔震模型采用人工波进行时程分析延性系数(70 条地震波平均延性系数)、采用反应谱进行等效性线性化计算的延性系数以及两种方法计算延性系数的比较。

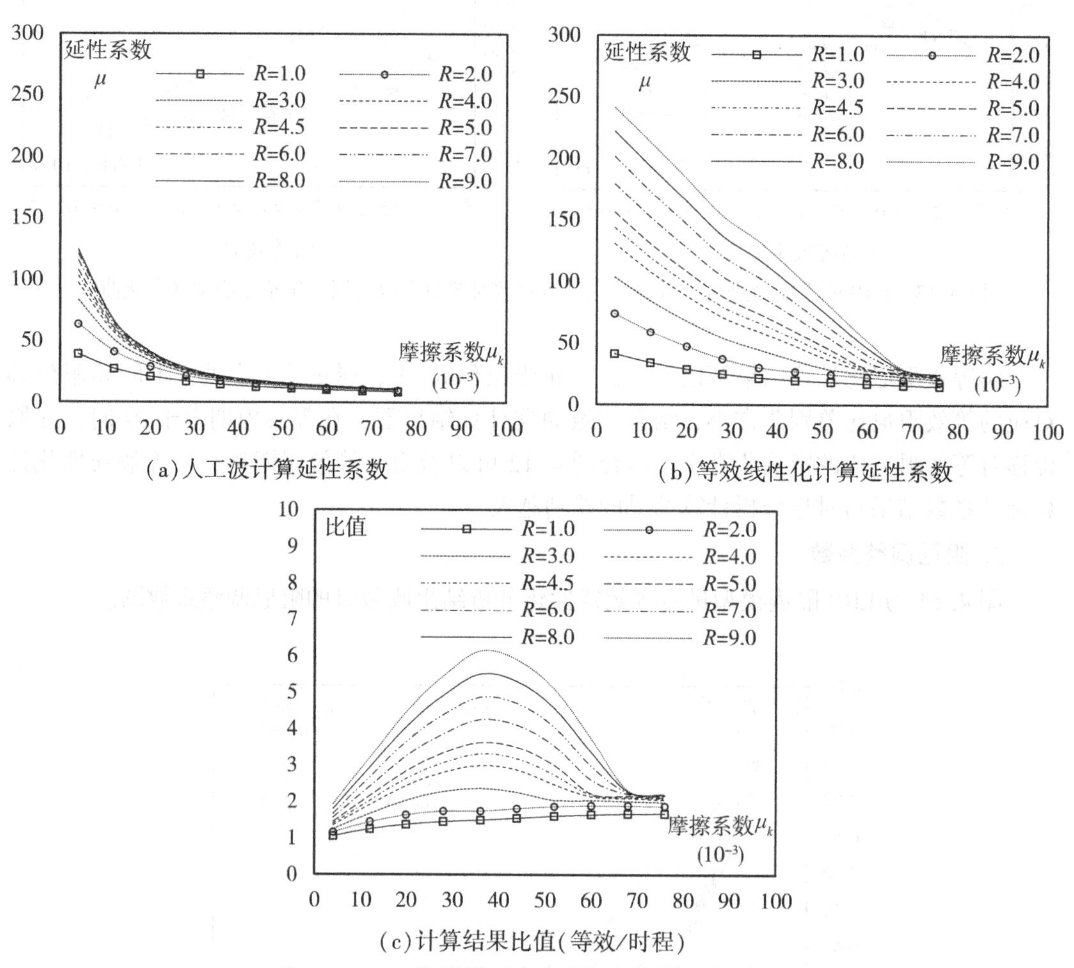

(a)人工波计算延性系数

(b)等效线性化计算延性系数

(c)计算结果比值(等效/时程)

图 4.15　FPS 隔震模型延性系数分析结果及比较图

从计算延性系数图中可以看出，相同摩擦系数和曲率半径条件下，采用等效线性化分析计算结果较大，摩擦系数在 0.04 附近时，两种方法计算的延性系数差距最大。等效线性化分析结果与人工波计算结果相比，差距大部分在 1.5 倍以上，最大差距可达 6 倍。

2. 等效参数

图 4.16 为 FPS 隔震模型等效线性化分析结果收敛时的等效周期和等效阻尼比。

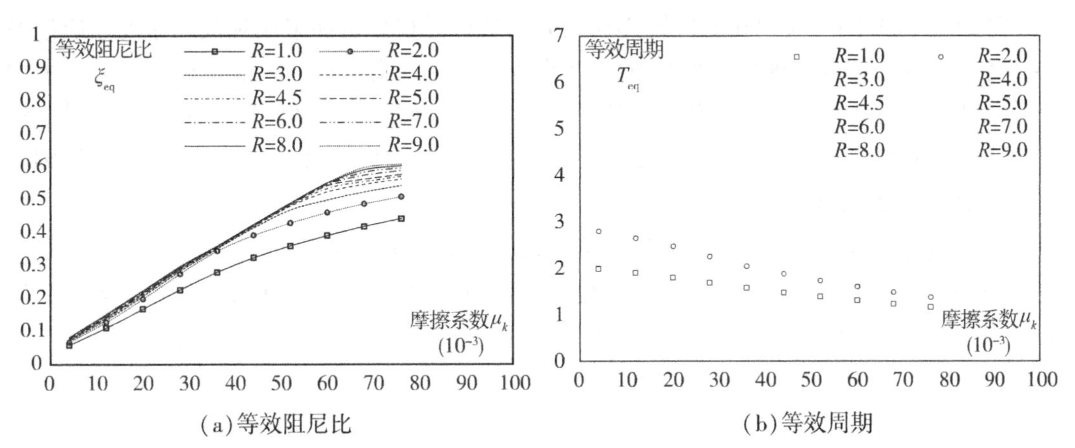

(a)等效阻尼比　　(b)等效周期

图 4.16　FPS 隔震模型进行等效线性化分析收敛时等效参数随屈重比及屈服位移变化曲线

从等效阻尼比计算结果可以看出，在曲率半径 R 大、摩擦系数 μ_k 小处，不同曲率半径对应的等效阻尼比差别非常小，结合等效周期计算结果看，在等效周期大于 2s 时，曲率半径对等效阻尼比的影响非常小。结合图 4.15 可以看出，等效周期越长，等效线性化计算延性系数结果与时程分析计算结果的差别越大。

3. 阻尼调整系数

图 4.17 为 FPS 隔震模型进行等效线性化分析结果收敛时的阻尼调整系数图。

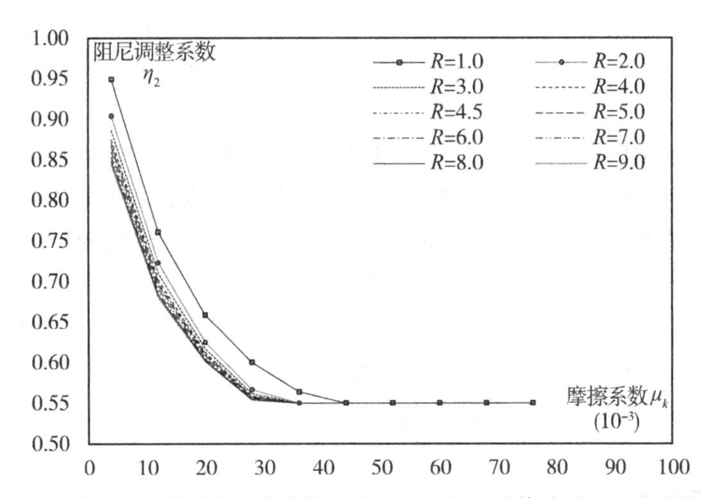

图 4.17　FPS 隔震模型进行等效线性化分析收敛时阻尼调整系数随屈重比及屈服位移变化曲线

从阻尼调整系数计算结果可以看出，当摩擦系数小于 0.045，曲率半径大于 1m 时，不同曲率半径对应阻尼调整系数非常接近；当摩擦系数超过 0.045，阻尼调整系数趋于定值。

4.3.4　结果讨论

通过对 LRB 隔震模型和 FPS 隔震模型分别进行时程分析和采用规范加速度反应谱及 R-H 等效参数计算方法进行等效线性分析的结果可以看出，相同的隔震模型，采用 R-H 法等效线性化分析的位移结果普遍比基于时程分析结果偏大 1.5 倍以上，FPS 隔震模型结果偏大可达 6 倍，本书认为造成等效线性化结果比时程分析结果偏大，主要有以下原因：

1. 阻尼调整系数

等效线性化分析过程中，需要用到不同阻尼比下加速度反应谱值，而不同阻尼的加速度反应谱是通过规范给定的阻尼调整系数对 5%的规范加速度反应谱进行修正得到，尽管在 5%阻尼比时，规范加速度反应谱与人工波平均加速度反应谱值非常接近，但是在其他阻尼比下，并不一定非常接近，如图 4.18 所示。

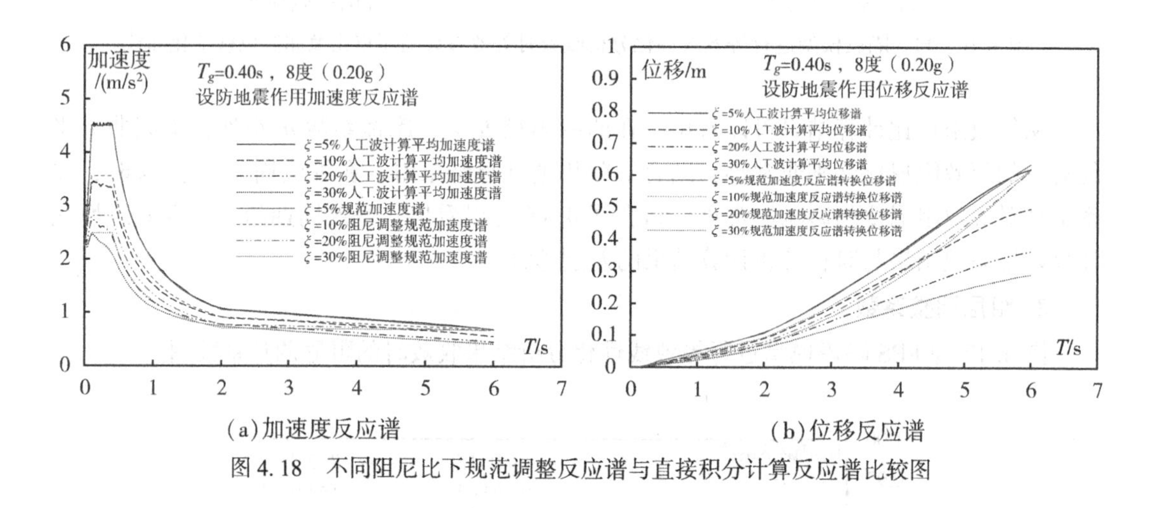

图 4.18　不同阻尼比下规范调整反应谱与直接积分计算反应谱比较图

从加速度反应谱中可以看出，直接积分计算不同阻尼比的加速度反应谱普遍比基于阻尼调整系数得到的加速度反应谱大，而且随着阻尼比的增大，其差别也逐步增大，尤其在 3~6s 周期段，随着周期的增加，其差别越来越大。在等效线性化分析中，通过阻尼调整系数修正规范 5%阻尼比加速度反应谱，得到其他阻尼比下的加速度反应谱，由于该谱强度在长周期段要明显强于地震波计算结果，因此按照该加速度谱转换为位移谱计算时，其位移谱值将会大于实际地震波计算的位移谱值，尤其在长周期段，如图 4.18(b)所示。

从阻尼调整系数的角度看，我国规范中的阻尼调整系数低估了阻尼降低结构地震反应的作用。

2. 加速度反应谱特性

除了阻尼调整系数外，加速度反应谱本身的特性也会影响等效线性化分析结果的精度。如图 4.18(a)所示，我国加速度反应谱在 $5T_g$ 之后较平缓，尤其在阻尼比较大处，而且不同阻尼比下，在周期为 6.0s 处基本上交汇于一点，这与基于直接积分计算得到的不同阻尼比下加速度反应谱有较大差别，当然阻尼调整系数的不合理也会导致这些差别，不过，从加速度反应谱表达式看，加速度反应谱特性对这一现象的影响也较大。

加速度反应谱这一特点也可以解释4.3.3节分析结果：

①对于LRB隔震模型，根据延性系数的定义及式(4-7)可知：

$$\mu = \frac{S_d}{d_y} = \frac{T_{\mathrm{eq}}^2}{4\pi^2}\frac{S_a}{d_y} \tag{4-14}$$

根据式(4-8)可知

$$\mu = \frac{T_{\mathrm{eq}}^2}{4\pi^2}\frac{S_a}{d_y} = \left(\frac{T_{\mathrm{eq}}}{T_0}\right)^2\frac{S_a}{rg} \tag{4-15}$$

LRB隔震模型，屈服后刚度比一般取定值，根据式(4.4)，等效周期与初始周期的比值仅为延性系数μ的函数，因此

$$f(\mu) = \frac{S_a}{rg} \tag{4-16}$$

$f(\mu)$为仅关于延性系数μ的函数。

根据式(4-16)可知，延性系数μ为加速度反应谱S_a和屈重比r的函数。根据式(4-8)可知，对于屈重比r较小，屈服位移d_y较大时，初始周期越长，初始刚度越小，而LRB隔震模型屈服后刚度比一般相同，因此LRB隔震模型的整体刚度越弱，在振动过程中，其周期越长。根据图4.18(a)可以看出，在长周期段S_a变化非常小，尤其在大阻尼比下。因此，对应屈重比r较小、屈服位移d_y较大的LRB隔震模型，S_a在不同周期处的数值比较接近，计算的延性系数μ也比较接近。这也解释了图4.12(b)中，在屈重比r较小、屈服位移d_y较大时，相同屈重比r，不同屈服位移d_y计算的延性系数μ比较接近。由于延性系数μ接近，屈服后刚度比也相同，因此计算等效阻尼比也比较接近，阻尼调整效果也接近，如图4.12所示。

②对于FPS隔震模型，同样有式(4-14)关系存在。

根据式(4-4)可知，等效周期与初始周期的比值是关于延性系数μ和屈服后刚度比α的函数关系，如式(4-17)：

$$T_{\mathrm{eq}}^2 = T_0^2 \cdot f_1(\mu,\ \alpha) \tag{4-17}$$

$f_1(\mu,\ \alpha)$为仅关于延性系数μ和屈服后刚度比α的函数1。

将式(4-17)代入式(4-14)中，得到

$$\mu = \frac{T_0^2 \cdot f_1(\mu,\ \alpha)}{4\pi^2}\frac{S_a}{d_y} \tag{4-18}$$

根据式(4-10)，可知

$$\mu = f_1(\mu,\ \alpha)\frac{S_a}{\mu_k g} \tag{4-19}$$

即

$$\frac{S_a}{\mu_k g} = f_2(\mu,\ \alpha) \tag{4-20}$$

$f_2(\mu,\ \alpha)$为仅关于延性系数μ和屈服后刚度比α的函数 2。

根据式(4-5)可知，等效阻尼比也是关于延性系数和屈服后刚度比的函数关系，如式(4-21)。

$$\xi_{eq}=f_3(\mu,\ \alpha) \tag{4-21}$$

$f_3(\mu,\ \alpha)$为仅关于延性系数μ和屈服后刚度比α的函数 3。

实际上对于给定的地震条件，S_a 为等效周期 T_{eq}和等效阻尼比ξ_{eq}的函数，即

$$S_a=f_4(T_{eq},\ \xi_{eq}) \tag{4-22}$$

$f_4(T_{eq},\ \xi_{eq})$为仅关于等效周期 T_{eq}和等效阻尼比ξ_{eq}的函数 4。

FPS 隔震体系 d_y 一般固定，根据式(4-10)，可知 T_0仅为摩擦系数 u_k的函数，结合式(4-4)和式(4-22)得

$$S_a=f_5(\mu_k,\ \mu,\ a) \tag{4-23}$$

由式(4-20)、式(4-21)和式(4-23)可知，三个方程五个未知数，可得

$$\xi_{eq}=f(S_a,\ \mu_k) \tag{4-24}$$

即等效阻尼比ξ_{eq}是关于加速度反应谱 S_a 和摩擦系数 u_k的函数。FPS 隔震模型在振动过程中，一般处于长周期段，S_a 变化较小，尤其在大阻尼比情况下，S_a 变化更小，因此，等效阻尼比ξ_{eq}大部分情况由摩擦系数 u_k决定，这也解释了图 4. 16(a)和图 4. 17 中，相同摩擦系数下，不同曲率半径下等效阻尼比非常接近。当等效阻尼比接近时，对应的阻尼调整系数也比较接近，阻尼调整效果也比较接近。

3. 等效参数计算方法

从等效线性化分析结果普遍大于时程分析结果可以看出，计算的等效刚度偏小。有学者[136]认为采用最大位移对应的割线刚度来作为等效刚度低估了非线性单元的刚度作用，因为非线性在动力分析时，从初始刚度到最大位移对应的割线刚度都会经历，而且割线刚度为这些刚度的下限，仅采用割线刚度作为等效刚度显然低估了刚度作用。因此，采用这个刚度进行位移计算时，其结果往往会偏大。

当然，上述影响隔震结构等效线性化分析结果偏大的因素之间也是相互影响的，例如，如果阻尼调整系数能够大幅度降低地震力作用，可能可以忽略反应谱特性以及等效参数的影响；如果找到合适的等效参数计算方法，可能可以忽略阻尼调整系数和反应谱特性的影响。

因此，隔震结构等效线性化分析结果偏大的原因是多方面的，而且这些影响可能同时存在。要合理地应用等效线性化分析方法进行隔震结构设计分析，需要进一步研究其计算精度的问题。

4.4　本章小结

本章首先分析了现阶段采用时程分析方法进行结构设计存在的问题，进而建议采用等效线性化分析方法对隔震结构进行设计分析。并讨论了我国现阶段应用等效线性化进行隔震结构计算分析中存在的问题，得出以下结论：

(1)采用 R-H 法计算等效刚度和等效阻尼比来配合我国规范进行等效线性化分析隔震结构的位移响应，其位移计算结果比相应时程分析结果偏大，大部分在 1.5 倍以上；

(2)隔震结构等效线性化分析结果偏大的因素是多方面的，如阻尼调整系数、加速度反应谱特性以及等效参数计算方法，而且这些影响可能同时存在。要合理地应用等效线性化分析方法进行隔震结构设计分析，需要进一步研究其计算精度的问题。

第5章　隔震结构等效线性化分析估算精度探讨

5.1　引言

本书第4章详细介绍了等效线性化分析方法在单自由度隔震体系中的应用方法，并通过该方法分析100个LRB和100个FPS单自由度隔震模型的位移响应，结果表明等效线性化分析结果较时程分析结果偏大较多，精度较低，无法直接指导工程实际。

为了获得计算精度较高的隔震结构等效线性化分析方法，本节结合影响等效线性化分析精度的因素和现有关于等效线性化分析研究成果，并通过分析单自由度隔震模型，来探讨现有等效线性化研究成果在隔震结构应用中的精度问题。

5.2　等效线性化分析精度影响因素研究成果

5.2.1　等效参数计算方法研究成果

等效参数计算方法一般指等效刚度(等效周期)和等效阻尼比计算方法。1964年，Rosenblueth和Herrera[104]提出了重要的等效参数计算方法——割线刚度法，该方法利用最大变形处的割线刚度来确定等效线性体系的等效刚度，并根据Jacobsen[137]提出的等效黏滞阻尼比的方法确定等效阻尼比，并给出了双线性单自由度无刚度退化模型的等效刚度和等效阻尼比的计算公式(R-H法)，计算公式为式(4-3)和式(4-5)，奠定了以割线刚度为基础的等效线性化方法。

随后，Gulkan[138]、Kowalsky[99]、Jara[108]、Dicleli[105]、曲哲[106]、Jara[139]、马晓辉[109]、Liu T[107]等在R-H法的基础之上，各自提出了等效阻尼比修正方法，得到了不同的等效参数计算公式。其等效刚度计算方法相同，均为式(4-3)。

除了基于割线刚度法的等效刚度和等效阻尼比计算公式外，很多研究者也提出基于非割线刚度法的等效刚度和等效阻尼比的计算公式。

1977年，Gates[136]指出，割线刚度采用最大位移对应的刚度是等效刚度的下限值，实际上地震作用下，结构不可能在每一个循环变形时都达到最大位移。因此，其建议采用介于初始刚度和割线刚度之间的某个中间刚度作为等效刚度，并提出了平均刚度和平均耗能的思想来确定等效刚度和等效阻尼比，其表达式如下：

$$k_{eq} = \frac{1}{u_{max}} \int_0^{u_{max}} k(u)\,\mathrm{d}u \tag{5-1}$$

式中 $k(u)$ 为位移为 u 时对应的割线刚度，u_{max} 为最大位移。

对应计算等效阻尼比时，滞回耗能 E_D 采用下式计算

$$E_D = \frac{1}{u_{max}} \int_0^{u_{max}} E_d(u)\,\mathrm{d}u \tag{5-2}$$

式中 $E_d(u)$ 为位移为 u 时对应的滞回耗能(滞回环包围的面积)。

在此理论基础之上，Iwan 等[140]、Hwang[141][113]、欧进萍[111]、Kwan[142]、Guyader[143]提出了相应等效刚度和等效阻尼比的计算公式。

上述关于等效阻尼比和等效刚度的研究方法归纳起来主要有两种：

(1)基于理论推导的等效刚度和等效阻尼比计算公式。其理论依据是由 Jacobsen 提出的非线性体系在一个加载循环中的滞回耗能与等效线性化体系在相同位移幅值下的黏滞耗能相等。主要研究代表为 Rosenblueth 和 Herrera、Kowalsky、Iwan 和 Gates、欧进萍等，其区别在于选取的本构关系不同，如 Rosenblueth 和 Herrera 与 Kowalsky 的计算公式；或是阻尼及刚度代表值不同，有以最大值为代表值，如 Rosenblueth 和 Herrera，有以均值为代表值，如 Iwan 和 Gates、欧进萍。

(2)基于实际地震波计算结果统计得到的等效刚度和等效阻尼比拟合计算公式。对于单条地震波而言，其计算结果是确定的，可以通过等效线性化结果与精确结果之间的差距，选择对等效刚度或是等效阻尼比进行修正，使等效线性分析结果与精确结果接近。但是不同的地震波计算结果不同，有时差别很大，其等效参数(等效阻尼比和等效刚度)拟合结果也不一样。因此，选择地震波样本不同时，其拟合的等效参数计算公式也不一样。而且根据研究的对象不同，其拟合参数的结果也不相同，如针对低延性系数的传统抗震结构进行拟合的结果与针对高延性系数的隔震结构的拟合结果就不同，也就导致以上不同的等效参数计算公式。

基于以上等效线性化中等效阻尼比及等效刚度的研究成果，各国也选择或是提出了各自等效线性化分析的等效阻尼比及等效刚度计算方法。

美国 AASHTO[129](美国国家公路与运输协会标准)采用 R-H 法进行等效线性化设计。

中国城市桥梁抗震设计规范[145]和欧洲规范 Eurocode8[144][120]中关于桥梁和建筑结构隔震设计部分也推荐采用 R-H 法计算等效刚度和等效阻尼比进行等效线性化设计。

日本 JPWRI[112]关于公路桥梁的等效线性化设计部分推荐采用式(5-3)和式(5-4)计算等效阻尼比和等效刚度，等效刚度 k_{eq} 为

$$k_{eq} = k_0 \frac{1 + (0.7\mu - 1)\alpha}{0.7\mu} \tag{5-3}$$

根据周期与刚度的关系，可以得到对应的等效周期为

$$T_{eq} = T_0 \sqrt{\frac{0.7\mu}{1 + (0.7\mu - 1)\alpha}} \tag{5-4}$$

等效阻尼比 ξ_{eq} 为

$$\xi_{eq}=\frac{2(1-\alpha)(0.7\mu-1)}{\pi\cdot 0.7\mu[1+\alpha(0.7\mu-1)]}+\xi_0 \tag{5-5}$$

从日本 JPWRI 采用等效刚度和等效阻尼比计算公式可以看出，其在 R-H 法基础上作了一些修正，即采用 0.7 倍的最大位移确定等效刚度和等效阻尼比。

日本对于建筑隔震设计[147]，除了采用基于能量平衡方法外，也有采用等效线性化分析，其对等效刚度和等效阻尼比也进行了规定，对于等效刚度一般采用最大位移处割线刚度，等效刚度 k_{eq} 为

$$k_{eq}=k_0\frac{1+(\mu-1)\alpha}{\mu} \tag{5-6}$$

而附加阻尼比采用 Jacobsen 方法即非线性体系在一个加载循环中的滞回耗能与等效线性化体系在相同位移幅值下的黏滞耗能相等，但是引进 0.8 的折减系数进行计算[146]，因此等效阻尼比 ξ_{eq} 为

$$\xi_{eq}=0.8\cdot\frac{2(1-\alpha)(\mu-1)}{\pi\mu[1+\alpha(\mu-1)]}+\xi_0 \tag{5-7}$$

FEMA-440[83]（美国联邦应急管理署）在 Guyader 和 Iwan[143] 的研究基础之上，提出了新的等效刚度和等效阻尼比计算公式，等效周期计算公式根据周期与刚度关系式(4-3)得到式(5-8)和式(5-9)：

$$T_{eq}=\begin{cases}T_0[1+G(\mu-1)^2+H(\mu-1)^3] & \mu<4.0\\ T_0[I+J(\mu-1)+1] & 4.0\leqslant\mu\leqslant 6.5\\ T_0[1+K(\sqrt{(\mu-1)/[1+L(\mu-2)]}-1)] & \mu>6.5\end{cases} \tag{5-8}$$

等效阻尼比：

$$\xi_{eq}=\begin{cases}\xi_0+A(\mu-1)^2+B(\mu-1)^3 & \mu<4.0\\ \xi_0+C+D(\mu-1) & 4.0\leqslant\mu\leqslant 6.5\\ \xi_0+E[F(\mu-1)-1]T_{eq}^2/[F(\mu-1)T_0]^2 & \mu>6.5\end{cases} \tag{5-9}$$

A～K 为计算参数，其取值与滞回模型以及屈服后刚度比有关。

我国《抗规》也对隔震层等效刚度和等效阻尼比有相应的规定，其等效阻尼比和等效刚度计算公式没有明确给出，只是规定根据隔震垫支座型号取值，即计算水平向减震系数时，采用支座剪切变形 100%时的等效刚度和等效阻尼比；罕遇地震各指标验算时，采用支座剪切变形 250%时的等效刚度和等效阻尼比，各剪切变形下的等效刚度和等效阻尼比由试验确定，根据《橡胶支座　第 3 部分：建筑隔震橡胶支座》关于等效刚度和等效阻尼比的计算方法，实际上也是按照 R-H 法计算等效刚度和等效阻尼比，因此从本质上看，我国《抗规》也是按照采用 R-H 法计算等效刚度和等效阻尼比进行等效线性化分析，只不过不需要迭代，采用固定的等效刚度和等效阻尼比进行计算分析。这个规定简化了计算过程，可以较方便地获得计算结果。但是这种简化又过于简单，相同隔震支座布置的隔震结构，不同烈度地震作用下都采用一种等效刚度和等效阻尼比，显然不合理，导致计算结果与实际情况差别较大。因此，工程设计中很少使用。

5.2.2 阻尼调整系数研究成果

一般情况下，规范仅给出5%阻尼比的加速度反应谱，其他阻尼比下的反应谱则是通过阻尼调整系数调整5%阻尼比的加速度反应谱得到，而等效线性化分析强依赖不同阻尼比和不同周期下的反应谱值，因此，阻尼调整系数将直接影响到采用等效线性化分析的计算精度。影响阻尼调整系数的因素众多，国内外学者对阻尼调整系数也开展了广泛研究。如Newmark和Hall[148]，Wu和Hanson[149]及Idriss[150]提出了考虑阻尼比和周期影响的阻尼调整系数回归方程；Ashour[151]及Tolis和Faccioli[152]提出了仅考虑阻尼比影响的阻尼调整系数回归方程；Lin和Chang[153][154][155][156]研究了场地条件对阻尼调整系数的影响，结果表明场地类别对阻尼调整系数的影响较弱；Bommer和Mendis[157]、Rezaeian[158]及Cammeron和Green[159]探讨了矩震级、断层距、场地条件和地震动持时对阻尼调整系数的影响，结果表明持时和矩震级对阻尼调整系数有显著影响；Stafford[160]等定量分析了持时对阻尼调整系数的影响，并给出考虑持时的阻尼调整系数。

国内学者对阻尼调整系数也有较深入的研究，刘锡荟[161]、刘文光[162]、黄海荣[163]等各自提出了仅关于阻尼比的阻尼调整系数；胡聿贤[164]、王亚勇[165]、焦振刚[166]、周雍年[167]、马东辉[168]及王曙光[169]等提出了周期和阻尼比的阻尼调整系数；吕西林[170]等提出了考虑场地条件的阻尼调整系数；王国玳[171]等提出了考虑震级的阻尼调整系数；周德源等[172]提出了考虑近断层效应的阻尼调整系数。

以上为国内外对阻尼调整系数的主要研究成果，各国根据相关研究成果在给出5%阻尼比的加速度反应谱的同时给出了阻尼调整系数。

我国规范阻尼调整系数：(η：阻尼调整系数，ξ：阻尼比)

$$\eta = 1 + \frac{0.05 - \xi}{0.08 + 1.6\xi} \quad \eta \geq 0.55 \tag{5-10}$$

日本阻尼调整系数：

$$\eta = \frac{1.5}{1 + 10\xi} \quad \eta \geq 0.40 \tag{5-11}$$

欧洲(Eurocode 8)阻尼调整系数：

$$\eta = \sqrt{\frac{10}{5 + 100\xi}} \quad \eta \geq 0.55 \tag{5-12}$$

FEMA-440阻尼调整系数：

$$\eta = \frac{5.6 - \ln(100\xi)}{4} \tag{5-13}$$

5.2.3 加速度反应谱特性研究成果

对我国加速度反应谱的研究主要集中在长周期段表达上，认为我国规范加速度反应谱在长周期段与实际统计结果有较大差别，也会导致等效线性化分析结果精度较低，因此，对我国反应谱长周期段进行了深入研究，并提出了相应修正方法。

刘文光等[162]通过采用中、日、美三国长周期段的加速度反应谱，及 R-H 法计算等效参数对隔震结构进行等效线性化分析，并与时程分析结果进行对比，认为按照中国规范加速度反应谱来计算长周期隔震结构，其计算精度较差，并提出对中国加速度反应谱长周期段及阻尼调整系数的修正建议，其对加速度反应谱修正建议与周雍年的建议非常相似，修正后的表达式为式(5-14)：

$$\begin{cases} \alpha = \left(\dfrac{T_g}{T}\right)^{0.9} \eta_2 \alpha_{\max} & T_g \leqslant T \leqslant 6\text{s} \\ \eta_2 = 1 + \dfrac{0.05 - \xi}{0.01 + 2\xi} & \xi\text{：阻尼比} \end{cases} \tag{5-14}$$

何文福等[176]根据我国场地类别选取 80 条天然波，通过计算分析提出与上述类似的长周期段表达式，区别在于何文福提出的表达式衰减指数不是定值 0.9，而是跟阻尼比相关的参数，其表达式为式(5-15)：

$$\begin{cases} \alpha = \left(\dfrac{T_g}{T}\right)^{\gamma} \eta \alpha_{\max} & T_g \leqslant T \leqslant 6\text{s} \\ \gamma = 0.9 + \dfrac{0.05 - \xi}{0.5 + 5\xi} & \\ \eta = 1 + \dfrac{0.05 - \xi}{0.06 + 1.7\xi} & \xi\text{：阻尼比} \end{cases} \tag{5-15}$$

李婕[177]采用中、日、美三国长周期段的加速度反应谱，及 R-H 法计算等效参数对不同周期和不同屈重比(屈服力与重力比值)的 52 个单质点隔震分析模型进行等效线性化分析，并与人工波计算结果对比，认为采用日本加速度反应谱进行等效线性化分析结果与时程分析结果基本一致，而采用我国加速度反应谱进行等效线性化分析结果比时程分析结果大很多，最大达到 2.4 倍。因此，李婕给出了对我国加速度反应谱长周期段的修正方法，其表达式为式(5-16)：

$$\begin{cases} \alpha = \left(\dfrac{T_g}{T}\right)^{0.9} \eta \alpha_{\max} & T_g \leqslant T \leqslant 5T_g \\ [0.2^{0.9} - \eta_1 (T - 5T_g)] \eta_2 \alpha_{\max} & T \geqslant 5T_g \\ \eta_2 = 1 + \dfrac{0.05 - \xi}{0.01 + 2\xi} & \xi\text{：阻尼比} \end{cases} \tag{5-16}$$

式中参数与《抗规》中的参数意义相同。

实际上，对于我国规范加速度反应谱适用性的研究不仅仅限于隔震结构，对于高层、超高层在应用我国规范加速度反应谱进行设计时，也会遇到一些问题，因此对规范加速度反应谱也有相应研究。

于海英和周雍年[178]从我国台湾 SMART-1 台阵记录的地震波中选取 236 条进行分析，得到加速度反应谱，并与我国规范反应谱进行了对比，结果表明实际强地震动的长周期谱值较小，为了保证长周期结构有一定的强度安全，规范的长周期谱值要比实际强震记录的长周期谱值大很多。

周雍年等[174]收集了国内外大地震中的322条水平分量加速度记录，并计算了其平均加速度反应谱及拟合曲线，根据拟合结果，建议我国抗震设计规范加速度反应谱长周期衰减曲线不分段，衰减指数取为0.9。

黄海荣等[163]通过采用45条天然波分析了不同周期和不同阻尼比的隔震模型，提出了将反应谱下降段分为三段的加速度反应谱，其分段周期分别为$5T_g$和$10T_g$。

方小丹等[179]认为我国建筑抗震规范加速度反应谱长周期段由于人为的调整，改变了地震动的统计特性，导致地震动特性失真，也导致长周期结构在地震作用下的计算位移偏大，因此，其建议加速度反应谱长周期段修改为式(5-17)。

$$\alpha = \begin{cases} (T_g/T)\alpha_{\max} & T_g \leqslant T \leqslant 5T_g \\ (5T_g^2/T^2)\alpha_{\max} & 5T_g \leqslant T \leqslant 10\text{s} \end{cases} \tag{5-17}$$

耿淑伟等[180]选取美国西部823条及我国台湾地区132条强震记录，计算其加速度反应谱，并与6种不同的加速度反应谱进行对比分析，讨论了反应谱下降段的表达，结果表明，我国规范加速度反应谱在长周期段过于保守，下降段按照T^{-1}的速率下降有足够的安全保障。

以上为目前研究者对我国《抗规》中加速度反应谱的相关研究成果，从研究方法角度看，主要有两种：

一种是采用美国、日本及我国台湾地区的强震记录进行谱分析，并与我国规范加速度反应谱进行比较，表明我国加速度反应谱在长周期段过于保守。根据美国、欧洲、日本等规范中的加速度反应谱的特性，对我国加速度反应谱提出修正方法。

另一种是采用与规范拟合较好的人工波对隔震结构进行非线性分析，与采用R-H法计算等效参数进行等效性线性化分析计算结果进行比较，认为基于我国规范的等效线性分析结果偏大，进而提出我国加速度反应谱修正方法。

从修正方法角度看，也主要有两种：一种是长周期下降段不分段，采用T^{-1}速率下降，采用这种方法修正后的加速度反应谱类似日本、美国的加速度反应谱；另一种是长周期下降段分为2段，前段按照T^{-1}速率下降，后段按照T^{-2}速率下降，采用这种方法修正后的加速度反应谱类似欧洲的加速度反应谱。

以上为目前关于等效线性化分析的主要研究内容，主要包括等效刚度和等效阻尼比的计算方法、反应谱的阻尼修正系数及加速度反应谱长周期的表达。

5.3 隔震结构等效线性化精度分析

为了获得具有较高分析精度的等效线性化分析方法，本节通过采用10种等效周期及等效阻尼比计算方法、4种阻尼调整系数和5种加速度反应谱组合而成的200种等效线性化设计方法，分别对100个单自由度LRB隔震模型和100个单自由度FPS隔震模型进行位移估算，并与时程分析结果进行对比，希望通过分析结果找到具有精度较高的等效线性化分析方法。

5.3.1　现有等效线性化分析研究成果选取

5.3.1.1　等效参数计算方法

本节主要考虑 10 种等效刚度和等效阻尼比计算方法，10 种等效参数计算方法中，包括 5 种割线刚度法和 5 种非割线刚度法，各方法中均包含了屈服后刚度比的影响。10 种等效参数计算方法如表 5.1 所示(表中等效周期根据刚度与周期关系转换得到)。

图 5.2 和图 5.3 分别为 10 种等效周期及等效阻尼比随着延性系数的变化曲线，其中每种方法中的屈服后刚度比均取 1/13。

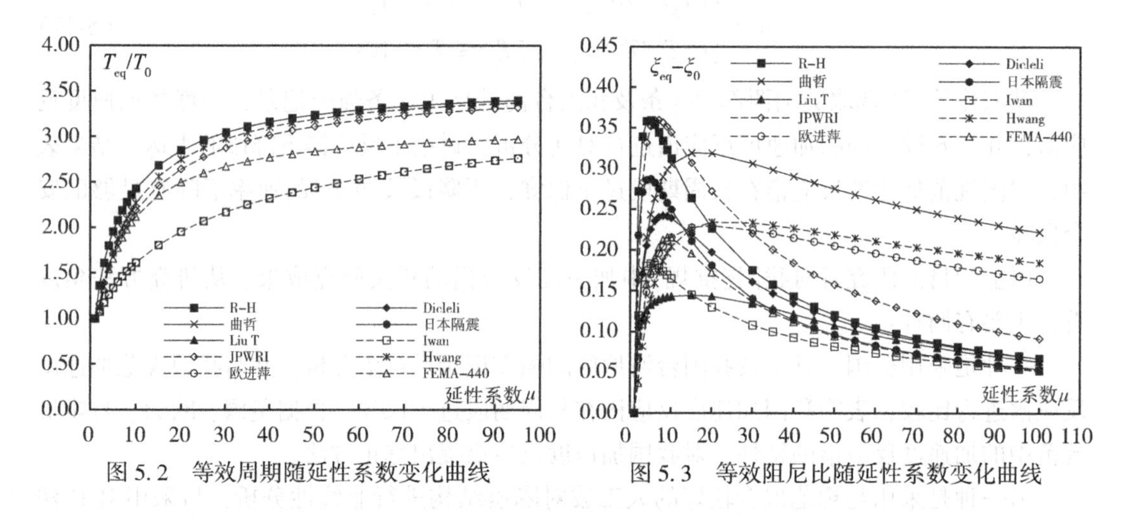

图 5.2　等效周期随延性系数变化曲线

图 5.3　等效阻尼比随延性系数变化曲线

从图 5.2 可以看出，随着延性系数的增加，结构等效周期与结构初始周期的比值增加，在延性系数小于 30 时，该比值增加较快，延性系数超过 30 时，该比值增加较缓慢，并最终趋于稳定。

从图 5.3 可以看出，等效阻尼比随着延性系数的增加，其数值并不是单调变化，表现的规律是先增加后减小。不同的计算方法，其开始降低的位置不同。从图中可以看出，各种等效阻尼比计算方法得到的结果其值均不超过 37%。

表 5.1　　**10 种等效参数计算方法**

模型名称	等效周期	等效阻尼比
R-H	$T_{eq}=T_0\sqrt{\dfrac{\mu}{1+\alpha(\mu-1)}}$	$\xi_{eq}=\xi_0+\dfrac{2(1-\alpha)(\mu-1)}{\pi\mu[1+\alpha(\mu-1)]}$
Dicleli	$T_{eq}=T_0\sqrt{\dfrac{\mu}{1+\alpha(\mu-1)}}$	$\xi_{eq}=\xi_0+\beta_D\dfrac{2(1-\alpha)(\mu-1)}{\pi\mu[1+\alpha(\mu-1)]}$ $\beta_D=\sqrt{0.41\left(\dfrac{T_{eq}}{T_0}-1\right)}$

续表

模型名称	等效周期	等效阻尼比
曲哲	$T_{eq} = T_0\sqrt{\dfrac{\mu}{1+\alpha(\mu-1)}}$	$\xi_{eq} = \xi_0 + \beta_q \dfrac{2(1-\alpha)(\mu-1)}{\pi\mu[1+\alpha(\mu-1)]}$ $\beta_q = \begin{cases} [(10\beta_1 - \beta_{0.1})T_0 + \beta_{0.1} - \beta]/9T_0, & T_0 \leqslant 1.0 \\ 0.2(\beta_6 - \beta_1)T_0 + 1.2\beta_1 - 0.2\beta_6, & T_0 > 1.0 \end{cases}$ $\beta_{0.1} = 1.0 \quad \beta_1 = 0.29\mu^{a^{0.50}+0.25} \quad \beta_6 = 0.25\mu^{a^{0.36}-0.08}$
日本隔震	$T_{eq} = T_0\sqrt{\dfrac{\mu}{1+\alpha(\mu-1)}}$	$\xi_{eq} = \xi_0 + 0.8\dfrac{2(1-\alpha)(\mu-1)}{\pi\mu[1+\alpha(\mu-1)]}$
Liu T	$T_{eq} = T_0\sqrt{\dfrac{\mu}{1+\alpha(\mu-1)}}$	$\xi_{eq} = \xi_0 + \beta_L \dfrac{2(1-\alpha)(\mu-1)}{\pi\mu[1+\alpha(\mu-1)]}$ $\beta_L = \dfrac{1}{0.7763 + 0.2886T_0 + \dfrac{0.5651 + 1.8410T_0}{e^{\alpha\mu}}}$
Iwan	$T_{eq} = T_0\sqrt{\dfrac{\mu}{1+\alpha(\mu-1)+(1-\alpha)\ln\mu}}$	$\xi_{eq} = \dfrac{6(1-\alpha)(\mu-1)^2 + \pi\xi_0[(1-\alpha)(3\mu^2-1)+2\alpha\mu^3]}{2\pi\mu^2[1+\alpha(\mu-1)+(1-\alpha)\ln\mu]}$
JPWRI	$T_{eq} = T_0\sqrt{\dfrac{0.7\mu}{1+\alpha(0.7\mu-1)}}$	$\xi_{eq} = \xi_0 + \dfrac{2(1-\alpha)(0.7\mu-1)}{0.7\pi\mu[1+\alpha(0.7\mu-1)]}$
Hwang	$T_{eq} = T_0\sqrt{\dfrac{\mu}{1+\alpha(\mu-1)}}\left(1 - 0.737\dfrac{\mu-1}{\mu^2}\right)$	$\xi_{eq} = \xi_0 + \dfrac{2(1-\alpha)}{\pi[1+\alpha(\mu-1)]}\left(1-\dfrac{1}{\mu}\right)\left(\dfrac{\mu^{0.58}}{6-10\alpha}\right)$
欧进萍	$T_{eq} = T_0\sqrt{\dfrac{\mu}{1+\alpha(\mu-1)+(1-\alpha)\ln\mu}}$	$\xi_{eq} = \xi_0 + \dfrac{2[1+\alpha(\mu-1)+\mu(1-\alpha)\ln\mu-\mu]}{\pi\mu[1+\alpha(\mu-1)+(1-\alpha)\ln\mu]}$
FEMA-440	$T_{eq} = \begin{cases} T_0[1+G(\mu-1)^2+H(\mu-1)^3] & \mu < 4.0 \\ T_0[I+J(\mu-1)+1] & 4.0 \leqslant \mu \leqslant 6.5 \\ T_0\left[1+K\left(\sqrt{\dfrac{\mu-1}{[1+L(\mu-2)]}}-1\right)\right] & \mu > 6.5 \end{cases}$	$\xi_{eq} = \begin{cases} \xi_0 + A(\mu-1)^2 + B(\mu-1)^3 & \mu < 4.0 \\ \xi_0 + C + D(\mu-1) & 4.0 \leqslant \mu \leqslant 6.5 \\ \xi_0 + E\dfrac{[F(\mu-1)-1]T_{eq}^2}{[F(\mu-1)T_0]^2} & \mu > 6.5 \end{cases}$

注：①FEMA-440 等效线性化参数中，A-L 参数见 FEMA-440 Table 6-1 和 Table 6-2，其数值与屈服后刚度比及滞回模型有关；②表中等效线性模型均按照双线性无刚度退化滞回模型计算；③公式中 ξ_0 为初始阻尼比，T_0 为初始周期，μ 为延性系数，α 为屈服后刚度比，ξ_{eq} 为等效阻尼比，T_{eq} 为等效周期。

5.3.1.2 阻尼调整系数

本节主要考虑各国规范中的阻尼调整系数对等效线性化分析的影响，阻尼调整系数如表 5.2 所示。

表 5.2　阻尼调整系数表达式

规范	中国	日本	欧洲	FEMA440
阻尼调整系数表达式	$\eta = 1 + \dfrac{0.05-\xi}{0.08+1.6\xi}$ $\eta \geqslant 0.55$	$\eta = \dfrac{1.5}{1+10\xi}$ $\eta \geqslant 0.40$	$\eta = \sqrt{\dfrac{10}{5+100\xi}}$ $\eta \geqslant 0.55$	$\eta = \dfrac{5.6 - \ln(100\xi)}{4}$

注：η 为阻尼调整系数，ξ 为阻尼比。

各阻尼调整系数随阻尼比的变化规律如图 5.4 所示：

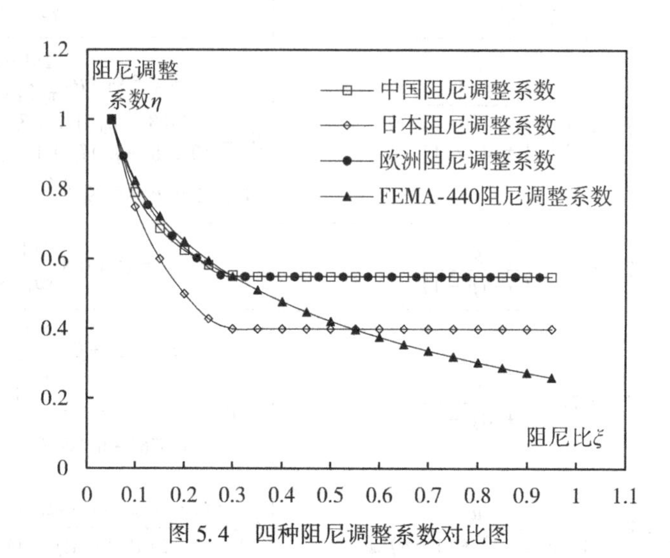

图 5.4　四种阻尼调整系数对比图

从图 5.4 中可以看出，在阻尼比等于 0.05 时，各国规范的阻尼调整系数均为 1.0。当阻尼比小于 0.30 时，中国、欧洲和 FEMA440 的阻尼调整系数非常接近，阻尼比超过 0.30 时，由于中国、日本及欧洲规范对阻尼比的调整进行了限制，其调整系数趋于稳定，FEMA440 规定的阻尼调整系数则随着阻尼比的增加继续降低。总体上看，在相同的阻尼比下，日本的阻尼调整系数最小，中国和欧洲的阻尼调整系数较大。

5.3.1.3　加速度反应谱特性

本节主要考虑中国规范加速度反应谱以及我国学者对规范加速度反应谱提出的改进的反应谱，如类似日本、美国的加速度反应谱、类似欧洲的加速度反应谱以及根据中国加速度反应谱特点进行修正的调整 1 加速度谱及调整 2 加速度谱，其表达式如表 5.3 所示。

表 5.3　**调整中国加速度反应谱下降段表达式**

周期范围	中国加速度反应谱	类似美国、日本加速度反应谱	类似欧洲加速度反应谱	调整加速度反应谱 1	调整加速度反应谱 2
$T_g < T \leqslant 5T_g$	$\alpha_T = \left(\frac{T_g}{T}\right)^{\gamma} \eta_2 \alpha_{\max}$	$\alpha_T = \left(\frac{T_g}{T}\right) \eta_2 \alpha_{\max}$	$\alpha_T = \left(\frac{T_g}{T}\right) \eta_2 \alpha_{\max}$	$\alpha_T = \left(\frac{T_g}{T}\right)^{\gamma} \eta_2 \alpha_{\max}$	$\alpha_T = \left(\frac{T_g}{T}\right)^{\gamma} \eta_2 \alpha_{\max}$
$5T_g < T \leqslant 6$	$\alpha_T = [\eta_2 0.2^{\gamma} - \eta_1 (T - 5T_g)] \alpha_{\max}$		$\alpha_T = 5\left(\frac{T_g}{T}\right)^{2} \eta_2 \alpha_{\max}$		$\alpha_T = \left(\frac{\sqrt{5}T_g}{T}\right)^{2\gamma} \eta_2 \alpha_{\max}$

注：0~T_g 周期范围内表达式按照《抗规》5.1.5 要求，详见图 4.6；α_T：地震影响系数，$\alpha_{\max}$：地震影响系数最大值；T：结构周期，T_g：特征周期，η_2：阻尼调整系数，γ：反应谱下降段衰减指数，η_1：斜率调整系数。

各加速度反应谱及位移反应谱(位移反应谱通过式(4.7)计算得到),如图5.5和图5.6所示。

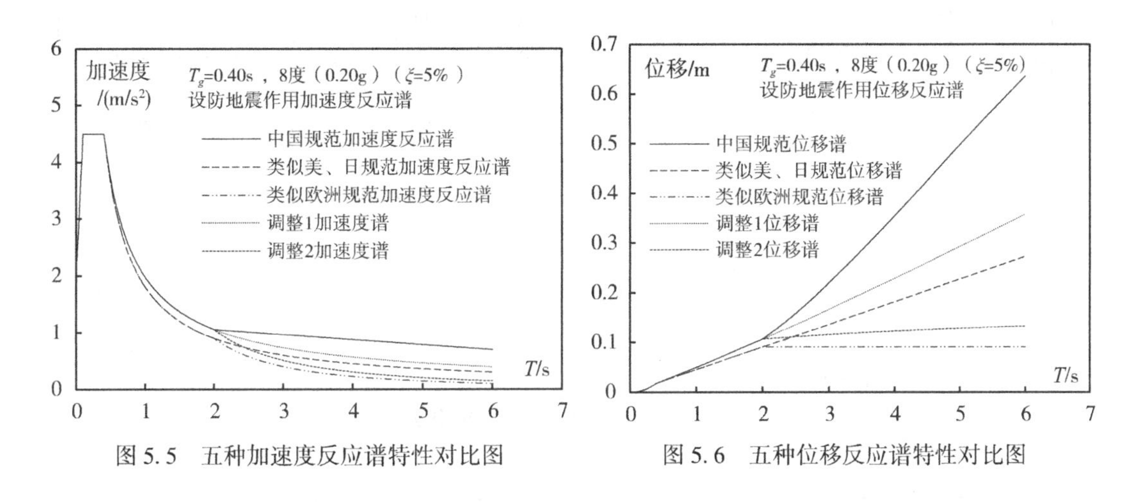

图5.5 五种加速度反应谱特性对比图　　图5.6 五种位移反应谱特性对比图

从表及图中可以看出，在周期0~T_g之间，各种反应谱的表达式一样，不同之处在于T_g~6.0s之间。从加速度反应谱对比图中可以看出，中国规范加速度反应谱数值在长周期段最大，类似欧洲规范加速度反应谱数值最小，位移谱也表现出同样的特性，而且类似欧洲规范位移谱在5T_g后的数值恒定。

综上所述，本节将讨论10种等效参数计算方法、4种阻尼调整系数计算方法及5种加速度反应谱组合而成的200种等效线性化分析方法的精度问题。

5.3.2 分析模型及输入工况

本节分析模型及工况采用4.3.1节中的分析模型及工况，即100个LRB隔震模型和100个FPS隔震模型。

本节地震输入主要包括两部分，一部分为等效线性化分析输入，该输入主要是指反应谱，本节主要讨论采用反应谱进行等效线性化分析的精度，精度讨论中考虑了五种不同反应谱，因此，在等效线性化分析时，按5.3.1.3节中所给出的五种反应谱作为谱输入，并均取T_g为0.40s，α_{max}为0.45，即按照8度0.2g设防地震作用下进行输入，场地条件为Ⅱ类，设计地震分组为二组。

另一部分输入为验证性输入，一般情况下认为对结构采用直接积分的时程分析方法计算结果较为准确，因此本节以时程分析方法来验证等效线性化分析结果的精度，时程分析所用的地震波采用人工波，其谱特性与相应加速反应谱特性相一致，在生成人工波时其强度包线参数如表3.10所示，周期控制点如表2.7所示，控制点处精度在10%以内，总记录时间T_d为40.00s，时间间隔d_t为0.01s。时程分析所用人工波数量亦按照第3章分析结论取值，即计算70条人工波结果，取平均值作为时程分析结果，此时时程分析结果离散性可以控制在10%以内。

图 5.7～图 5.11 为本节分析中所采用的人工波反应谱(阻尼比为 0.05)。

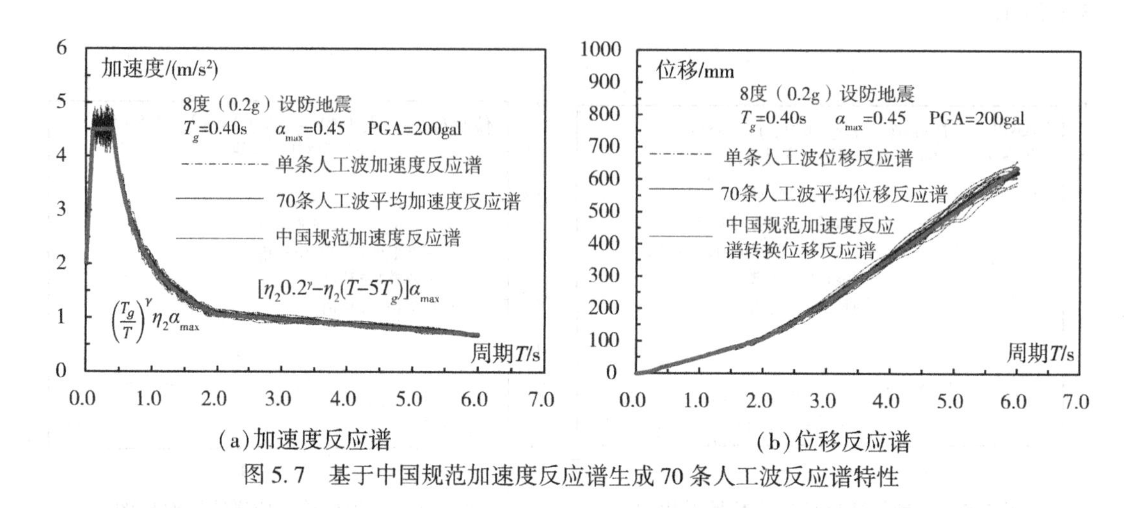

(a)加速度反应谱　　　(b)位移反应谱

图 5.7　基于中国规范加速度反应谱生成 70 条人工波反应谱特性

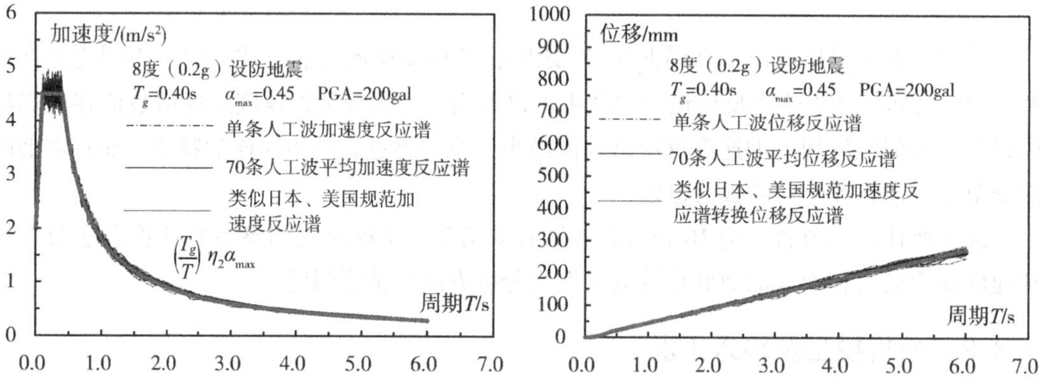

加速度/(m/s²)
8度（0.2g）设防地震
T_g=0.40s　α_{max}=0.45　PGA=200gal
单条人工波加速度反应谱
70条人工波平均加速度反应谱
类似日本、美国规范加速度反应谱
$\left(\frac{T_g}{T}\right)\eta_2\alpha_{max}$
周期T/s

位移/mm
8度（0.2g）设防地震
T_g=0.40s　α_{max}=0.45　PGA=200gal
单条人工波位移反应谱
70条人工波平均位移反应谱
类似日本、美国规范加速度反应谱转换位移反应谱
周期T/s

(a)加速度反应谱　　　(b)位移反应谱

图 5.8　基于类似日本、美国加速度反应谱生成 70 条人工波反应谱特性

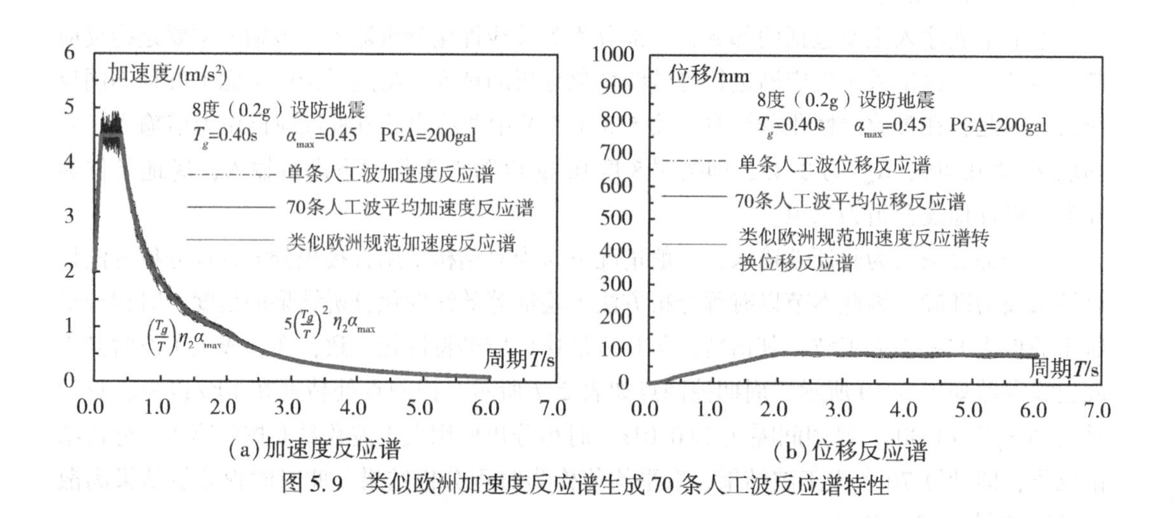

(a)加速度反应谱　　　(b)位移反应谱

图 5.9　类似欧洲加速度反应谱生成 70 条人工波反应谱特性

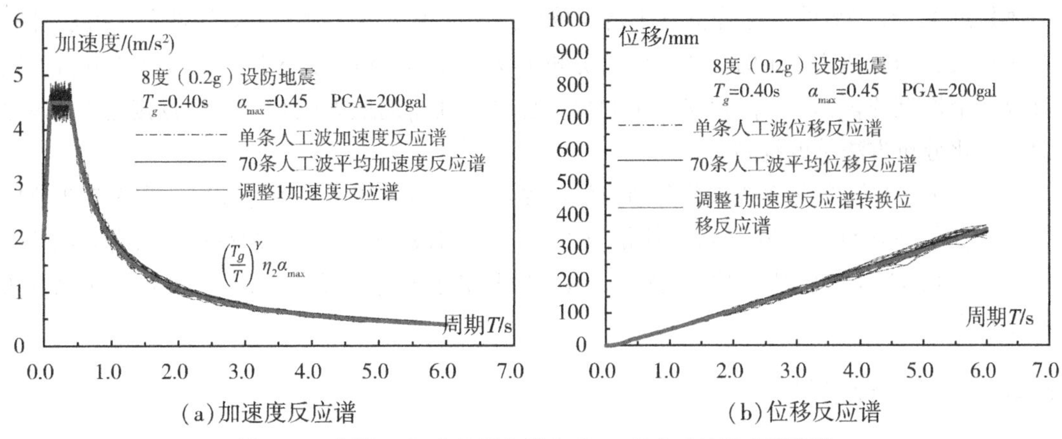

(a) 加速度反应谱　　(b) 位移反应谱

图 5.10　调整 1 加速度反应谱生成 70 条人工波反应谱特性

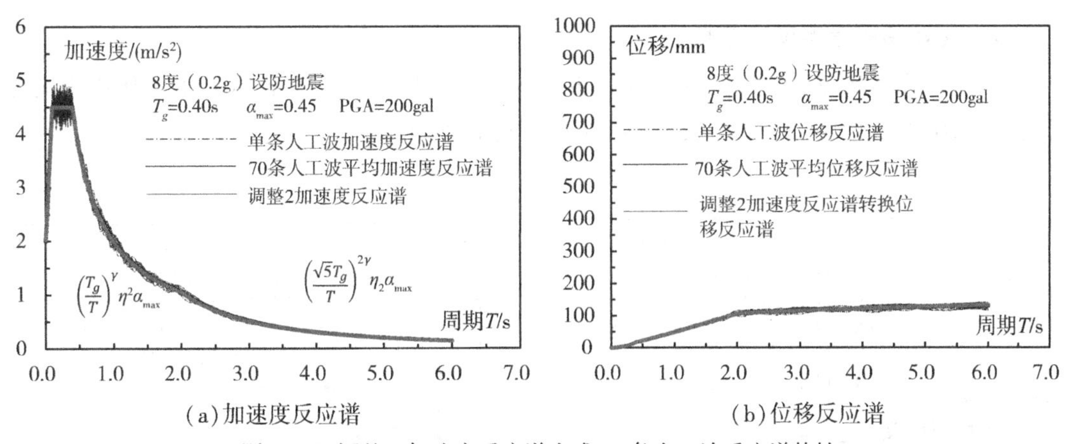

(a) 加速度反应谱　　(b) 位移反应谱

图 5.11　调整 2 加速度反应谱生成 70 条人工波反应谱特性

从上图中可以看出，各条人工波的反应谱均与对应的标准反应谱非常接近，而且各组人工波平均值与标准反应谱基本上重合。从位移谱图中可以看出，在阻尼比为 0.05 时，根据式(4-7)计算的谱位移，与直接积分计算的谱位移值非常接近。

5.3.3　精度评价标准

为了评价各种等效线性分析方法的精度，本书采用精度系数 β_e 来判断精度高低，精度系数 β_e 表达式如式(5-18)所示：

$$\beta_e = \frac{\mu_{\text{等效线性化估算值}}}{\mu_{\text{地震波计算平均值}}} \tag{5-18}$$

本书采用上节生成的人工波对各隔震模型进行动力时程分析，动力时程分析时，采用 Newmark-β 直接积分法。以动力时程分析结果的平均值作为标准值，即式中 $\mu_{\text{地震波计算平均值}}$。取等效线性化分析结果与对应动力时程分析结果的平均值的比值作为精度系数 β_e。

从精度系数 β_e 表达的意义可以看出，采用等效线性化方法计算单个模型的 β_e 值时，β_e

值越接近 1，该等效线性化分析方法精度越高；当β_e值大于 1 时，等效线性分析方法计算结果偏大；当β_e值小于 1 时，等效线性分析方法计算结果偏小；采用等效线性化分析方法计算多个模型的β_e值时，β_e值接近 1 的数量越多，且β_e的最大值和最小值越接近 1，该等效线性化分析方法精度越高。

为了定量描述各等效线性化分析方法的精度，本节将统计采用各方法计算 5.3.2 节中模型的β_e值在 0.80~1.20 之间的数量及β最大值和最小值接近 1 的程度来衡量其精度，即β值在 0.80~1.20 之间的数量越多，最大值和最小值越接近 1，说明该等效线性化方法精度越高。

5.3.4　精度评价结果

5.3.4.1　LRB 隔震模型精度讨论评价结果

1. LRB 隔震模型延性系数

首先计算不同屈服位移d_y和不同屈重比r的 LRB 隔震模型在各组人工波作用下的延性系数(70 条人工波平均值)，如图 5.12 和图 5.13 所示。

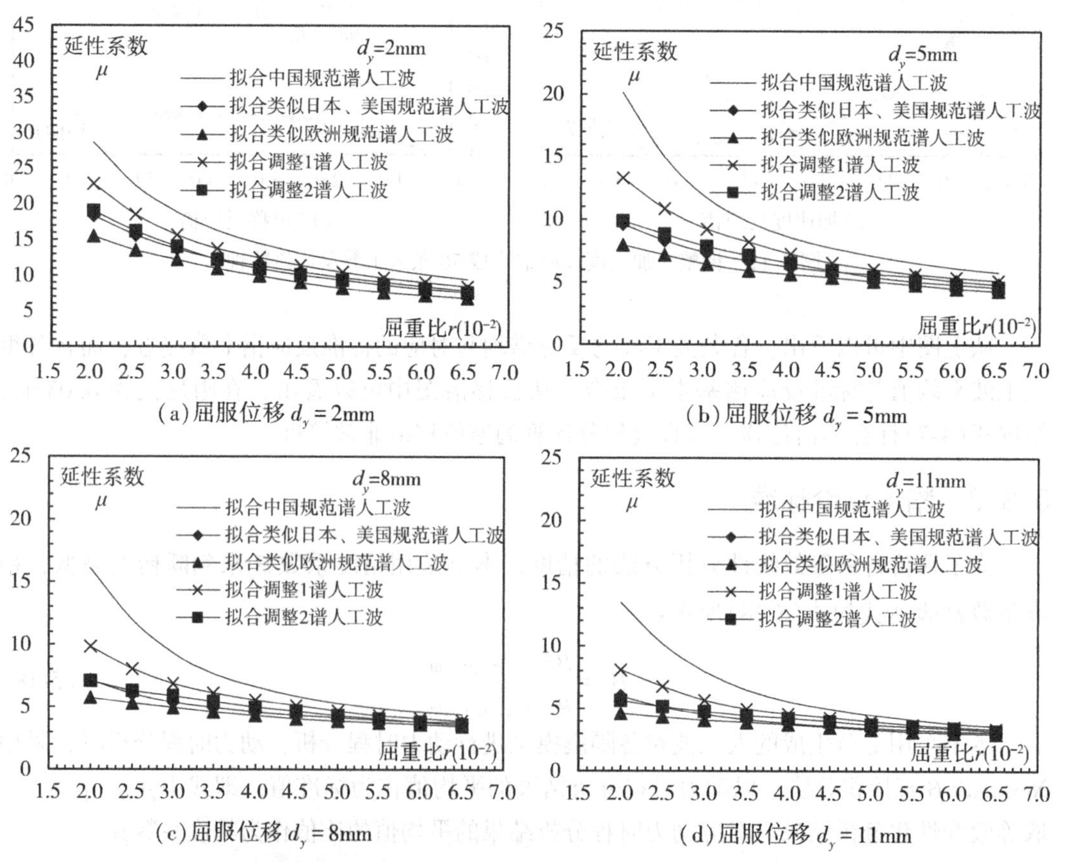

(a)屈服位移 d_y = 2mm　(b)屈服位移 d_y = 5mm

(c)屈服位移 d_y = 8mm　(d)屈服位移 d_y = 11mm

图 5.12　不同屈服位移 d_y 下 LRB 隔震模型延性系数μ随屈重比r变化曲线图

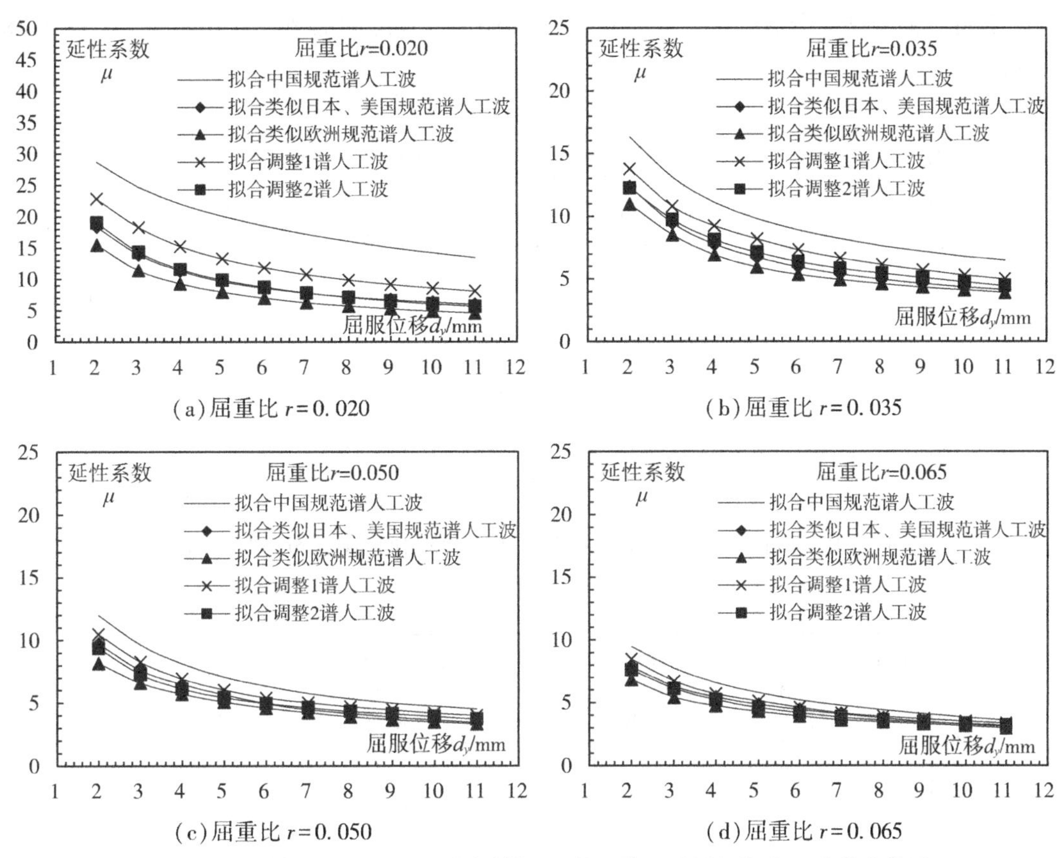

(a)屈重比 $r=0.020$

(b)屈重比 $r=0.035$

(c)屈重比 $r=0.050$

(d)屈重比 $r=0.065$

图 5.13　不同屈重比 r 下 LRB 隔震模型延性系数 μ 随屈服位移 d_y 变化曲线图

从图中可以看出，相同屈服位移下，随着屈重比的增加，延性系数减小；相同屈重比下，随着屈服位移的增加，延性系数减小。

采用中国规范反应谱拟合的人工波计算结果普遍大于其他组人工波计算结果。但是随着屈服位移及屈重比的增加，计算结果的差距减小。这主要是因为较大屈重比或是较大的屈服位移的隔震模型，在地震作用下变形较小，延性系数较小，等效周期也较小，从地震波的加速度反应谱特性看，在周期较小处，5 组地震波的反应谱特性接近，随着周期增大，5 组地震波的反应谱特性差别增大，在相同周期下，中国规范加速度反应谱数值最大，欧洲加速度反应谱数值最小，因此，根据中国规范加速度谱拟合的人工波计算结果最大，根据类似欧洲加速度谱拟合的人工波计算结果最小。

从图中还可以看出，在 8 度(0.2g)设防地震作用下，5 组人工波计算隔震模型的延性系数均较大，大部分隔震模型延性系数均能达到 5，屈重比和屈服位移较小的隔震模型，其延性系数基本上在 20 以上。

2. β_e 值在 0.80~1.20 区间分布

本小节将采用上文各种等效线性分析方法估算 100 个 LRB 隔震模型在 8 度(0.2g)设

防地震作用下的延性系数，并与时程分析结果进行比较，进而计算出各个模型的 β_e 值，统计各种等效线性化分析方法，计算 β_e 值在 0.80~1.20 之间的数量，如图 5.14~图 5.18 所示。

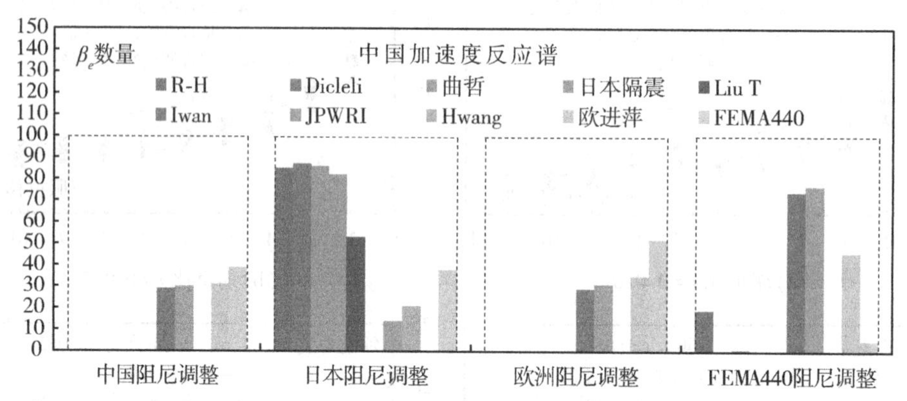

图 5.14　中国加速度反应谱计算 β_e 值在 0.80~1.20 之间的数量分布图(LRB 隔震)

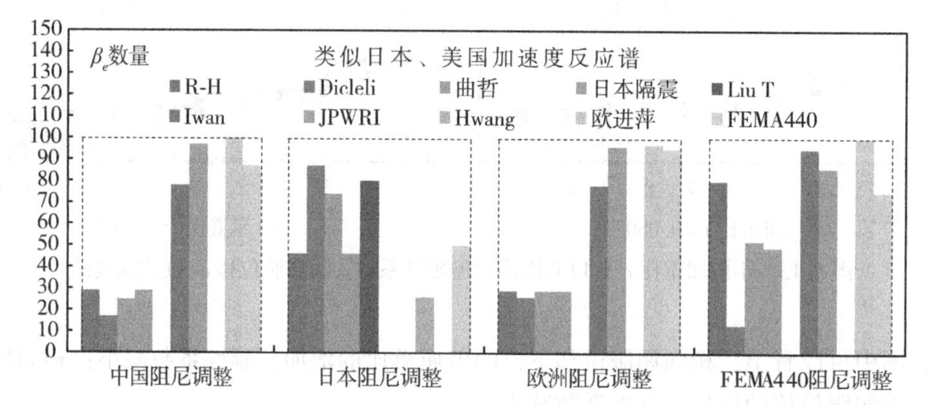

图 5.15　类似日本、美国加速度反应谱计算 β_e 值在 0.80~1.20 之间的数量分布图(LRB 隔震)

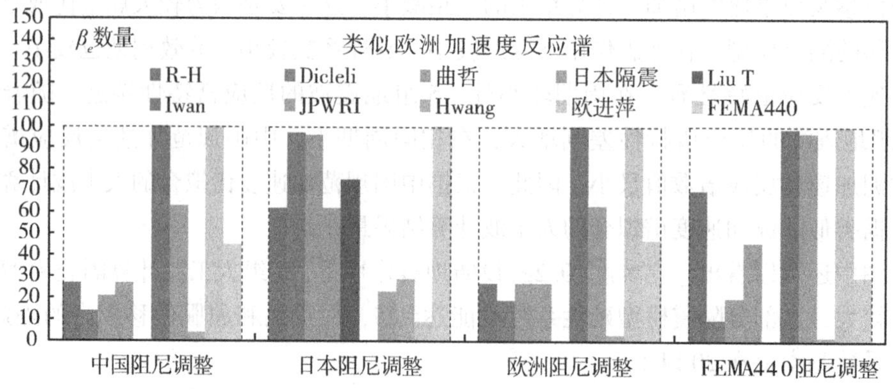

图 5.16　类似欧洲加速度反应谱计算 β_e 值在 0.80~1.20 之间的数量分布图(LRB 隔震)

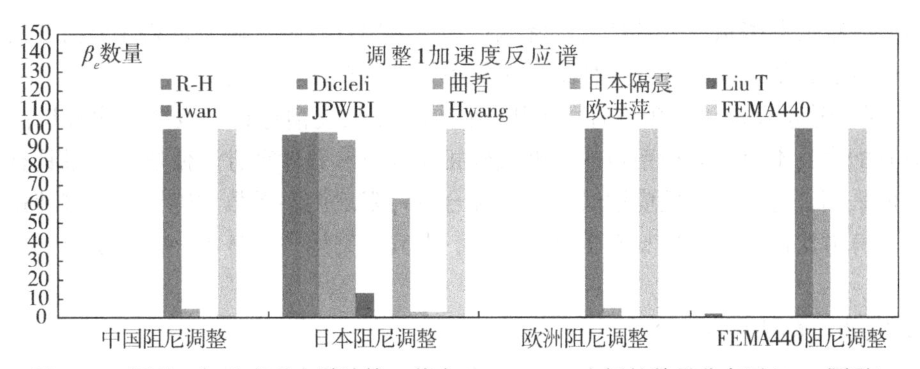

图 5.17 调整 1 加速度反应谱计算β_e值在 0.80~1.20 之间的数量分布图(LRB 隔震)

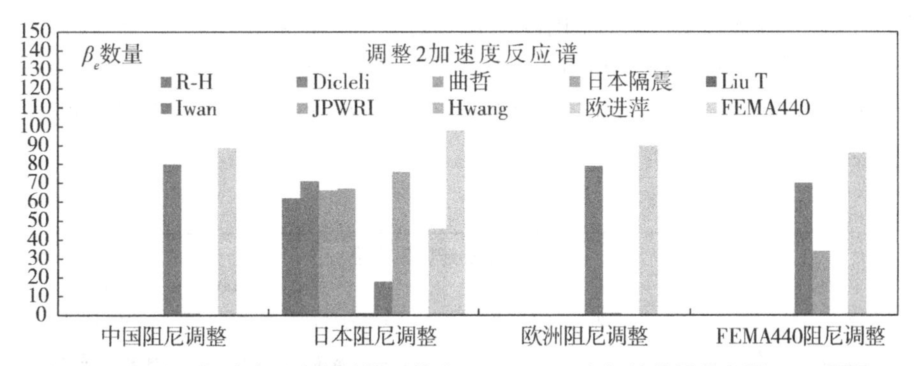

图 5.18 调整 2 加速度反应谱计算β_e值在 0.80~1.20 之间的数量分布图(LRB 隔震)

说明：以图 5.18 为例，其中日本阻尼调整系数中的第一个柱体，表示采用调整 2 加速度反应谱、日本阻尼调整系数以及 R-H 方法计算等效阻尼比和等效周期进行等效线性化分析，并计算 100 个 LRB 隔震模型的β_e值，β_e值在 0.80~1.20 区间的模型为 62 个。

根据各等效线性化分析方法对 100 个 LRB 隔震模型进行位移估算时的β_e值在 0.80~1.20 区间的统计结果可以得出以下结论：

(1)从等效参数计算方法的角度看，采用割线刚度配合日本阻尼调整系数进行等效线性化分析估算位移时，具有较高的估算精度，而采用非割线刚度配合中国阻尼调整系数、欧洲阻尼调整系数和 FEMA440 阻尼调整系数进行等效线性化分析估算位移时，具有较高的估算精度，这主要是由于日本阻尼调整系数较其他阻尼调整系数降低地震响应效果明显；采用欧进萍方法和 Iwan 方法进行等效线性化分析估算位移时，除了配合中国加速度反应谱和日本阻尼调整系数外，普遍具有较高的估算精度；采用 Dicleli 方法、曲哲方法进行等效线性化分析估算位移时，配合日本阻尼调整系数，对于 5 种加速度反应谱均具有较高的估算精度；采用 FEMA440 方法进行等效线性化分析估算位移时，配合类似日本、美国加速度反应谱，对于 4 种阻尼调整系数均具有一定的估算精度。

(2)从阻尼调整系数的角度看，中国阻尼调整系数、欧洲阻尼调整系数以及 FEMA440 阻尼调整系数对位移估算的精度影响比较接近，而日本阻尼调整系数对精度的影响与其他三种阻尼调整系数不同，采用日本阻尼调整系数计算精度较高的等效线性化方法，如果改为其他三种阻尼调整系数，其精度会降低；相反采用日本阻尼调整系数计算精度较低的等效线性化方法，如果改为其他三种阻尼调整系数，其精度会提高。

(3)从加速度反应谱的角度看，采用中国加速度反应谱进行等效线性化分析估算位移时，只有配合日本阻尼调整系数才能够找到相应等效参数计算方法使估算结果具有一定的精度，而采用其他加速度反应谱时，无论配合哪种阻尼调整系数均能够找到多种相应的等效参数计算方法使估算结果具有较高的精度，尤其是采用类似日本、美国反应谱和类似欧洲反应谱。

3. β_e最大值和最小值分布

上文根据β_e值在 0.80~1.20 区间上的分布情况讨论了各等效线性化设计方法的估算精度问题，初步得到了分析精度较高的等效线性化设计方法。然而β_e值在 0.80~1.20 区间之外的分布同样影响到等效线性化设计方法的应用，如果β_e值在 0.80~1.20 区间上数量较多，但是β_e值在 0.80~1.20 区间之外的值非常大或是小，则该方法的应用需要限定在一定范围内。基于此，本节统计了每种设计方法中β_e的最大值和最小值。如图 5.19~图 5.23 所示。

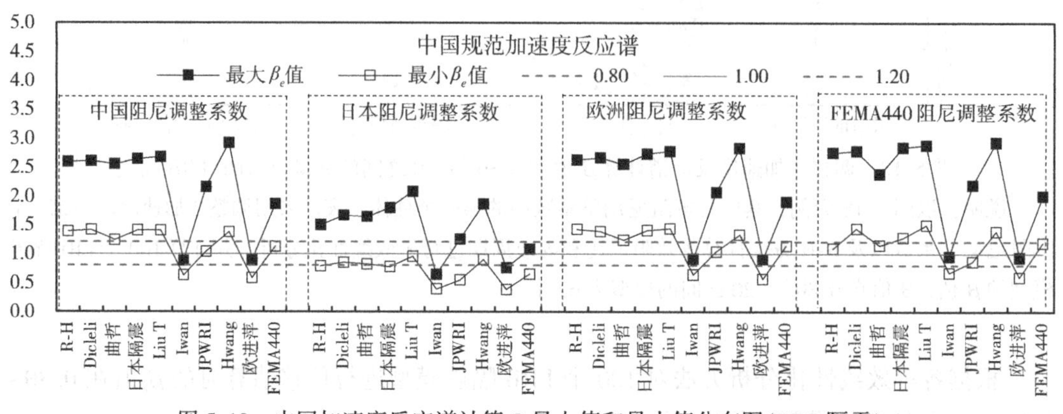

图 5.19　中国加速度反应谱计算β_e最大值和最小值分布图(LRB 隔震)

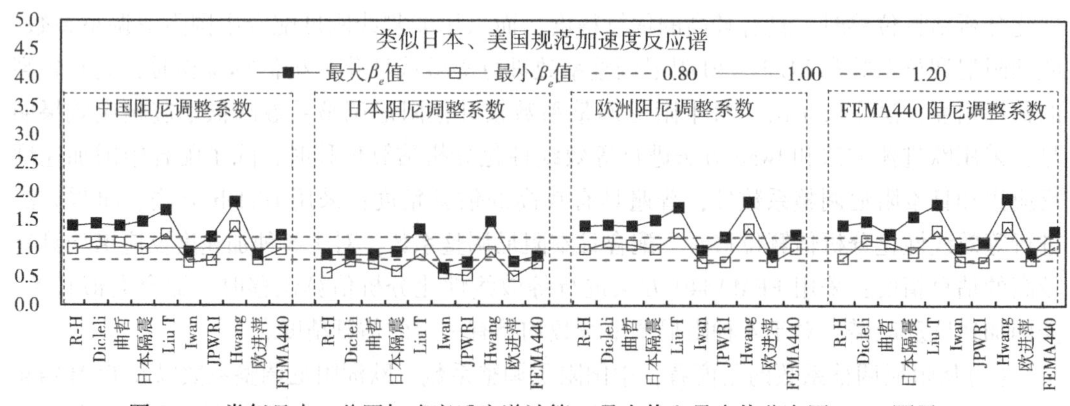

图 5.20　类似日本、美国加速度反应谱计算β_e最大值和最小值分布图(LRB 隔震)

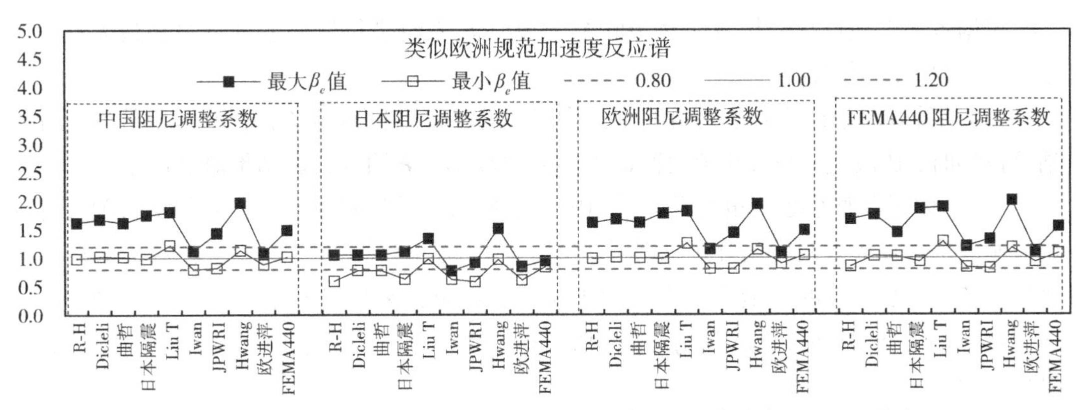

图 5.21　类似欧洲加速度反应谱计算β_e最大值和最小值分布图(LRB 隔震)

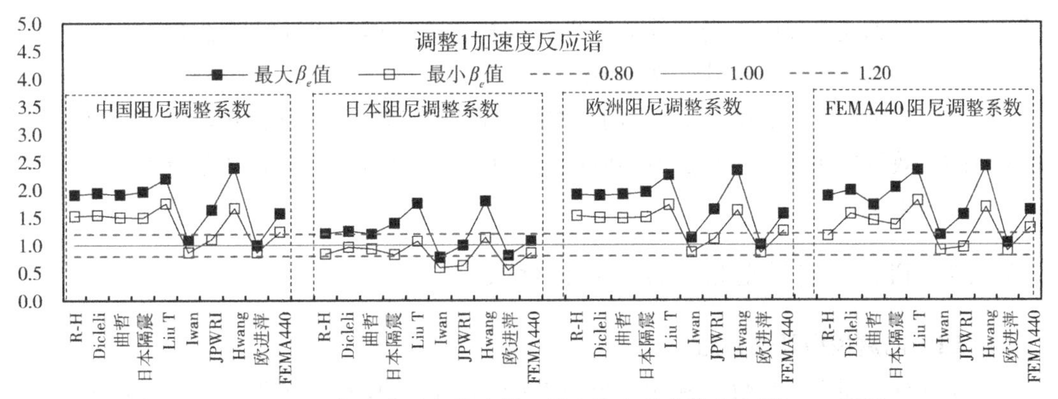

图 5.22　调整 1 加速度反应谱计算β_e最大值和最小值分布图(LRB 隔震)

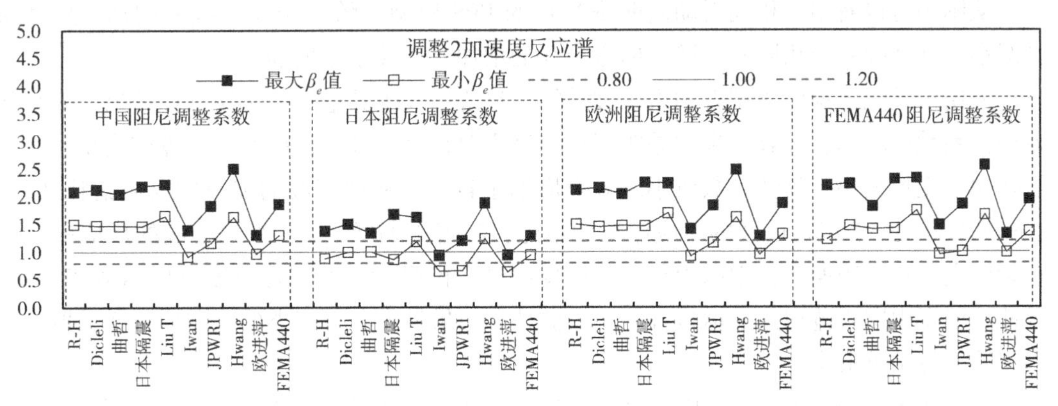

图 5.23　调整 2 加速度反应谱计算β_e最大值和最小值分布图(LRB 隔震)

说明：以图 5.23 为例，其中中国阻尼调整系数中 R-H 上面两个点分别表示采用调整 2 加速度反应谱、中国阻尼调整系数以及 R-H 方法计算等效阻尼比和等效周期分别进行等效线性化分析，并计算 100 个 LRB 隔震模型的β_e值，β_e最大值为 2.08，最小值为 1.49。图中两条虚线分别代表纵轴值为 0.8 和 1.2，一条实线代表纵轴值为 1.00。

根据各等效线性化分析方法对 100 个 LRB 隔震系统进行位移估算时的β_e最大值和最小值可以得出以下结论：

(1)从等效参数计算方法的角度看，采用欧进萍方法和 Iwan 方法进行等效线性化分析估算位移时，β_e最大值与最小值之间的差距普遍较小，表明其计算结果离散性小。

(2)从阻尼调整系数的角度看，采用中国阻尼调整系数和欧洲阻尼调整系数配合各种割线刚度法进行等效线性化分析估算位移时，各种方法计算的β_e最大值在数值上均非常接近，各种方法计算的β_e最小值在数值上也非常接近；采用日本阻尼调整系数进行等效线性化分析估算位移时，计算的β_e最大值与最小值之间的差距普遍偏小，表明其计算结果离散性小。

(3)从加速度反应谱的角度看，采用中国加速度反应谱进行等效线性化分析估算位移时，计算的β_e最大值与最小值之间的差距普遍偏大，表明其计算结果离散性大；采用类似日本、美国加速度反应谱进行等效线性化分析估算位移时，计算的β_e最大值与最小值之间的差距普遍偏小，表明其计算结果离散性小。

(4)从图中还可以看出，除了采用日本阻尼调整系数外，其他采用割线刚度法计算等效参数的等效线性化分析，其β_e最小值均大于 1，表明采用割线刚度法的计算结果普遍比时程分析结果大。

5.3.4.2　FPS 隔震模型精度讨论评价结果

1. FPS 隔震模型延性系数

首先计算不同摩擦系数μ_k和曲率半径 R 的 FPS 隔震模型在各组人工波作用下的延性系数(70 条人工波平均值)，如图 5.24 和图 5.25 所示。

从图中可以看出，相同滑动面曲率半径的 FPS 模型，随着摩擦系数的增加，延性系数减小；在摩擦系数相同时，随着曲率半径的增加，延性系数增加。

采用中国规范反应谱拟合的人工波计算结果普遍大于其他组人工波计算结果。但是随着摩擦系数的增加，计算结果的差距减小。这主要是因为较大摩擦系数的隔震模型，在地震作用下变形较小，延性系数较小，等效周期也较小，从地震波的加速度反应谱特性看，在周期较小处，5 组地震波的反应谱特性接近，随着周期增大，5 组地震波的反应谱特性差别增大，相同周期下，中国规范加速度反应谱数值最大，欧洲加速度反应谱数值最小，因此，根据中国规范加速度谱拟合的人工波计算结果最大，根据类似欧洲加速度谱拟合的人工波计算结果最小。

对于曲率半径小于 5m 的 FPS 隔震模型，其曲率半径的变化对延性系数的影响较大，但曲率半径超过 5m 时，其曲率半径的变化对延性系数的影响非常小。

从图中还可以看出，在 8 度(0.2g)设防地震作用下，5 组人工波计算的 FPS 隔震模型的延性系数均较大，一般隔震体系延性系数均在 5 以上，摩擦系数较小和曲率半径较大的 FPS 隔震模型，其延性系数基本上在 40 以上。

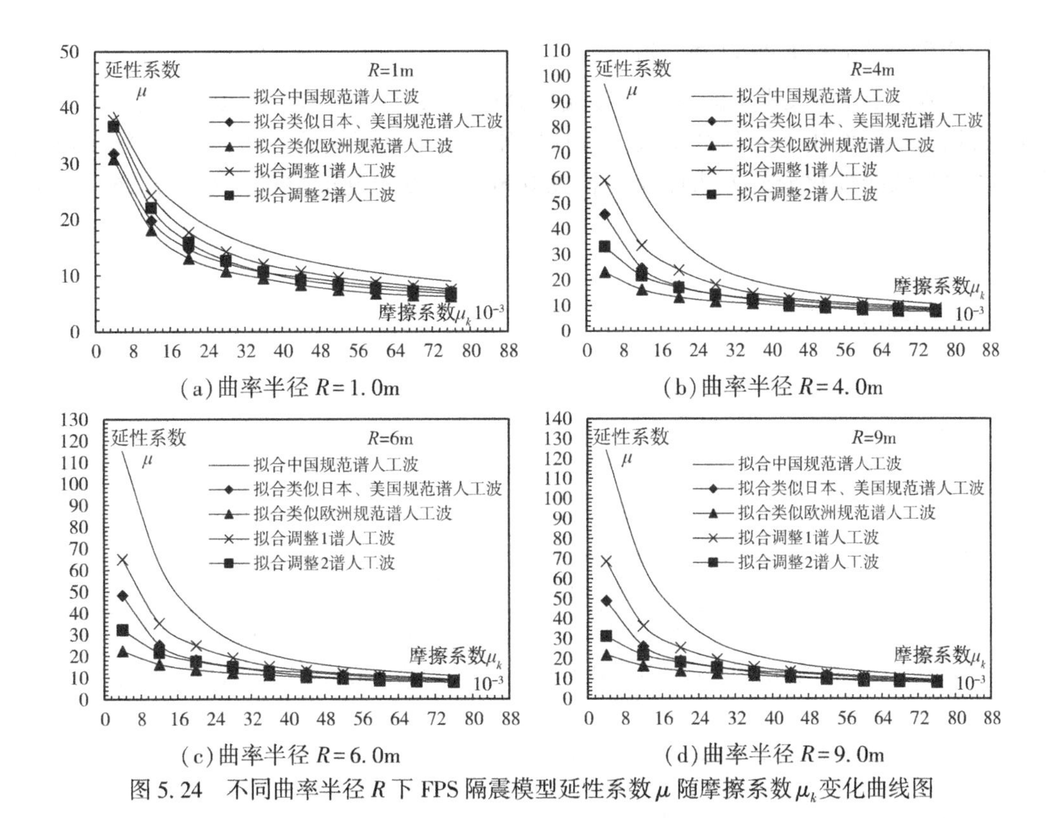

(a) 曲率半径 $R=1.0\text{m}$　(b) 曲率半径 $R=4.0\text{m}$

(c) 曲率半径 $R=6.0\text{m}$　(d) 曲率半径 $R=9.0\text{m}$

图 5.24　不同曲率半径 R 下 FPS 隔震模型延性系数 μ 随摩擦系数 μ_k 变化曲线图

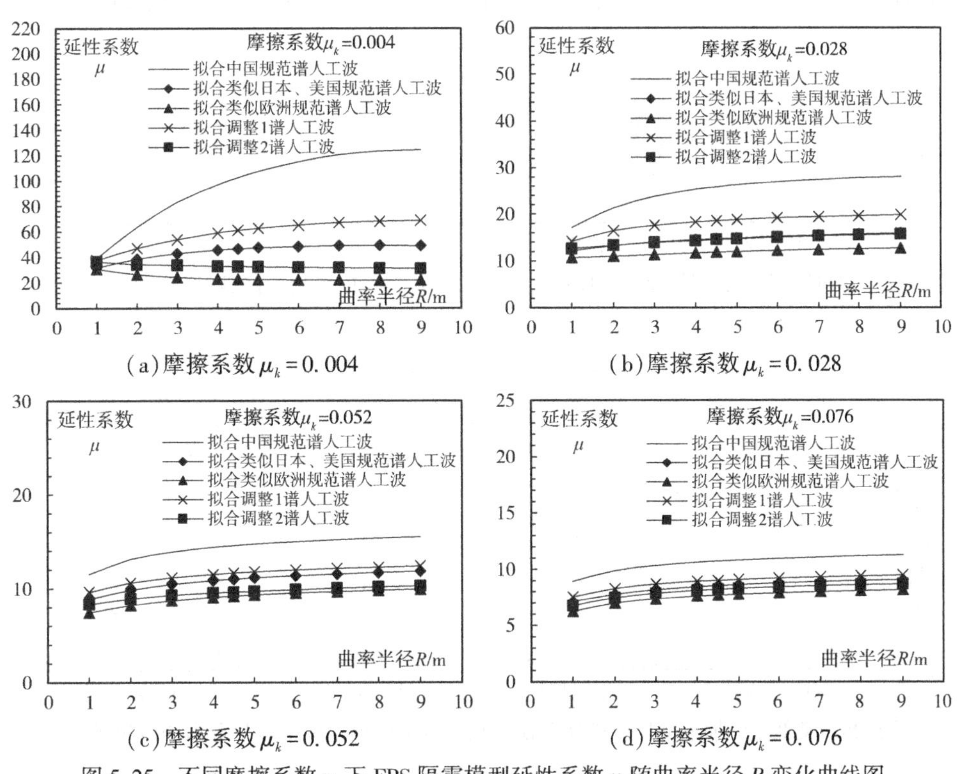

(a) 摩擦系数 $\mu_k=0.004$　(b) 摩擦系数 $\mu_k=0.028$

(c) 摩擦系数 $\mu_k=0.052$　(d) 摩擦系数 $\mu_k=0.076$

图 5.25　不同摩擦系数 μ_k 下 FPS 隔震模型延性系数 μ 随曲率半径 R 变化曲线图

2. β_e值在 0.80~1.20 区间分布

本小节将采用上文提出的各种等效线性分析方法对估算 100 个 FPS 隔震模型在 8 度(0.2g)设防地震作用下的延性系数，与时程分析结果进行比较，计算各个模型的β_e值，统计各种等效线性化分析方法计算β_e值在 0.80~1.20 之间的数量，如图 5.26~图 5.30 所示。

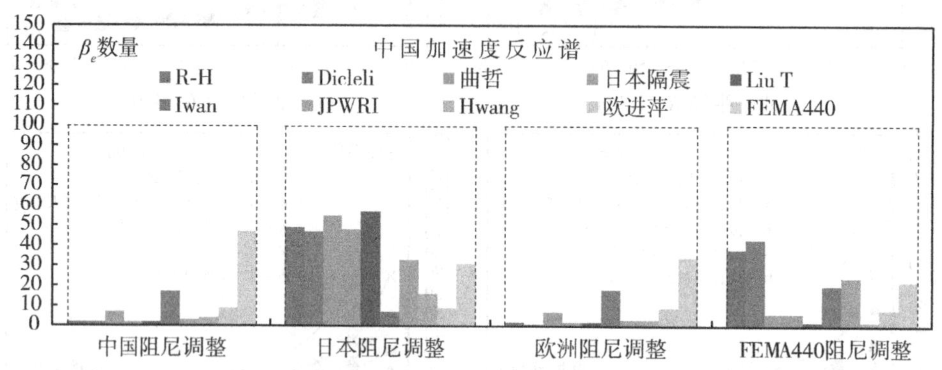

图 5.26　中国加速度反应谱计算β_e值在 0.80~1.20 之间的数量分布图(FPS 隔震)

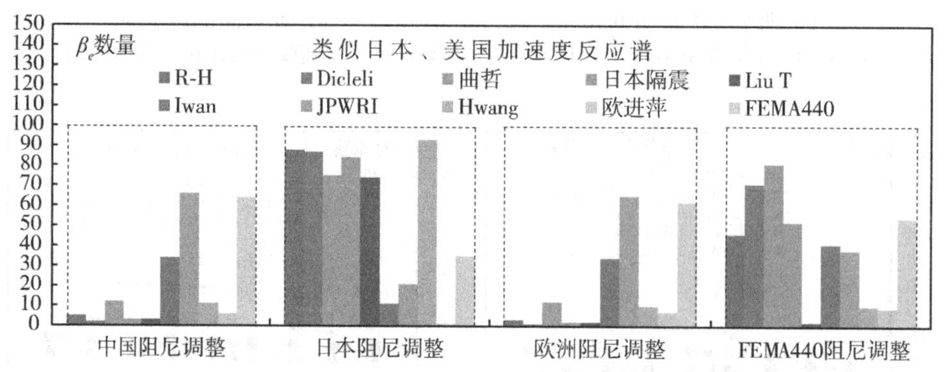

图 5.27　类似日本、美国加速度反应谱计算β_e值在 0.80~1.20 之间的数量分布图(FPS 隔震)

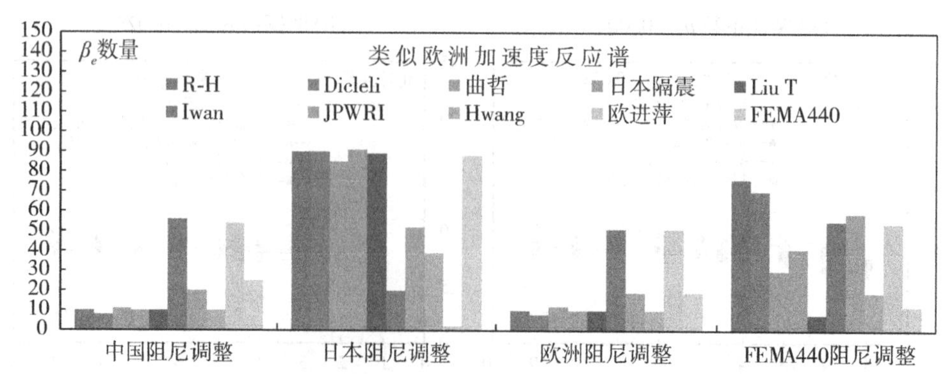

图 5.28　类似欧洲加速度反应谱计算β_e值在 0.80~1.20 之间的数量分布图(FPS 隔震)

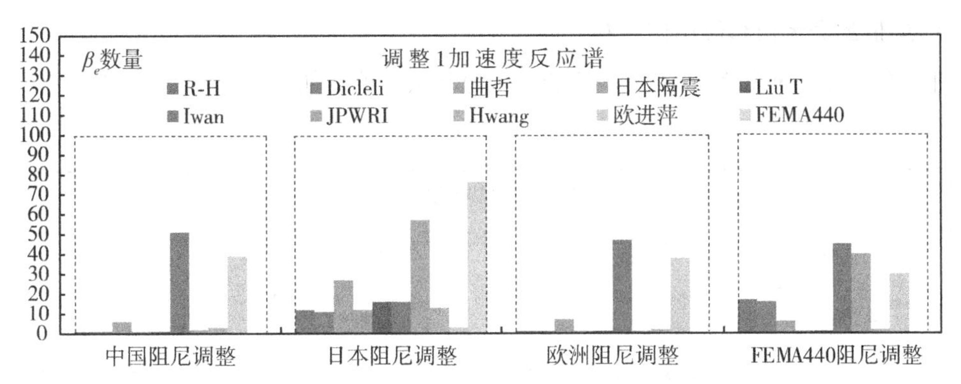

图 5.29　调整 1 加速度反应谱计算 β_e 值在 0.80~1.20 之间的数量分布图(FPS 隔震)

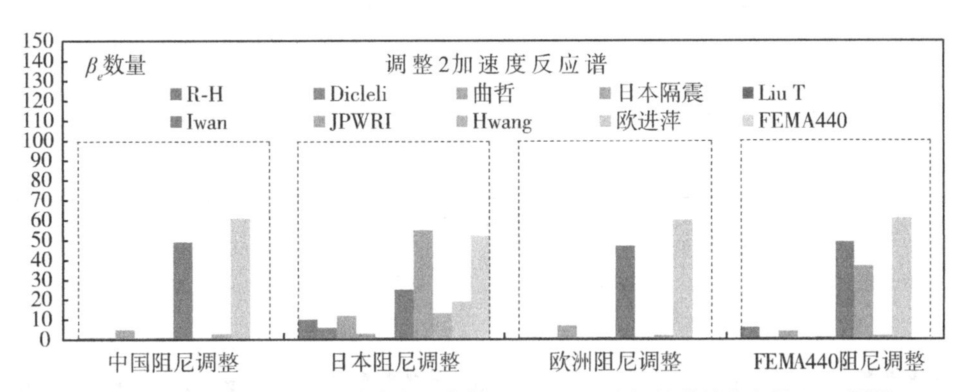

图 5.30　调整 2 加速度反应谱计算 β_e 值在 0.80~1.20 之间的数量分布图(FPS 隔震)

说明：以图 5.30 为例，其中日本阻尼调整系数中的第一个柱体，表示采用调整 2 加速度反应谱、日本阻尼调整系数以及 R-H 方法计算等效阻尼比和等效周期进行等效线性化分析，并计算 100 个 FPS 隔震模型的 β_e 值，β_e 值在 0.80~1.20 区间的模型为 10 个。

根据各等效线性化分析方法对 100 个 FPS 隔震系统进行位移估算时的 β_e 值在 0.80~1.20 区间上的统计结果可以得出以下结论：

(1)从等效参数计算方法的角度看，采用割线刚度配合日本阻尼调整系数进行等效线性化分析估算位移时，具有较高的估算精度；其他等效参数计算方法配合特定的阻尼调整系数和特定的加速度反应谱可能取得一定的位移估算精度，但是缺少规律性的结论。

(2)从阻尼调整系数的角度看，中国阻尼调整系数、欧洲阻尼调整系数对位移估算的精度影响比较接近；采用日本阻尼调整系数进行等效线性分析估算位移，能够找到多种相应的等效参数计算方法使估算结果具有较高的精度，而其他阻尼调整系数较难找到等效参数计算方法使估算结果具有较高的精度。

(3)从加速度反应谱的角度看，采用中国加速度反应谱、调整 1 和调整 2 加速度反应谱进行等效线性化分析估算位移时，较难获得高精度的位移估算结果；采用类似日本、美国以及欧洲的加速度反应谱时，位移估算精度均不是特别高，但是均能找到多种相应的等效参数计算方法使估算结果具有一定的精度。

3. β_e值的最大值和最小值分布

本节统计了每种设计方法中β_e值的最大值和最小值。如图 5.31～图 5.35 所示。

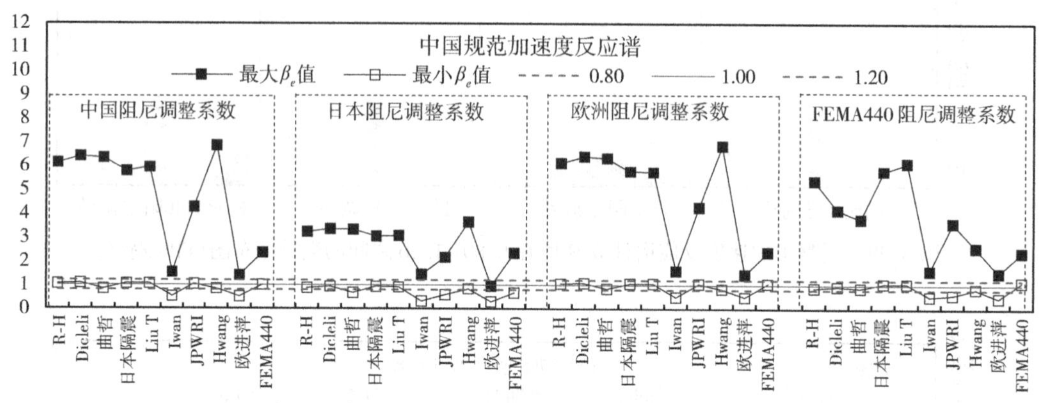

图 5.31　中国加速度反应谱计算β最大值和最小值分布图(FPS 隔震)

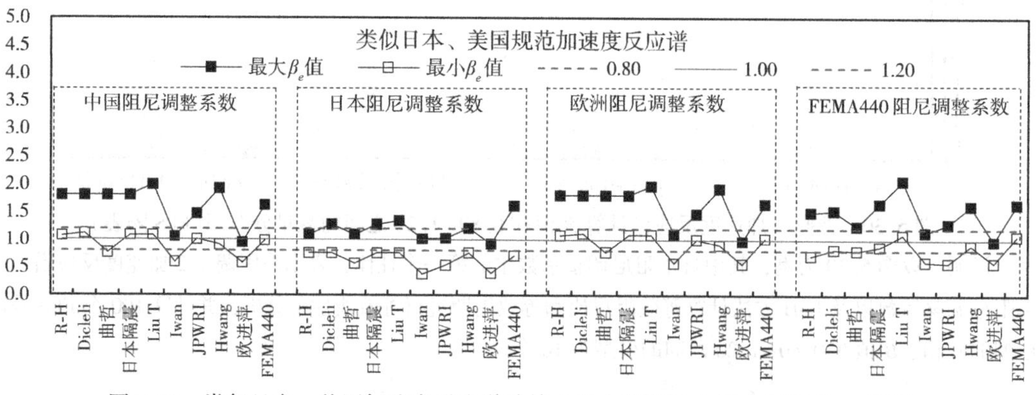

图 5.32　类似日本、美国加速度反应谱计算β最大值和最小值分布图(FPS 隔震)

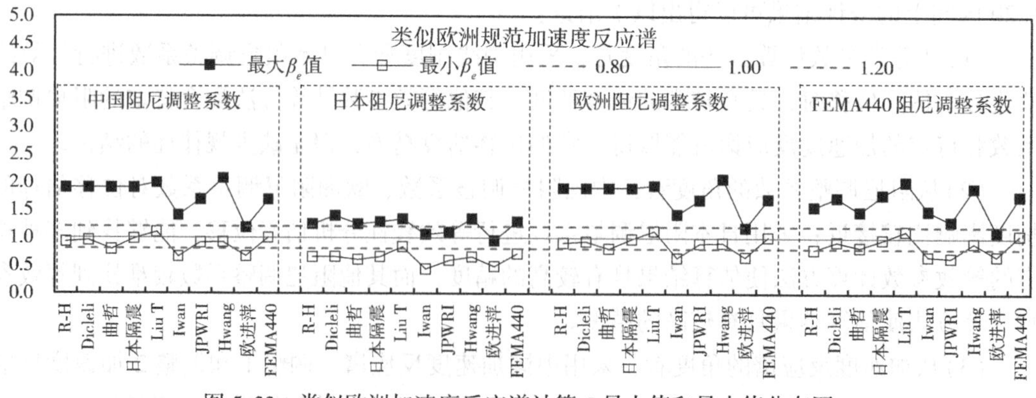

图 5.33　类似欧洲加速度反应谱计算β最大值和最小值分布图

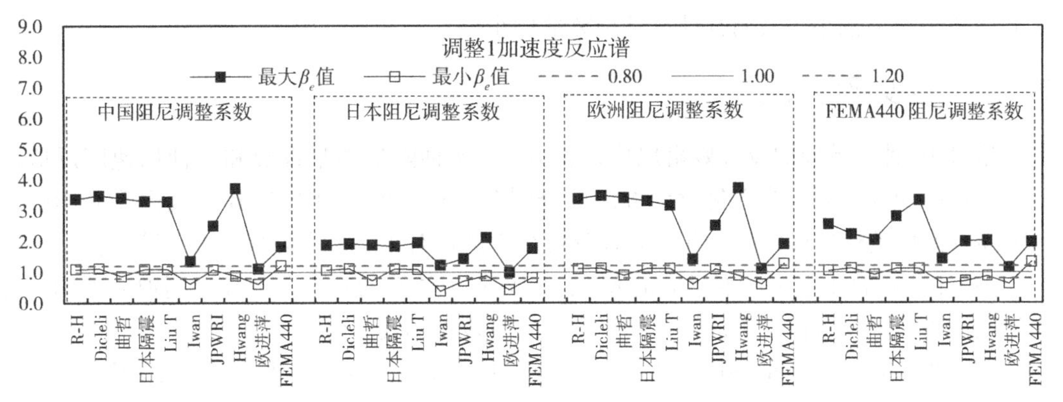

图 5.34 调整 1 加速度反应谱计算 β 最大值和最小值分布图(FPS 隔震)

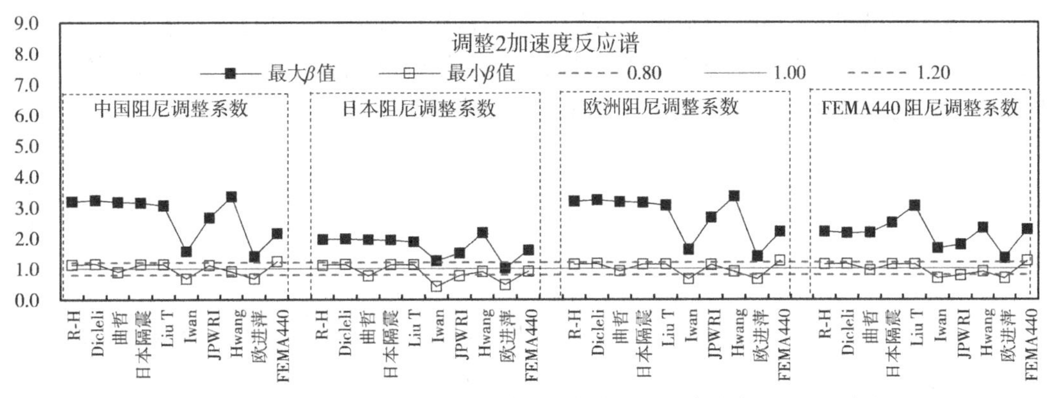

图 5.35 调整 2 加速度反应谱计算 β 最大值和最小值分布图(FPS 隔震)

说明：以图 5.35 为例，其中中国阻尼调整系数中 R-H 法上面两个点分别表示采用调整 2 加速度反应谱、中国阻尼调整系数以及 R-H 方法计算等效阻尼比和等效周期分别进行等效线性化分析，并计算 100 个 FPS 隔震模型的β_e值，β_e最大值为 3.19，最小值为 1.13。图中两条虚线代表纵轴值分别为 0.80 和 1.20，一条实线代表纵轴值为 1.00。

根据各等效线性化分析方法对 100 个 FPS 隔震系统进行位移估算时的β_e最大值和最小值可以得出以下结论：

(1)从等效参数计算方法的角度看，采用欧进萍方法和 Iwan 方法进行等效线性化分析估算位移时，β_e最大值与最小值之间的差距普遍较小，表明其计算结果离散性小。

(2)从阻尼调整系数的角度看，采用中国阻尼调整系数和欧洲阻尼调整系数配合各种割线刚度法进行等效线性化分析估算位移时，各种方法计算的β最大值非常接近，最小值也非常接近；采用日本阻尼调整系数进行等效线性化分析估算位移时，计算的β_e最大值与最小值之间的差距普遍偏小，表明其计算结果离散性小。

(3)从加速度反应谱的角度看，采用中国加速度反应谱进行等效线性化分析估算位移时，计算的β_e最大值与最小值之间的差距普遍偏大，表明其计算结果离散性大；采用类似日本、美国加速度反应谱进行等效线性化分析估算位移时，计算的β_e最大值与最小值之间的差距普遍偏小，表明其计算结果离散性小。

5.3.5　精度评价结论

通过 10 种等效周期及等效阻尼比计算方法、4 种阻尼调整系数和 5 种加速度反应谱组合而成的 200 种等效线性化设计方法，分别对 100 个单自由度 LRB 隔震模型和 100 个 FPS 隔震模型进行位移估算，并与时程分析结果进行对比。初步可得到以下结论：

(1)采用拟合中国加速度反应谱人工波计算隔震体系的延性系数较采用拟合美国、日本和欧洲加速度反应谱人工波计算结果大，具有较高的安全储备。

(2)图 5.36 给了类似各国等效线性化分析精度对比，需要说明的是各国规范规定的等效线性化分析方法并不是真正意义上各国规范中的等效线性化分析，因为，本书中各国反应谱与真正国外规范反应谱仅仅是在长周期段的表达形式相同，而其他地方均是按照中国反应谱特点描述的，如地震影响系数最大值与地震波峰值加速度对应关系、反应谱拐点位置，所以本书采用“类似”表达国外反应谱，不过大部分隔震结构的等效周期均处于长周期范围，这些加速度反应谱也在一定程度上反映了国外反应谱的特性。

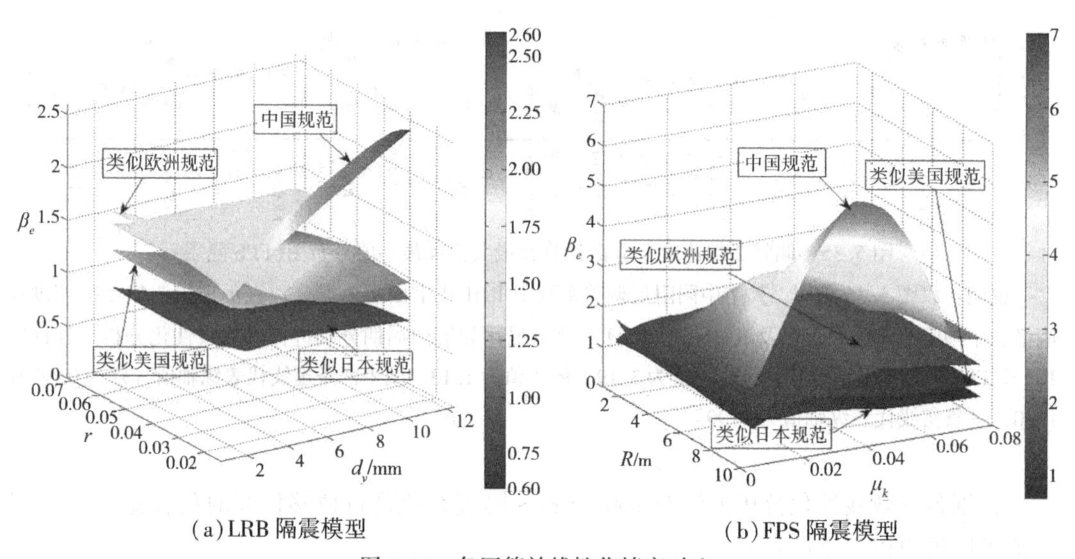

(a)LRB 隔震模型　　(b)FPS 隔震模型

图 5.36　各国等效线性化精度对比

注：图中β_e为精度系数，r 为 LRB 隔震的屈重比，d_y 为 LRB 隔震结构屈服位，R 为 FPS 隔震结构曲率半径，μ_k为 FPS 摩擦系数。

从图 5.36 中可以看出，按照中国规范对隔震结构进行等效线性化分析误差较大，中国等效线性化分析结果大部分偏大，LRB 隔震模型最大偏差可达 260%，FPS 隔震模型最大偏差可达 700%，而且大部分偏差在 140%以上。而按照其他规范等效线性化分析结果，较大部分偏差在 70%~150%之间，说明国外在按照其规范进行等效线性化分析时，分析结果具有一定的精度，尽管该精度不是特别高。

(3)通过调整我国加速度反应谱长周期特性、阻尼调整系数或是改变等效参数计算方法都能在一定程度上提高等效线性化分析精度。

(4)在现阶段的研究成果中，尚没有与中国加速度反应谱和阻尼调整系数配合较好的等效参数计算方法使等效线性化分析具有较高的分析精度。

5.4 精度较高的等效线性化分析方法

5.4.1 潜在具有较高精度的等效线性化分析方法

根据5.3节分析内容，类似各国加速度反应谱配合其阻尼调整系数和等效参数计算方法进行等效线性化分析的位移估算精度也不是最高，因此，本节根据5.3节分析的数据，针对每种加速度反应谱推荐一种分析精度相对较高的等效线性化分析方法，即通过选择合适的阻尼调整系数和等效参数计算方法使之配合该加速度反应谱进行等效线性化分析时具有较高的分析精度。

结合5.3节分析结果，精度系数β_e在0.80~1.20之间的数量和β_e最大值与最小值的分布情况，本书初步推荐表5.4中组合进行等效线性化分析。

表5.4 **潜在具有较高精度的等效线性化分析方法**

隔震体系	加速度反应谱	阻尼调整系数	等效参数计算方法	精度系数β值		
				0.80~1.20	最大值	最小值
LRB隔震体系	中国	日本	曲哲法	86	1.64	0.82
	类似美国、日本	FEMA440	欧进萍法	100	0.93	0.81
	类似欧洲	欧洲	欧进萍法	100	1.09	0.90
	调整1	中国	欧进萍法	100	0.99	0.87
	调整2	日本	FEMA440	98	1.29	0.94
FPS隔震体系	中国	日本	FEMA440	31	2.35	0.69
	类似日本、美国	日本	Hwang	93	1.21	0.76
	类似欧洲	日本	FEMA440	88	1.29	0.72
	调整1	日本	FEMA440	76	1.76	0.82
	调整2	中国	欧进萍法	61	1.39	0.67

从表5.4中阻尼调整系数的角度可看出，日本阻尼调整方法比较适合进行隔震体系的等效线性化分析，结合图5.4可知，相同阻尼比下，日本阻尼调整系数较其他国家阻尼调整系数小，尤其是比中国和欧洲规范阻尼调整系数小很多，表明中国、欧洲规范低估了阻尼对地震力的降低作用。

从表5.4中的等效参数计算方法的角度可看出，欧进萍方法比较适合LRB隔震体系等效线性化分析，FEMA440 方法比较适合 FPS 隔震体系等效线性化分析。

图 5.37~图 5.41 为上表中推荐的各等效线性化分析方法 β_e 值具体分布图。

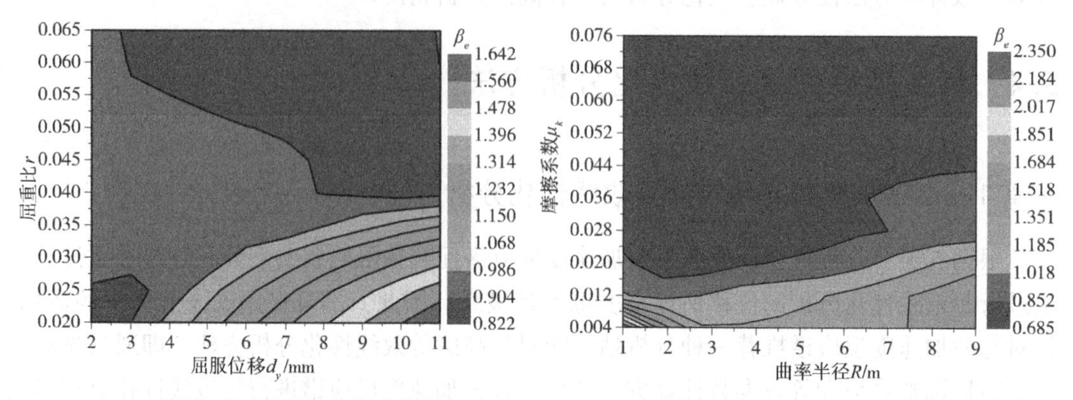

(a) LRB 隔震(日本阻尼+曲哲法等效)　　(b) FPS 隔震(日本阻尼+FEMA440 法等效)

图 5.37　采用中国加速度谱进行等效线性分析方法 β_e 值分布图

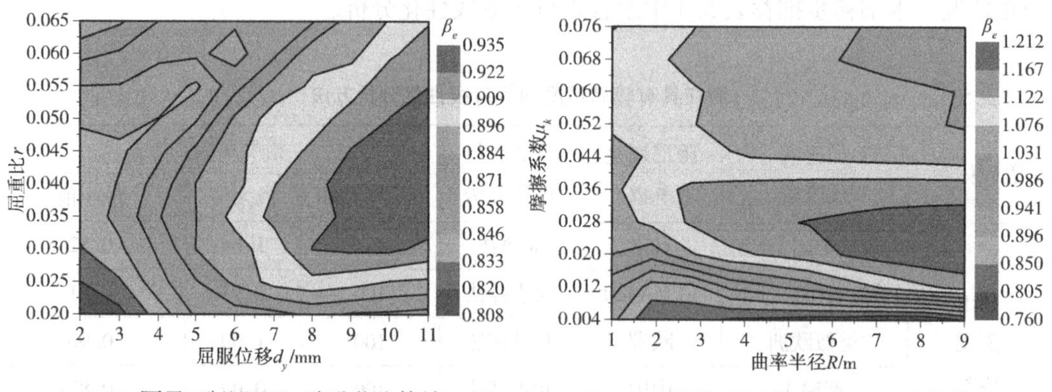

(a) LRB 隔震(欧洲阻尼+欧进萍法等效)　　(b) FPS 隔震(日本阻尼+Hwang 法等效)

图 5.38　采用类似日本、美国加速度谱进行等效线性分析方法 β_e 值分布图

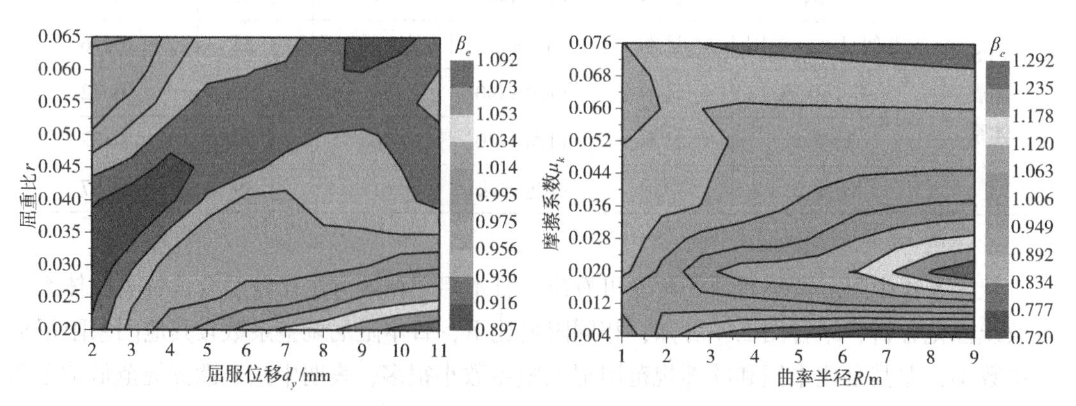

(a) LRB 隔震(FEMA440 阻尼+欧进萍法等效)　　(b) FPS 隔震(日本阻尼+FEMA440 法等效)

图 5.39 采用类似欧洲加速度谱进行等效线性分析方法 β_e 值分布图

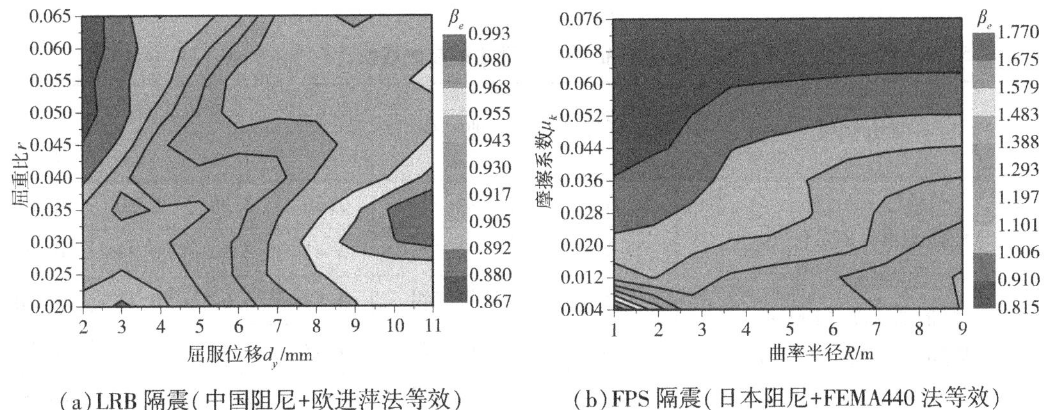

(a) LRB 隔震(中国阻尼+欧进萍法等效)　　(b) FPS 隔震(日本阻尼+FEMA440 法等效)

图 5.40　采用调整 1 加速度谱进行等效线性分析方法 β_e 值分布图

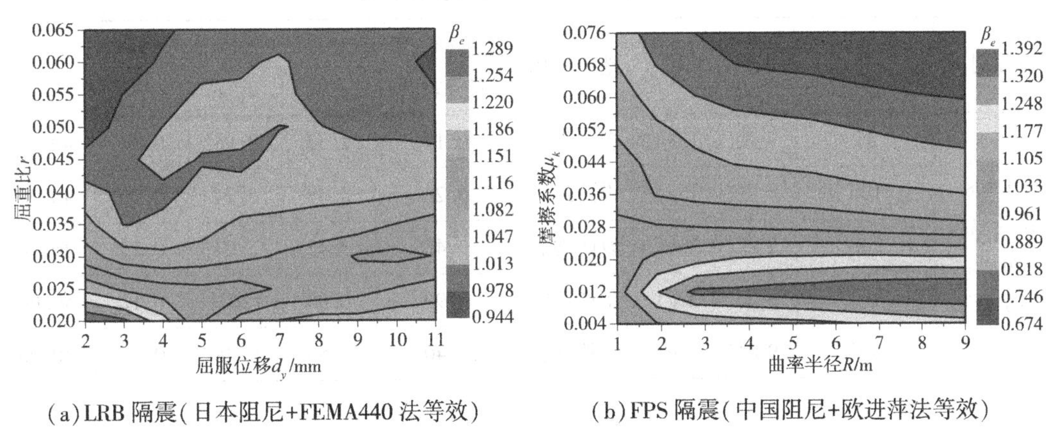

(a) LRB 隔震(日本阻尼+FEMA440 法等效)　　(b) FPS 隔震(中国阻尼+欧进萍法等效)

图 5.41　采用调整 2 加速度谱进行等效线性分析方法 β_e 值分布图

从潜在具有较高估算精度的等效线性化分析方法 β_e 值分布图可以看出，LRB 隔震体系的位移估算精度普遍高于 FPS 的位移估算精度。

5.4.2 地震强度和特征周期对等效线性化分析精度的影响

5.4.1 节中给出的潜在具有较高精度的等效线性化分析方法均是基于 8 度(0.2g)，特征周期为 0.40s 的地震作用下得出的结论，在其他工况下，这些等效线性化分析方法是否仍然具有较高的位移估算精度需要进一步讨论。因此，本节将讨论不同地震强度和不同特征周期下，潜在具有较高估算精度的等效线性化分析方法的位移估算精度。

精度评价仍然通过精度系数 β_e 值在 0.80~1.20 之间的数量及 β_e 最大值和最小值体现，分析模型仍然为前文中 100 个 LRB 隔震模型和 100 个 FPS 隔震模型。

分析工况包括相同特征周期 $T_g=0.40$s，不同地震强度($\alpha_{max}=0.12$、0.23、0.45、0.90、1.40)地震作用和相同地震强度($\alpha_{max}=0.45$)，不同特征周期($T_g=0.20$s、0.30s、

0. 40s、0. 45s、0. 65s)地震作用，地震动拟合参数详见表 5. 5 和表 5. 6。

表 5. 5　　不同特征周期强度包线参数取值

地震作用	特征周期/s	地震分组	强度包线参数			
			t_1/s	t_s/s	c	T_d/s
设防烈度：8 度 0. 20g 设防地震作用 峰值加速度：200gal 地震影响系数最大值：0. 45	0. 20	第一组	2. 36	3. 28	0. 30	40. 00
	0. 30	第二组	3. 42	5. 04	0. 23	40. 00
	0. 40	第二组	3. 42	5. 04	0. 23	40. 00
	0. 45	第三组	4. 68	7. 44	0. 17	40. 00
	0. 65	第三组	4. 68	7. 44	0. 17	40. 00

表 5. 6　　不同强度地震强度包线参数取值

特征周期	峰值加速度/gal	设防烈度	地震作用	地震影响系数最大值	强度包线参数			
					t_1/s	t_s/s	c	T_d/s
0. 40s 设计地震 分组： 第二组	55	7 度(0. 15g)	多遇地震	0. 12	2. 52	2. 98	0. 33	40. 00
	100	7 度(0. 10g)	设防地震	0. 23	3. 88	5. 24	0. 22	40. 00
	200	8 度(0. 20g)	设防地震	0. 45	3. 42	5. 04	0. 23	40. 00
	400	8 度(0. 20g)	罕遇地震	0. 90	6. 06	12. 01	0. 12	40. 00
	620	9 度(0. 40g)	罕遇地震	1. 40	4. 50	9. 48	0. 14	40. 00

5. 4. 2. 1　地震强度影响

通过采用时程分析和潜在具有较高估算精度的等效线性化分析方法计算相同特征周期(T_g=0. 40s)，不同地震强度(α_{max}=0. 12、0. 23、0. 45、0. 90、1. 40)地震作用下 100 个 LRB 隔震模型和 100 个 FPS 隔震模型的位移反应，并计算相应的精度系数β_e值，各等效线性化分析方法计算的β_e值在 0. 80~1. 20 之间的数量随地震强度变化曲线以及β_e最大值和最小值随地震强度变化曲线如图 5. 42 和图 5. 43 所示。

从β_e值在 0. 80~1. 20 之间的数量随地震强度变化曲线图中可看出，对于 LRB 隔震体系而言，推荐的等效线性化分析方法中，采用中国加速度反应谱和调整 2 加速度反应谱进行等效线性化分析时，随地震强度的变化，其位移估算精度系数β_e值在 0. 80~1. 20 之间的数量降低较多。采用其他加速度反应谱进行等效线性化分析时，β_e值在 0. 80~1. 20 之间的数量基本上在 90 以上；对于 FPS 隔震体系，推荐的等效线性化分析方法中，位移估算精度系数β_e值在 0. 80~1. 20 之间的数量大部分非常少。

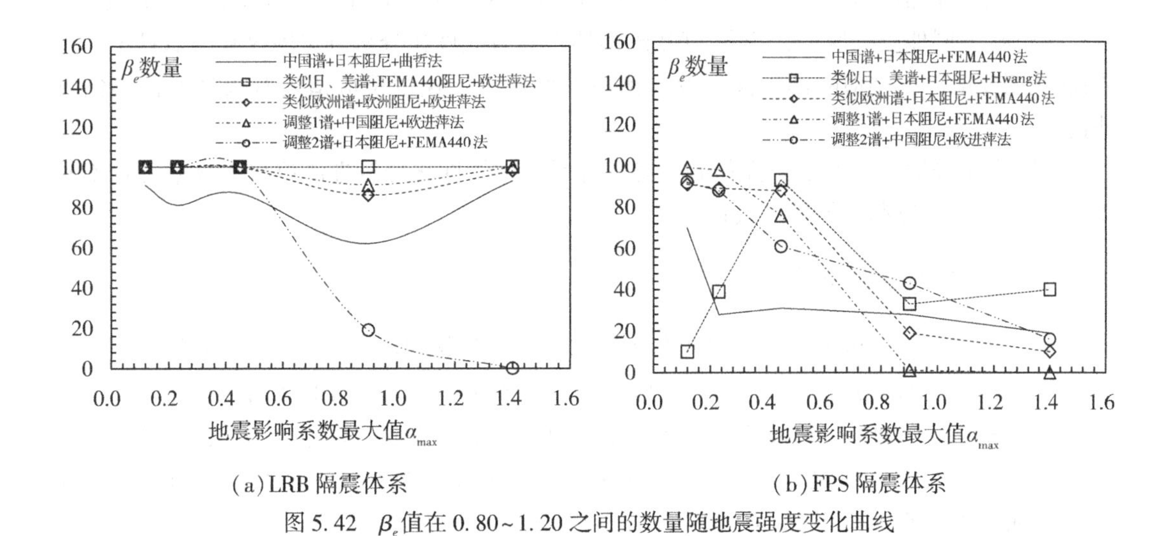

(a) LRB 隔震体系　　(b) FPS 隔震体系

图 5.42　β_e值在 0.80～1.20 之间的数量随地震强度变化曲线

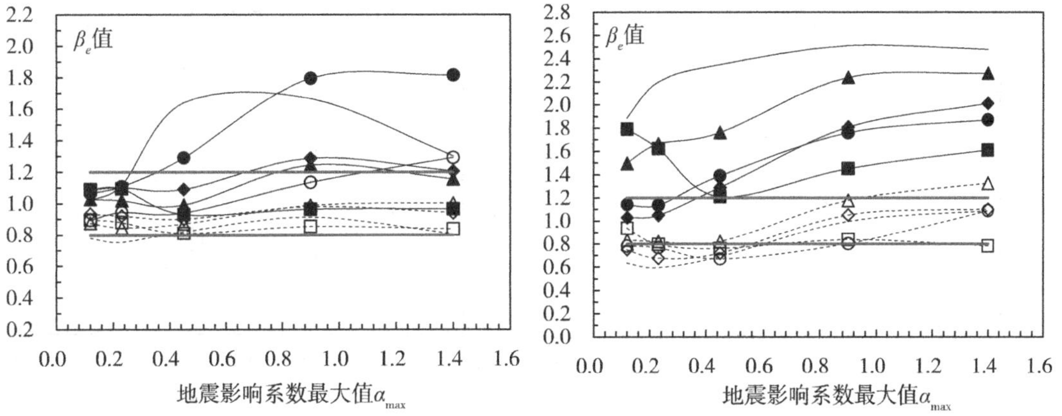

(a) LRB 隔震体系　　(b) FPS 隔震体系

图 5.43　β_e最大值和最小值随特征周期变化曲线

而且从β_e最大值和最小值随地震强度变化曲线中可看出，对于 LRB 隔震体系而言，推荐的等效线性化分析方法中，采用中国加速度反应谱和调整 2 加速度反应谱进行等效线性化分析时，随地震强度的变化，其位移估算精度系数β_e最大值数值均较大，而且β_e最大值与最小值之间的差距均较大。采用其他加速度反应谱进行等效线性化分析时，β_e最大值与最小值大部分上在 0.80～1.20 之间，即便有超出 0.80～1.20 范围的情况，其数值也在 1.20 附近。对于 FPS 隔震体系，推荐的等效线性化分析方法中，β_e最大值与最小值之间的差距均非常大。

综合考虑β_e值在 0. 80~1. 20 之间的数量以及β_e最大值和最小值可以得到以下结论：

(1)在不同地震强度下，推荐 LRB 隔震体系等效线性化分析方法中仅有类似日本、美国加速度反应谱、类似欧洲加速度反应谱以及调整 1 加速度反应谱均有较高的位移估算精度；

(2)在不同地震强度下，推荐 FPS 隔震体系等效线性化分析方法位移估算精度各不相同，总体上看，位移估算精度较低。

5.4.2.2　特征周期影响

通过采用时程分析和推荐等效线性化分析方法计算相同地震强度 $\alpha_{max}=0.45$，不同特征周期($T_g=0.20s$、0. 30s、0. 40s、0. 45s、0. 65s)地震作用下，100 个 LRB 隔震模型和 100 个 FPS 隔震模型的位移反应，并计算相应的精度系数β_e值，各等效线性化分析方法计算的β_e值在 0. 80~1. 20 之间的数量随特征周期变化曲线以及β_e最大值和最小值随特征周期变化曲线如图 5. 44 和图 5. 45 所示。

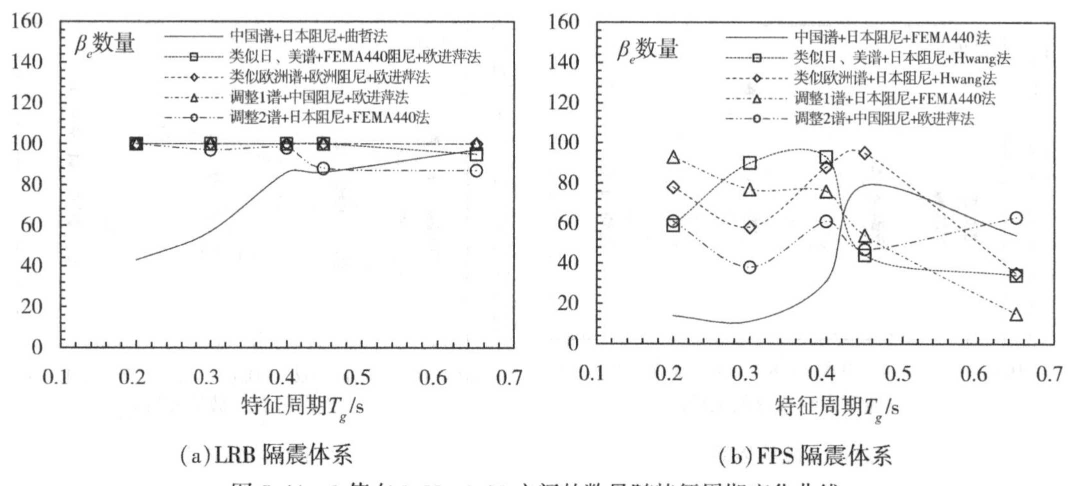

(a)LRB 隔震体系　　(b)FPS 隔震体系

图 5. 44　β_e值在 0. 80~1. 20 之间的数量随特征周期变化曲线

从β_e值在 0. 80~1. 20 之间的数量随特征周期变化曲线图中可看出，对于 LRB 隔震体系而言，推荐的等效线性化分析方法中，采用中国加速度反应谱进行等效线性化分析，当特征周期较小时，β 值在 0. 80 ~ 1. 20 之间的数量较少，随着特征周期的增加，β_e值在 0. 80~1. 20 之间的数量增加；采用类似日本、美国、欧洲加速度反应谱和调整 1 加速度反应谱进行等效线性化分析，在不同特征周期的地震作用下，β_e值基本上在 0. 80~1. 20 之间。对于 FPS 隔震体系，各推荐的等效线性化分析方法不能保证在不同特征周期下均有较多的精度系数β_e值在 0. 80~1. 20 之间。

而且从β_e最大值和最小值随特征周期变化曲线中可看出，对于 LRB 隔震体系而言，推荐的等效线性化分析方法中，采用类似日本、美国、欧洲加速度反应谱和调整 1 加速度反应谱进行等效线性化分析时，β_e最大值与最小值大部分在 0. 80~1. 20 之间。对于 FPS

隔震体系，推荐的等效线性化分析方法 β_e 最大值与最小值之间的差距均较大。

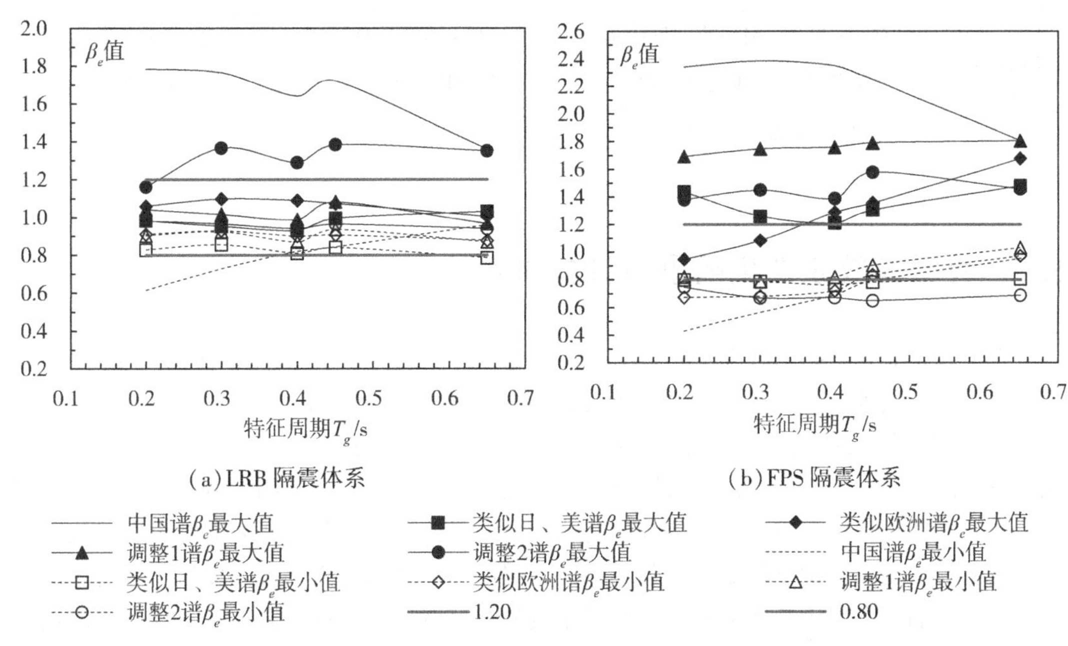

图 5.45 β_e 最大值和最小值随特征周期变化曲线

综合考虑 β_e 值在 0.80~1.20 之间的数量及 β 最大值和最小值可以得到以下结论：

(1) 在不同特征周期地震作用下，推荐 LRB 隔震体系等效线性化分析方法中，针对采用类似日本、美国、欧洲加速度反应谱和调整 1 加速度反应谱的等效线性化分析方法均有较高的位移估算精度；

(2) 在不同特征周期地震作用下，推荐 FPS 隔震体系等效线性化分析方法中，针对各反应谱的等效线性化分析方法的位移估算精度均不高。

5.4.3 普遍具有较高精度的等效线性化分析方法

通过计算不同强度和不同特征周期地震作用下，潜在具有较高估算精度的等效线性化分析方法的位移估算精度，并综合考虑强度和特征周期对位移估算精度的影响，可以得到如下结论：

(1) 潜在具有较高估算精度的等效线性化分析方法中，FPS 隔震体系的等效线性化方法都不具有普遍性，随地震强度和特征周期的变化，其分析精度变化较大；

(2) 潜在具有较高估算精度的等效线性化分析方法中，LRB 隔震体系采用基于中国加速度反应和基于调整 2 反应谱的等效线性化分析方法在不同地震强度和不同特征周期下，并不都能取得较高的位移估算精度，其不具有普遍性。

基于此，最终认为普遍具有较高位移估算精度的等效线性化分析方法如表 5.7 所示。

表 5.7 **普遍具有较高精度的等效线性化分析方法**

隔震体系	反应谱	阻尼调整系数	等效参数计算方法
LRB 隔震体系	类似日本、美国加速度反应谱	FEMA440 阻尼调整	欧进萍方法
	类似欧洲加速度反应谱	欧洲阻尼调整	欧进萍方法
	调整 1 加速度反应谱	中国阻尼调整	欧进萍方法

5.5 我国等效线性化隔震设计方法建议

根据 5.4 节分析结果可知，目前针对 FPS 隔震体系还没有普遍适用的等效线性化分析方法，需要找到适合 FPS 隔震体系特点的等效线性化分析方法。

对于 LRB 隔震体系，已有普遍较高精度的等效线性化分析方法，根据这些等效线性化分析方法的特点看，均要调整我国规范反应谱长周期段特性，或同时调整规范中阻尼调整系数，才能获得精度较高的等效线性化分析方法。由于从现阶段研究的结果看，我国规范反应谱长周期段的调整均是降低长周期段的强度，而降低长周期段强度后，其对应的结构响应会减弱，本书中基于调整 1 反应谱生成的人工波位移计算结果与基于我国规范加速度反应谱生成的人工波位移计算结果的比值如图 5.46 所示，对比模型为 4.3.1 节中 100 个 LRB 隔震模型和 100 个 FPS 隔震模型，对比工况为 8 度 0.2g 设防地震作用，设计地震分组为第二组。

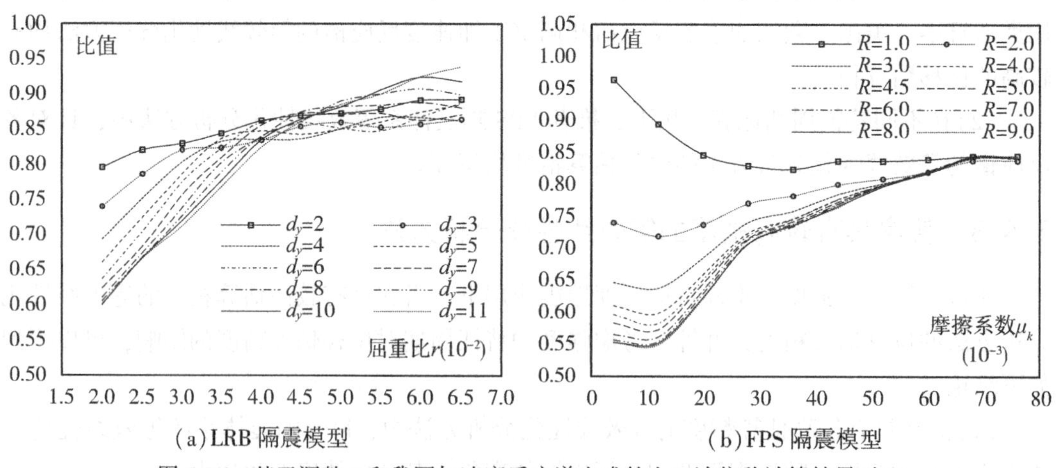

图 5.46 基于调整 1 和我国加速度反应谱生成的人工波位移计算结果对比

从图 5.46 中可以看出，基于调整 1 反应谱生成的人工波位移计算结果较基于我国规范加速度反应谱生成的人工波位移计算结果偏小，在屈重比较小时，LRB 隔震模型计算结果差别较大，大部分模型计算结果约降低 70%，最大降低 60%；同样，在摩擦系数较小时，FPS 隔震模型计算结果差别较大，大部分模型计算结果约降低 65%，最大降低 55%。

从上述分析结果可以看出，调整反应谱特性后，实际上降低了现有建筑结构抗震设计标准的安全储备。如果降低标准的安全储备，则需要进行系统的研究，而仅仅因为采用等效线性化分析精度较低而降低标准的安全储备，其理由显然不足。

实际上，根据上文分析，影响等效线性化分析方法精度的因素，除加速度反应谱特性外，还有阻尼调整系数和等效参数计算方法。当然，一般规范在给定加速度反应谱的同时也给出了阻尼调整系数，如果不想改变规范的相应规定，可以通过合适的等效参数计算方法来实现提高等效线性化分析方法精度的目的。

基于上述原因，本书认为无论是 LRB 隔震体系还是 FPS 隔震体系，现阶段的隔震设计还是应该在中国规范给定的加速度反应谱及阻尼调整系数的基础之上进行。因此，需要找到适合中国规范加速度反应谱及阻尼调整系数的等效参数计算方法，使等效线性化分析结果与时程分析结果接近，达到工程应用能够接受的精度。

5.6　本章小结

本章首先梳理了影响等效线性化分析精度因素的研究成果，包括等效参数计算方法、阻尼调整系数及加速度反应谱特性，并通过采用 10 种等效周期及等效阻尼比计算方法、4 种阻尼调整系数和 5 种加速度反应谱组合而成的 200 种等效线性化设计方法，分别对 100 个单自由度 LRB 隔震模型和 100 个单自由度 FPS 隔震模型进行位移估算，并与时程分析结果进行对比，得出以下主要结论：

(1)采用拟合我国加速度反应谱人工波计算隔震模型的延性系数较采用拟合美国、日本和欧洲加速度反应谱人工波计算结果大，具有较高的安全储备。

(2)国外采用的等效参数计算方法与其加速度反应谱和阻尼调整系数是相匹配的，而我国采用的等效参数计算方法与我国反应谱及阻尼调整系数不匹配。

(3)通过调整我国加速度反应谱长周期特性、阻尼调整系数或是改变等效参数计算方法都能一定程度上提高等效线性化分析精度。

(4)现阶段研究成果中，尚没有与我国加速度反应谱和阻尼调整系数配合较好的等效参数计算方法使等效线性化分析具有较高的分析精度。

(5)降低加速度反应谱长周期段强度，实际上降低了现有建筑结构抗震设计标准的安全储备。

最后根据本章研究结论，给出了提高我国现阶段隔震结构等效线性化分析精度的建议，即提出新的等效参数计算方法配合我国加速度反应谱和阻尼调整系数，使其等效线性化分析取得较高的估算精度。

第6章　基于中国规范隔震结构等效线性化分析改进方法

6.1　引言

根据第5章分析结论可以看出，目前没有针对FPS隔震体系普遍适用的等效线性化分析方法，而普遍适用的LRB隔震体系等效线性化分析方法均是需要修正我国加速度反应谱和阻尼调整体系，而且均是降低加速度反应谱长周期段的谱强度，这样处理会减小隔震结构在地震作用下的反应，相比基于现阶段我国加速度反应谱设计的结构，其降低了隔震结构的安全储备。实际上，影响等效线性化分析方法精度的因素，除加速度反应谱特性外，还有阻尼调整系数和等效参数计算方法。一般规范在给定加速度反应谱的同时也给出了阻尼调整系数，如果不想改变规范相应规定，则可以通过合适的等效参数计算方法来实现提高等效线性化分析方法精度的目的。

本章将从等效参数计算方法的角度讨论采用我国加速度反应谱对隔震结构进行等效线性化设计方法的估算精度，并提出适合我国加速度反应谱及阻尼调整系数并且具有较高估算精度的等效线性化分析改进方法。

6.2　等效参数计算方法改进思路

采用目前现有的等效参数计算方法，配合我国规范加速度反应谱和阻尼调整系数对隔震结构进行等效线性化分析时，均无法取得满意的估算精度。需寻求一种新的等效参数计算方法，使之与我国加速度反应谱和阻尼调整系数配合的等效线性化分析方法具有较高的估算精度。因此，首先需要了解我国加速度反应谱的特点。

6.2.1　我国加速度反应谱特点

前文在解释相关结论时，介绍过我国加速度反应谱的一些特点，在本节将从等效参数计算方法选取的角度介绍我国加速度反应谱特点，图6.1为我国规范地震影响系数曲线图。

图中γ为曲线下降段的衰减指数，其表达式为

$$\gamma = 0.9 + \frac{0.05 - \zeta}{0.3 + 6\zeta} \tag{6-1}$$

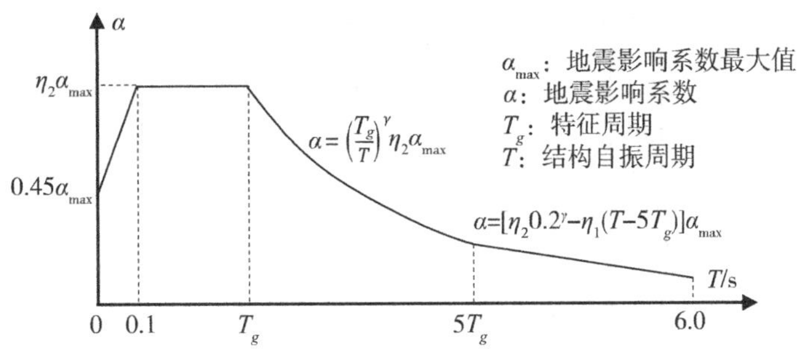

图 6.1　我国规范地震影响系数曲线

η_1为直线下降段的下降斜率调整系数，其表达式为

$$\eta_1 = 0.02 + \frac{0.05 - \zeta}{4 + 32\zeta} \geqslant 0 \tag{6-2}$$

η_2为阻尼调整系数，其表达式为

$$\eta_2 = 1 + \frac{0.05 - \zeta}{0.08 + 1.6\zeta} \geqslant 0.55 \tag{6-3}$$

上述3个表达式中ζ为阻尼比。尽管只有η_2叫作阻尼调整系数，但是从三个参数的表达式看，都可以通过阻尼比对反应谱起到调节作用，而且均是随着阻尼比的增加，其数据均降低。

对于下降段斜率调整系数η_1的限制条件为不小于0，因此，当$\zeta \geqslant 0.361$时，η_1的调整系数固定为0；对于阻尼调整系数η_2的限制条件为不小于0.55，因此，当$\zeta \geqslant 0.307$时，η_2的调整系数固定为0.55；尽管下降段的衰减指数γ没有限制条件，不过当$\zeta \geqslant 0.400$时，下降段衰减指数γ的变化已经非常小，阻尼调整作用已经非常弱，如图6.2~图6.4所示。

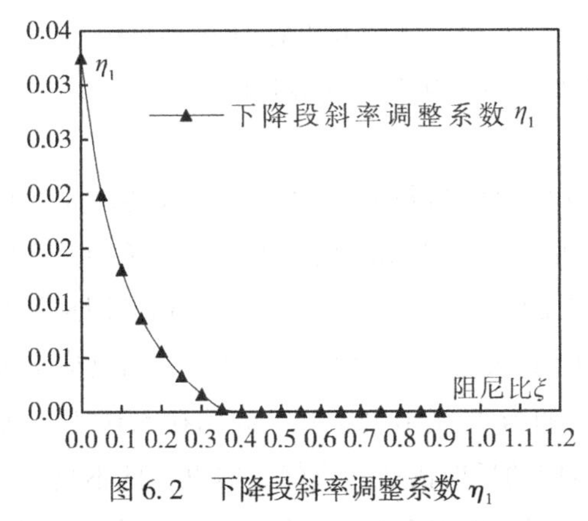

图 6.2　下降段斜率调整系数 η_1

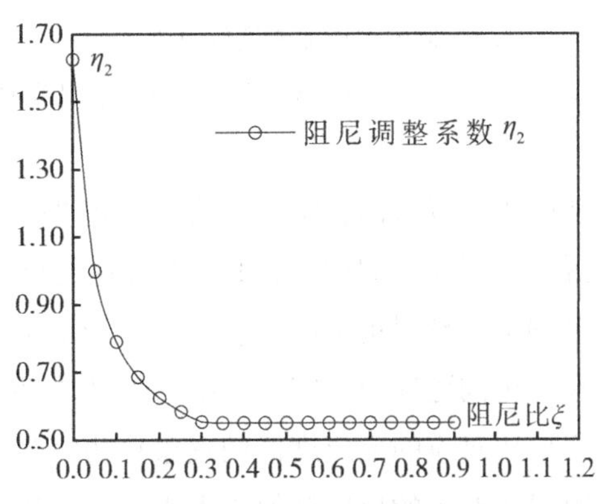

图 6.3　阻尼调整系数 η_2

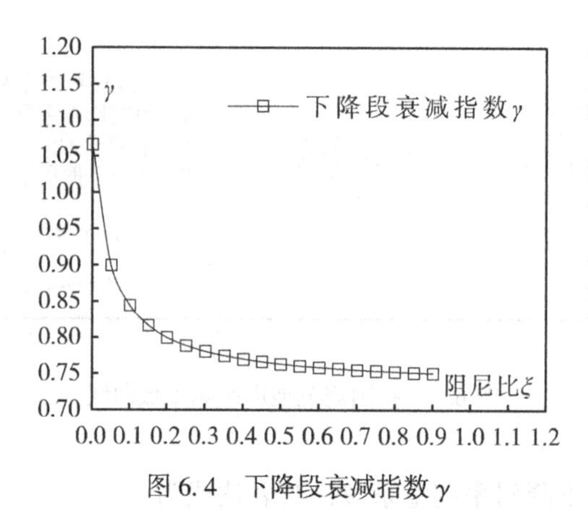

图6.4 下降段衰减指数γ

因此，规范规定的阻尼比对加速度反应谱的调节作用是有限度的，即当阻尼比达到一定数值时，无论阻尼比再增加多少，加速度反应谱的谱值基本不受阻尼比变化的影响，如图6.5所示。

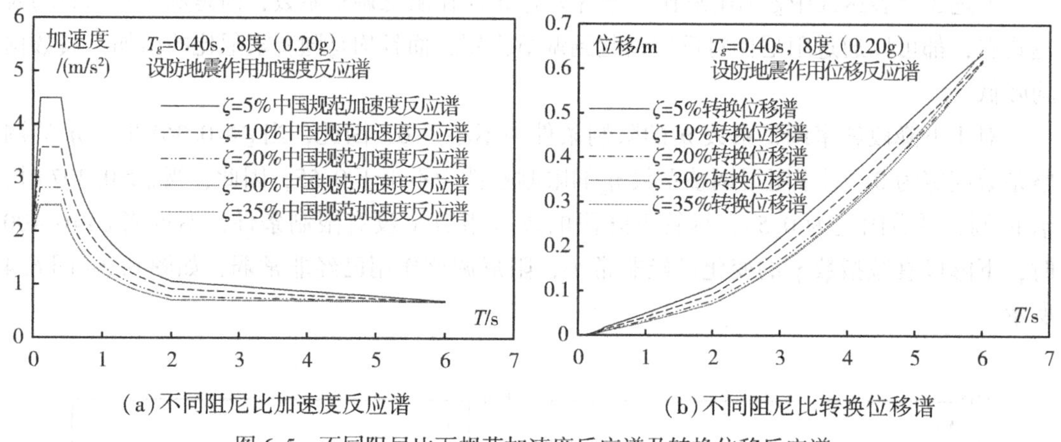

(a)不同阻尼比加速度反应谱　　(b)不同阻尼比转换位移谱

图6.5 不同阻尼比下规范加速度反应谱及转换位移反应谱

从图中可以看出，阻尼比为30%的加速度反应谱与阻尼比为35%的加速度反应谱非常接近，甚至在长周期段，35%的加速度反应谱值要大于30%的加速度反应谱值，在转换位移谱图上表现得更为明显。出现这种情况主要是由于我国的加速度反应谱和阻尼调整系数存在一定问题导致，实际上随着特征周期T_g的减小，这种大阻尼比对应的反应谱值大于小阻尼比对应的反应谱值的现象更为突出，如当T_g为0.20s时，周期在5.0s后，基本上大阻尼比对应的反应谱值均大于小阻尼比对应的反应谱值。当然，本书在此不是为了讨论阻尼调整方法的合理性问题，这里主要是为了说明在当阻尼比达到一定水平后，加速度反应谱或是转换位移谱有一个下限值，阻尼比超过该水平后，反应谱值将不再随着阻尼比的增加而降低。一般情况下，阻尼比超过 30.7%后，阻尼比对反应谱的影响已经较小，主要是因为阻尼比超过 30.7%后，阻尼调整系数 η_2 为固定值。不过，超过 30.7%后，在周期大于 T_g 段，反应谱值会随着阻尼比的增加略有增加，主要因为在周期大于 T_g 段，加速度反应谱表达式中指数函数的底数均小于 1，随着下降段衰减指数 γ 的增加，反应谱值会增大，周期在 $5T_g$ 段后，反应谱表达式中下降段斜率调整系数 η_1 与谱值之间的关系也是减函数关系，随着 η_1 的减小，反应谱值也会增大，因此，在周期大于 T_g 段，反应谱值会随着阻尼比的增加略有增加。

综上所述，反应谱值不会随阻尼比的增大而一直减小，会有一个最小值，出现最小值时，不一定对应某一个阻尼比，因为不同周期点处阻尼比调节作用不同，所以不同周期点处最小值对应的阻尼比可能会不同，不过阻尼比超过 30%后，阻尼比对反应谱的调节作用已经很弱，因此，一般情况下，可认为阻尼比为 30%时，反应谱值达到最小值。

6.2.2 等效刚度类型选择

等效参数主要包括等效刚度(等效周期)和等效阻尼比。目前等效刚度计算方法主要包括割线刚度和非割线刚度。如果新方法完全采用割线刚度法，那么等效分析结果将很难得到精确结果，主要原因是加速度反应谱在阻尼调整过程中有最小值的限制，也导致位移谱也有最小值限制。

例如：特征周期 T_g 为 0.40s，8 度(0.20g)设防地震作用下，屈服位移 d_y 为 10mm，屈重比 r 为 0.025，屈服后刚度比 a 为 1/13 的 LRB 隔震结构，其初始周期 T_0 为 1.269s，采用第 3 章拟合我国加速度反应谱的 70 条人工波进行时程分析得到的水平向位移值为 106.6mm，认为该结果为精确结果。如果采用割线刚度法进行等效线性化分析，并假设该等效线性化分析能够计算出精确结果，那么其计算结果也应该为 106.6mm，延性系数 μ 即为 10.66，按照割线刚度法计算等效周期为

$$T_{eq} = T_0\sqrt{\frac{\mu}{1+\alpha(\mu-1)}} = 1.269 \times \sqrt{\frac{10.66}{1+0.0769\times(10.66-1)}} = 3.138\text{s} \quad (6\text{-}4)$$

对于等效周期为 3.138s 的隔震体系，其位移谱值如图 6.6 所示。

从图中可以看出，在周期为 3.138s 时，对应位移谱上最小值为 175mm，已经远大于 106.6mm，因此，无论怎样调整阻尼比，也无法使周期为 3.138s 的位移谱值降至 106.6mm。因此采用割线刚度法计算等效刚度无法获得精确解。只有通过增加等效刚度，降低等效周期，将等效周期调整到 A 点与 B 点之间，才有可能使位移值谱达到 106.6mm。

不仅仅是本例中的隔震模型存在上述情况，第 5 章中分析的 100 个隔震模型均存在割线刚度法无法获得精确解的情况，如图 6.6 所示，其精确位移均小于对应的位移谱限值，FPS 隔震体系也如此。因此，在采用我国规范加速度谱和阻尼调整系数进

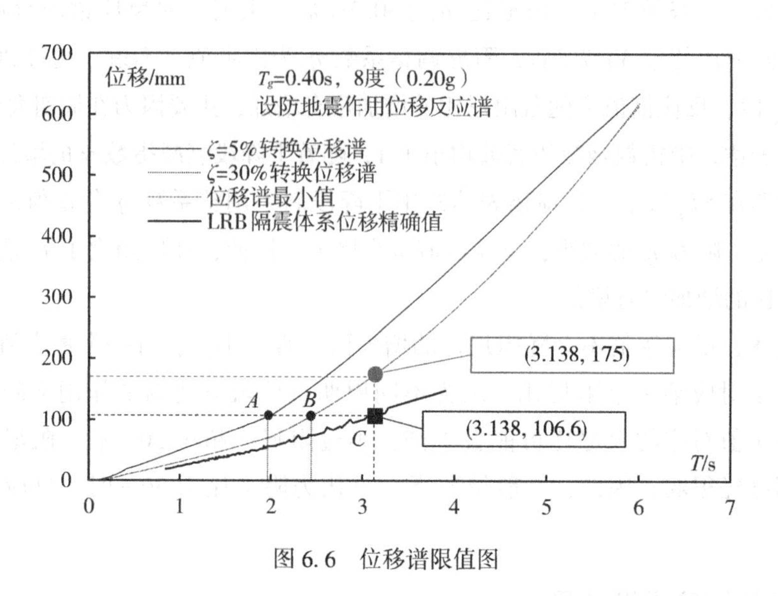

图6.6 位移谱限值图

行等效线性化分析时，只有采用非割线刚度法计算等效刚度才有可能得到高精度的位移估算值。

非割线刚度采用最大位移处的割线刚度和初始刚度之间的某个刚度作为等效刚度，如图6.7所示。

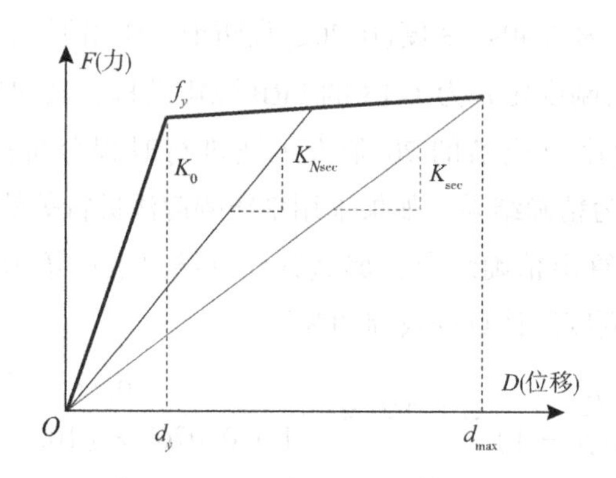

图6.7 割线刚度和非割线刚度示意图

图6.7为双线性模型中力与位移的关系曲线，图中f_y为屈服力，d_y为屈服位移，d_{max}为某个工况下的最大变形值，K_{sec}为该工况下的模型的割线刚度，K_{Nsec}为非割线刚度，K_0为初始刚度。从图中可以看出，

$$K_0 > K_{Nsec} > K_{sec} \tag{6-5}$$

结构在力的作用下，位移从0到d_y，再到d_{max}，每一个位移值都经历过，如果仅仅采用最大位移值对应的刚度，即割线刚度作为等效刚度，其刚度势必会偏弱，计算的位移结

果会偏大，如果采用初始刚度和割线刚度之间的某个刚度，即非割线刚度作为等效刚度，可以减小结构的位移响应，达到配合中国加速度反应谱及阻尼调整系数进行等效线性化分析，并获得精度较高位移估算结果的目的。

6.2.3　等效参数计算公式确定方法

目前，等效参数计算公式主要分为两类，一类为理论公式，如 Rosenblueth 和 Herrera 基于割线刚度法，根据滞回耗能与黏滞耗能相等的原则提出的理论计算公式；欧进萍等基于非割线刚度法，根据平均刚度和平均阻尼法提出的理论计算公式等。另一类为经验公式，如曲哲等基于割线刚度法，通过大量天然波时程分析结果，拟合出等效阻尼比的修正计算方法；Hwang 等基于非割线刚度法，拟合出等效刚度和等效阻尼比计算方法。

本书在确定等效参数计算公式时，通过比较地震波计算隔震结构非线性地震反应和基于相应反应谱的等效线性化的地震反应，拟合出等效刚度和等效阻尼比计算公式。

目前，现有等效参数计算公式中主要包含的变量分别为初始周期 T_0、延性系数 μ 以及屈服后刚度比 α。初始周期 T_0 和屈服后刚度比 α 均体现结构本身动力特性，而延性系数 μ 则是结构自身动力特性和输入作用的综合体现。本书在拟合等效参数计算公式时，仍采用包含初始周期 T_0、延性系数 μ 以及屈服后刚度比 α 的计算公式。

由于本书需要拟合两个公式，而且两个公式的具体形式均未知，如果想通过一次拟合获得较为精确的计算公式较为困难，因此本书将通过三步拟合来获得最终计算公式，其包含如下拟合过程：

第一步拟合：等效周期计算公式的基本形式拟合。

结合 6.2.2 节分析的结论可知，当实际位移小于对应谱位移极小值时，需要通过非割线刚度将位移调至阻尼比可以起到调节作用的范围，因此，在公式拟合过程中，首先需要通过采用非割线刚度作为等效刚度，将位移调至阻尼比可以起到调节作用的范围，如图 6.6 所示，即通过非割线刚度将位移调至 A、B 之间任意一点（包含 A、B 两点），具体将位移调整至哪一个阻尼比对应的位移上，需要进一步讨论，但是，通过此步可以初步确定等效周期计算公式的基本形式。

第二步拟合：等效阻尼比计算公式的基本形式拟合。

根据等效周期计算公式的基本形式，并通过具体参数试算出等效阻尼比计算公式的基本形式。

第三步拟合：等效周期和等效阻尼比计算公式拟合。

根据等效周期和等效阻尼比计算公式的基本形式，通过穷举法可获得具有较高位移估算精度的等效周期和等效阻尼比计算公式。

基于上述提出的拟合方法，本书将采用以下思路拟合等效刚度和等效阻尼比计算公式，拟合路线图如图 6.8 所示。

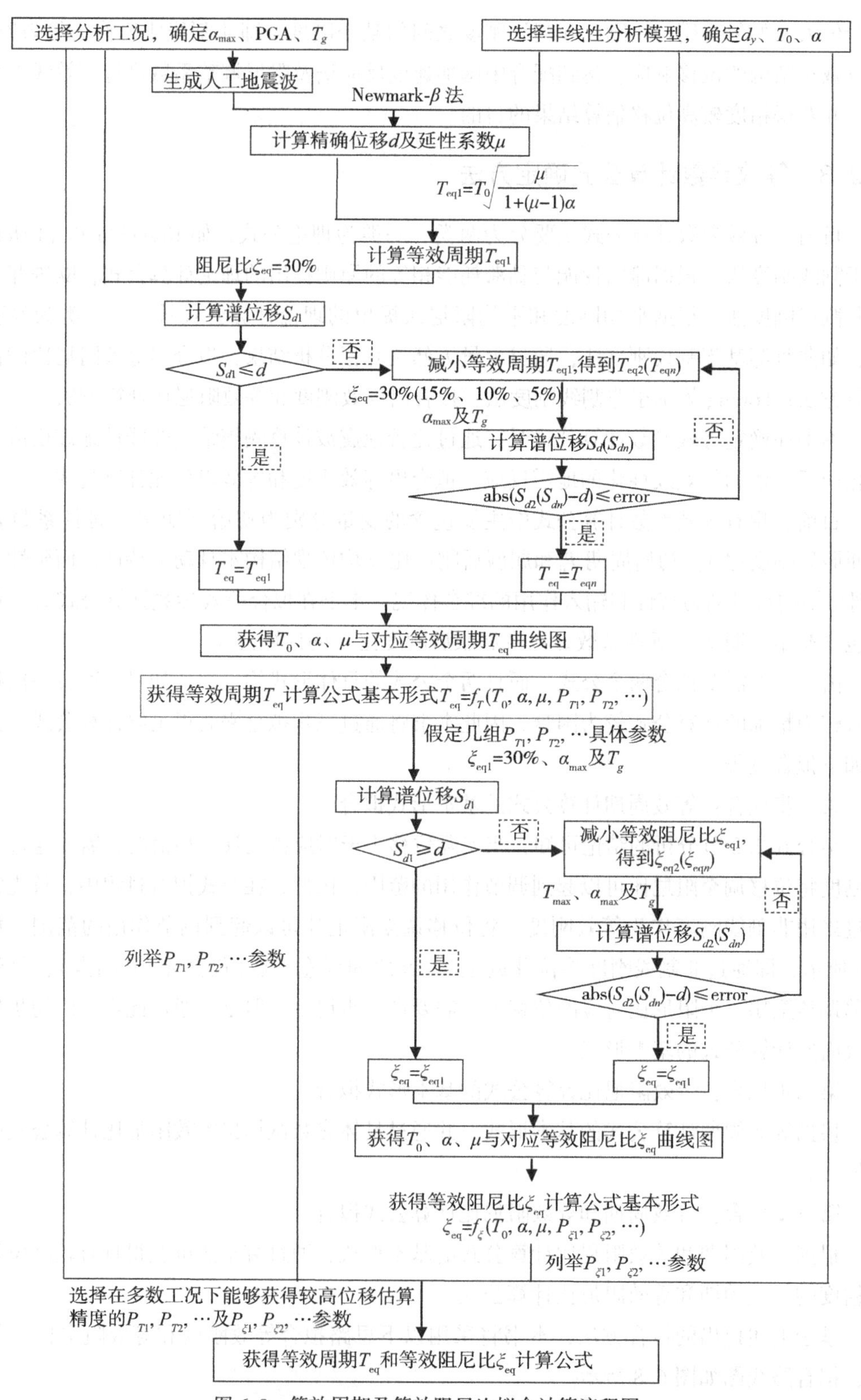

图 6.8　等效周期及等效阻尼比拟合计算流程图

6.3 等效参数计算公式拟合

6.3.1 分析模型及分析工况

本书分析模型与第4章分析模型相同，包含LRB隔震模型和FPS隔震模型，LRB隔震模型屈服位移范围为2~11mm，间隔1mm，屈重比范围为0.02~0.065，间隔0.005，总共100个单自由度LRB隔震模型，其屈服后刚度均取1/13，初始阻尼比均为0.05；FPS隔震模型滑动面曲率半径范围为1~9m，间隔1m(4m和5m之间增加4.5m)，摩擦系数范围为0.004~0.076，间隔0.008，总共100个单自由度FPS隔震模型，其屈服位移均取2.5mm，初始阻尼比均为0.05。各分析模型详见表4.4和表4.5。

分析工况也与第5章分析工况相同，包括相同特征周期(T_g=0.40s)，不同地震强度(α_{max}=0.12、0.23、0.45、0.90、1.40)地震作用和相同地震强度(α_{max}=0.45)，不同特征周期(T_g=0.20s、0.30s、0.40s、0.45s、0.65s)地震作用，总共9个工况，每个工况生成人工波的包线参数如表5.5和表5.6所示，总共9组人工波，每组人工波数量为70条。

6.3.2 变量样本数据

根据6.3.1节确定的分析模型可以得到LRB隔震模型的100组初始周期T_0和屈服后刚度比α的具体数值，以及FPS隔震模型的100组初始周期T_0和屈服后刚度比α的具体数值，各模型的初始周期T_0和屈服后刚度比α其分布图如图6.9和图6.10所示。

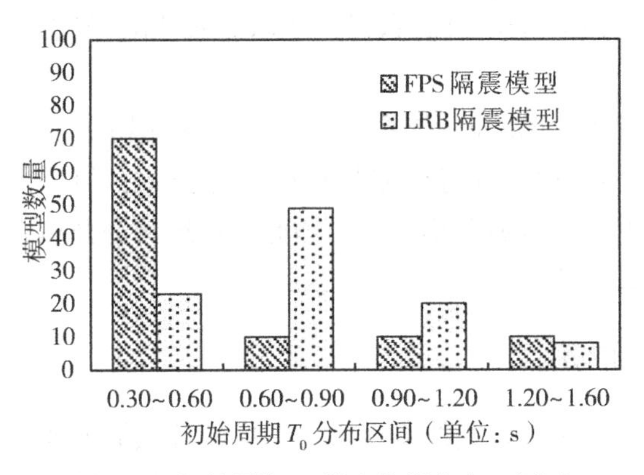

图6.9 初始周期T_0样本数据分布区间图

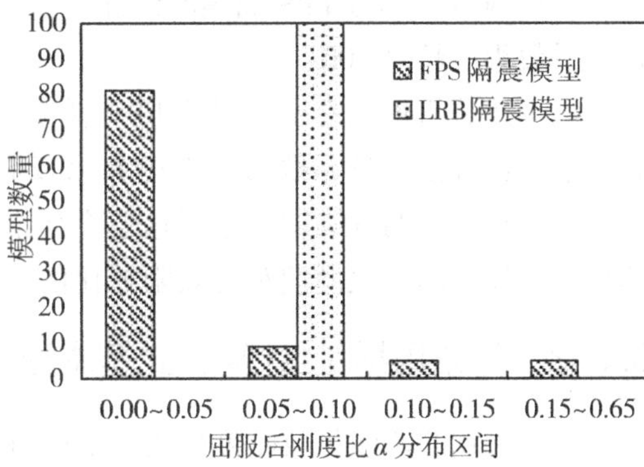

图6.10 屈服后刚度比α样本数据分布区间图

采用上述9组人工波对100个LRB隔震模型和100个FPS隔震模型进行时程分析，得到各个模型在各组70条人工波作用下的平均延性系数，由于总共有9个工况，每个工况有100个模型，因此，LRB隔震模型和PFS隔震模型各自有900个延性系数μ的样本数据，延性系数μ样本数据分布如图6.11所示。

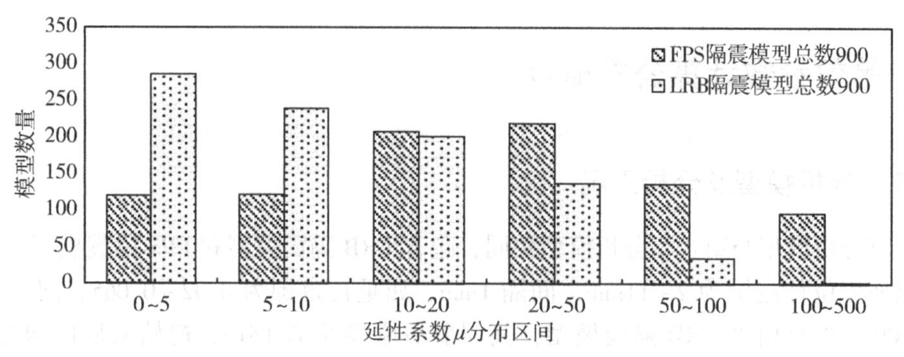

图 6.11　延性系数 μ 样本数据分布区间图

从初始周期 T_0 和屈服后刚度比 α 的区间分布图可以看出，两个变量在可能出现的范围内并不是均匀分布的，这也是本书不直接选择变量取值，而是通过工程中常用的产品参数及设计中常用的数据来间接定义变量取值的原因。如果直接选择变量取值会导致在实际工程中出现较多的区域讨论的样本不够，而在实际工程中出现较少的区域讨论的样本过多。

从初始周期 T_0 和屈服后刚度比 α 的区间分布图还可以看出，对于初始周期 T_0 和屈服后刚度比 α 两个变量，FPS 隔震体系和 LRB 隔震体系的敏感区间并不相同，如 FPS 隔震体系的初始周期大部分集中在 0.30～0.60s 之间，而 LRB 隔震体系大部分在 0.60～0.90s 之间，屈服后刚度也是如此。

从延性系数 μ 区间分布图可以看出，FPS 隔震的延性系数较多地分布在较大数值的区间里，延性系数小于 10 的数量占总数量约为 25%，而 LRB 隔震的延性系数小于 10 的数量占了近 60%。而且 FPS 隔震的延性系数超过 100 的超过总数量的 10%，而 LRB 隔震的延性系数很少超过 100。

从上述分析可以看出，尽管 FPS 隔震体系和 LRB 隔震体系都能通过初始周期 T_0、屈服后刚度比 α 及延性系数 μ 三个变量来反映等效周期和等效阻尼比的计算公式，但是由于实际工程中，两种隔震体系对这三个变量的敏感区域并不一样，因此，后续将分开拟合两种隔震体系的等效周期和等效阻尼比的计算公式。

6.3.3　等效周期 T_{eq} 计算公式基本形式确定

本书采用非割线等效刚度作为等效刚度，其刚度较割线刚度大，对应的等效周期较割线刚度对应的周期小，根据 6.2.3 节中的等效参数确定方法可知，等效周期的基本形式主要分为两种，一种是当隔震结构的位移小于对应位移谱最小值时，通过折减割线刚度对应周期的方法来确定等效周期；另一种是当隔震结构的位移大于对应位移谱最小值时，直接采用割线刚度的对应周期作为等效周期，因此，本书等效周期的基本形式中包含割线刚度对应的周期，即

$$T_{eq} = \beta_T \cdot T_{max} = \beta_T \cdot T_0 \sqrt{\frac{\mu}{1 + (\mu - 1)\alpha}} \tag{6-6}$$

式中，T_{max}为割线刚度对应的等效周期，其值实际上是在隔震体系整个变形中可能出现的最大周期，β_T 为最大周期折减参数。

确定等效周期计算公式的基本形式实际上就是确定最大周期折减参数 β_T 的基本形式，由于割线刚度对应的等效周期中包含变量初始周期 T_0，在 β_T 的表达式中将不再包含 T_0，不包含 T_0的原因主要是为了方便等效参数的具体应用。

根据 6.2.3 节等效周期计算公式确定方法，本书将精确位移小于对应位移谱最小值的隔震模型的等效周期分别调整至阻尼比为 30%、20%、10%及 5%对应的位移谱上，如图 6.12 所示。

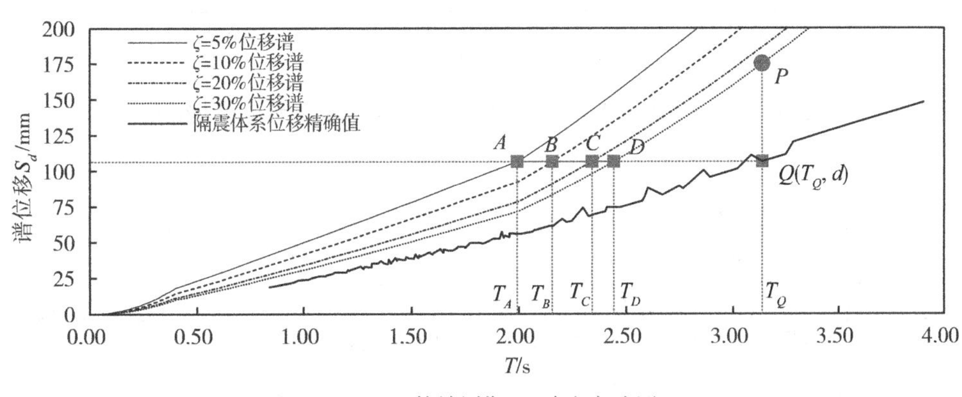

图 6.12　等效周期 T_{eq}确定方法图

图 6.12 中为某个隔震模型在某个工况下的精确位移值 d，割线刚度对应的等效周期为 T_Q，其对应的点为 Q 点；P 点为等效周期 T_Q对应的位移谱最小值(此处认为 30%的阻尼比对应的位移谱值为最小值)；A 点为阻尼比取 5%时位移谱上位移值为 d 对应的点，其对应的周期为 T_A；B 点为阻尼比取 10%时位移谱上位移值为 d 对应的点，其对应的周期为 T_B；C 点为阻尼比取 20%时位移谱上位移值为 d 对应的点，其对应的周期为 T_C；D 点为阻尼比取 30%时位移谱上位移值为 d 对应的点，其对应的周期为 T_D。通过计算 T_A、T_B、T_C及 T_D与 T_Q的比值，即可获得 β_T 的值，进而可以获得各变量与最大周期折减参数 β_T 的关系曲线图。

根据上述方法，可以得到延性系数 μ 与最大周期折减参数 β_T 的关系曲线图如图 6.13 所示。

由于 LRB 隔震体系的屈服后刚度比较稳定，在分析过程中，LRB 隔震体系的屈服刚度比取的是定值 1/13，并且由于 β_T 不包含变量 T_0，因此根据图 6.13 可以确定 β_T 与延性系数 μ 的基本关系形式。

从图 6.13 可以看出，β_T 与 μ 的关系大致可以分为三段，平台段、下降段和上升段。平台段即为不考虑最大周期折减，折减系数为 1，下降段和上升段均需要对最大周期进行折减。根据上述关系曲线图形特点，本书可以获得 β_T 与 μ 的基本关系形式，如式(6-7)所示。

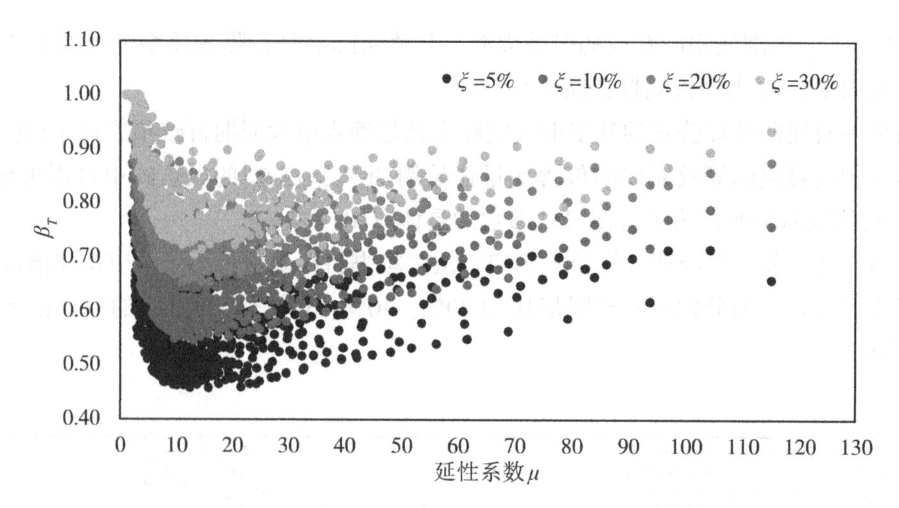

图6.13　LRB隔震体系延性系数与最大周期折减参数关系曲线图

$$T_{eq}=\begin{cases}T_0\sqrt{\dfrac{\mu}{1+(\mu-1)\alpha}} & \mu\leqslant 2\\ T_0\dfrac{1.0}{1.0+A\cdot\ln[B\cdot(\mu-1)+1]}\sqrt{\dfrac{\mu}{1+(\mu-1)\alpha}} & 2<\mu\leqslant 18\\ T_0\dfrac{\mu^C}{\mu^C+A\cdot\ln[B\cdot(18-1)+1]\cdot 18^C}\sqrt{\dfrac{\mu}{1+(\mu-1)\alpha}} & \mu>18\end{cases}\tag{6-7}$$

式(6-7)中A、B、C为等效周期计算参数，当A、B、C取不同的数值时，其可以得到不同的等效周期计算公式。该表达式可以保证在各个分界点上连续，同时也满足等效周期的基本特征，即当延性系数为1时，等效周期为初始周期；当延性系数趋于无穷大时，等效周期趋于定值，该值为$T_0\sqrt{1/\alpha}$，即相当于等效刚度为屈服后刚度，其函数图形大致如图6.14所示。

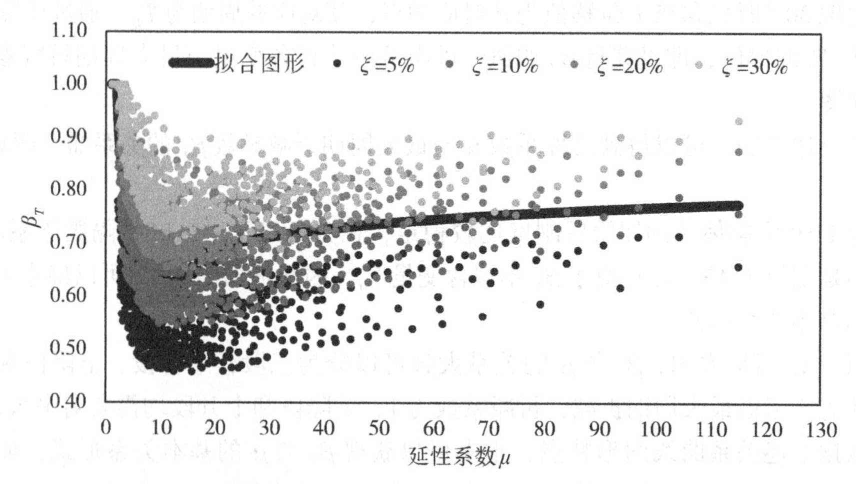

图6.14　LRB隔震体系延性系数与最大周期折减参数关系拟合曲线图

图 6.14 黑色拟合曲线为 $A=0.116$、$B=3.900$、$C=0.246$ 时对应的拟合图形，当参数取值不同时，上述图形会有变化，但是也仅仅是数值上的变化，大致图形仍然相近。

以上分析均为不含变量屈服后刚度比影响时的表达式，当分析中包含有屈服后刚度的影响时，其关系曲线有较大变化，其每个点对应的屈服后刚度比均不相同，如图 6.15 和图 6.16 所示。

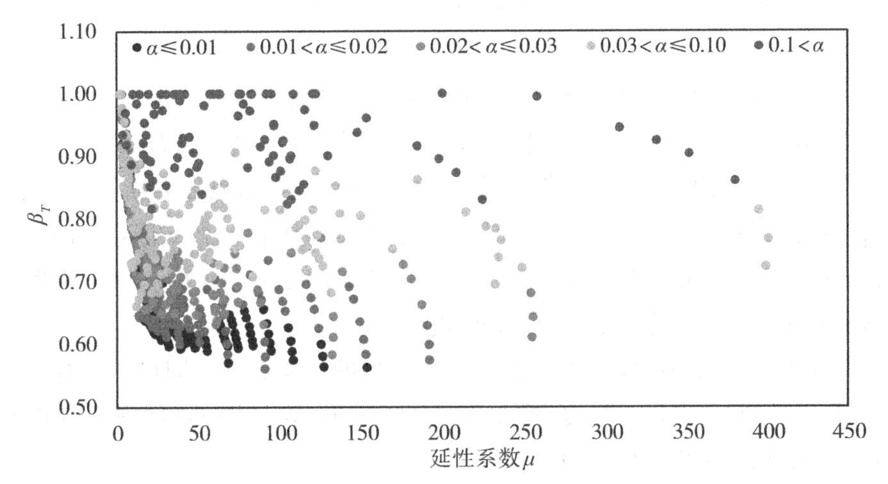

图 6.15 FPS 隔震体系延性系数与最大周期折减参数关系曲线图($\xi=30\%$)

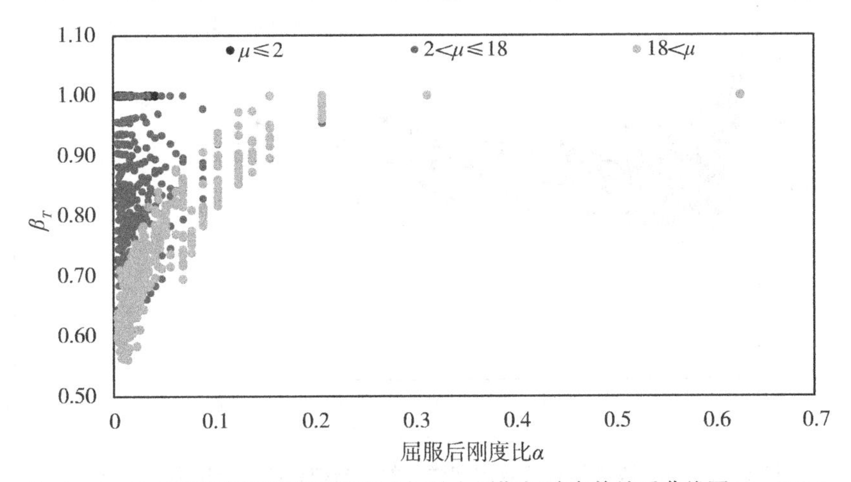

图 6.16 FPS 隔震体系屈服后刚度比与最大周期折减参数关系曲线图($\xi=30\%$)

由于在 FPS 隔震体系中，屈服后刚度比和延性系数同时在变化，所以根据不同屈服后刚度比和延性系数计算出来的 β_T 很难看出其与变量之间的关系，不过结合前述等效周期基本形式(6-7)，并加以试算，得到如下关系形式能够较好地表现出等效周期与屈服后刚度比和延性系数的关系，如式(6-8)所示。

$$T_{eq}=\begin{cases}T_0\sqrt{\dfrac{\mu}{1+(\mu-1)\alpha}} & \mu\leqslant 2\\ T_0\dfrac{1.0}{1+P_{T1}\cdot(1-\alpha)^{P_{T2}}\ln[P_{T3}\cdot(\mu-2)+1]}\sqrt{\dfrac{\mu}{1+(\mu-1)\alpha}} & 2<\mu\leqslant 18\\ T_0\dfrac{\mu^{P_{T4}\alpha+P_{T5}}}{\mu^{P_{T4}\alpha+P_{T5}}+P_{T1}\cdot(1-\alpha)^{P_{T2}}\cdot\ln[P_{T3}\cdot(18-2)+1]\cdot 18^{P_{T4}\alpha+P_{T5}}}\sqrt{\dfrac{\mu}{1+(\mu-1)\alpha}} & \mu>18\end{cases} \tag{6-8}$$

上式中 P_{T1}、P_{T2}、P_{T3}、P_{T4}、P_{T5} 为等效周期计算参数，该表达式实际上是将式(6-7)中的参数 A、B、C 通过含有屈服后刚度比 α 的计算式替代所得，式(6-8)可以保证在各个分界点上连续，同时也满足等效周期的基本特征，即当延性系数为1时，等效周期为初始周期；当延性系数趋于无穷大时，等效周期趋于定值，该值为 $T_0\sqrt{1/\alpha}$，即相当于等效刚度为屈服后刚度；除此之外，该式还满足当屈服后刚度比为1时，等效周期为初始周期，即体系不存在屈服，等效刚度为初始刚度。

按照式(6-8)，并给出 P_{T1}、P_{T2}、P_{T3}、P_{T4}、P_{T5} 的具体数值，即可得到等效周期与延性系数 μ 及屈服后刚度比 α 之间的关系，如图6.17和图6.18所示(图中 $P_{T1}=0.13$、$P_{T2}=4.0$、$P_{T3}=4.0$、$P_{T4}=4.0$、$P_{T5}=-0.15$)：

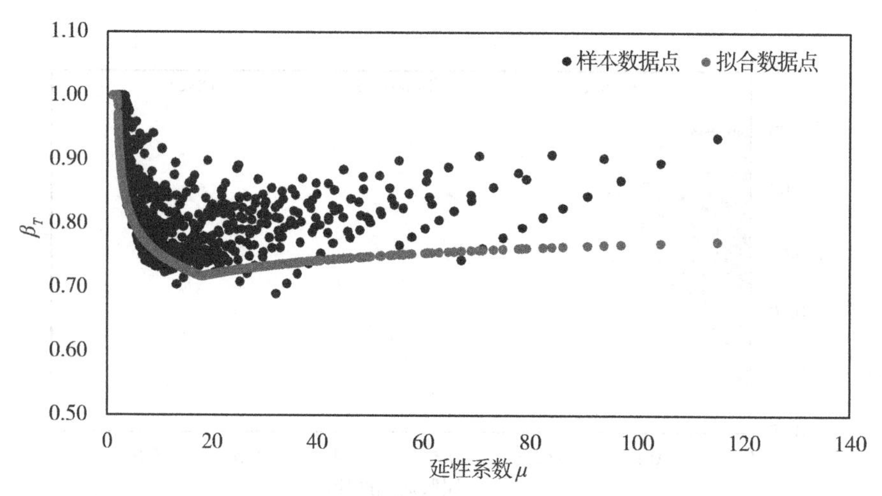

图6.17　LRB隔震体系等效周期样本数据与拟合数据对比图($\xi=30\%$)

从图6.17、图6.18中可以确定本节的等效周期计算公式的基本形式具有一定的合理性，通过选择适当的等效周期计算参数 P_{T1}、P_{T2}、P_{T3}、P_{T4}、P_{T5} 可以取得较好的拟合效果。

6.3.4　等效阻尼比 ξ_{eq} 计算公式基本形式确定

等效阻尼比的确定是建立在等效周期计算公式之上，根据6.2.3节中的等效阻尼比确

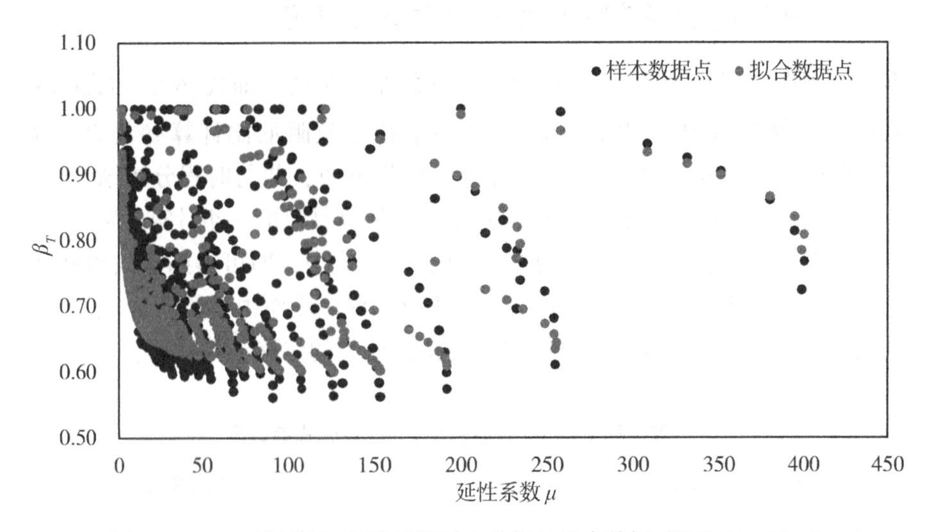

图 6.18 FPS 隔震体系等效周期样本数据与拟合数据对比图($\xi=30\%$)

定方法可知，可以先给定等效周期计算参数 P_{T1}、P_{T2}、P_{T3}、P_{T4}、P_{T5}的一组具体数据，即可得到等效周期的具体计算表达式，根据该表达式，可以计算能使各个模型获得较高位移估算精度的阻尼比，根据该阻尼比与延性系数、屈服后刚度比的关系来确定等效阻尼比计算公式的基本形式。

其拟合过程与 6.3.4 节相似，本书不再赘述，将直接给出等效阻尼比 ξ_{eq} 计算公式基本形式，如式(6-9)所示：

$$\xi_{eq}=\begin{cases}\left(P_{\xi1}-\dfrac{P_{\xi2}\times 2}{P_{\xi3}+\ln(2-1)}\right)\cdot(\mu-1)\sqrt{\dfrac{T_{eq}}{T_0}-1}+\xi_0 & \mu\leqslant 2\\ \left(P_{\xi1}-\dfrac{P_{\xi2}\mu}{P_{\xi3}+\ln(\mu-1)}\right)\sqrt{\dfrac{T_{eq}}{T_0}-1}+\xi_0 & 2<\mu\leqslant 18\\ \left(P_{\xi1}-\dfrac{P_{\xi2}\times 18}{P_{\xi3}+\ln(18-1)}\right)\dfrac{18^{P_{\xi5}}+P_{\xi4}}{18^2}\dfrac{\mu^2}{\mu^{P_{\xi5}}+P_{\xi4}}\sqrt{\dfrac{T_{eq}}{T_0}-1}+\xi_0 & \mu>18\end{cases} \tag{6-9}$$

上式中 ξ_0为结构初始阻尼比，$P_{\xi1}$、$P_{\xi2}$、$P_{\xi3}$、$P_{\xi4}$、$P_{\xi5}$为等效阻尼比计算参数，该表达式中尽管含有初始周期 T_0，但是其形式为 T_{eq}/T_0，而根据等效周期计算公式可知 T_{eq}/T_0 可由延性系数μ 和屈服后刚度比 α 表示，因此，等效阻尼比的计算公式中实质上仅含有延性系数μ 和屈服后刚度比 α。式(6-9)可以保证在各个分界点上连续，同时也满足等效阻尼比的基本特征，即当延性系数为 1 时，等效阻尼比为初始阻尼比 ξ_0，没有附加阻尼比；当延性系数趋于无穷大时，等效阻尼比仍为初始阻尼比 ξ_0，没有附加阻尼比；当屈服后刚度比为 1 时，等效阻尼比仍为初始阻尼比 ξ_0，即体系不存在屈服，没有附加阻尼比。

6.3.5　等效周期 T_{eq} 和等效阻尼比 ξ_{eq} 计算参数确定

根据等效周期 T_{eq} 和等效阻尼比 ξ_{eq} 计算公式的基本形式，即式(6-8)和式(6-9)，通过穷举等效周期计算参数 P_{T1}、P_{T2}、P_{T3}、P_{T4}、P_{T5} 和等效阻尼比计算参数 $P_{\xi1}$、$P_{\xi2}$、$P_{\xi3}$、$P_{\xi4}$、$P_{\xi5}$，代入式(6-8)和式(6-9)中进行等效线性化分析，并与时程分析结果比较，可以得到使更多工况下更多模型能够获得较高精度位移估算结果的一组计算参数，将该组参数代入等效周期 T_{eq} 和等效阻尼比 ξ_{eq} 计算公式的基本形式中，即可得到等效周期 T_{eq} 和等效阻尼比 ξ_{eq} 计算公式。该过程主要通过编制 MATLAB 程序进而由计算机完成，经计算分析后，得到表 6.1 中的参数，可以使更多的模型获得较高的位移估算精度。

表 6.1　　**等效周期 T_{eq} 和等效阻尼比 ξ_{eq} 计算公式参数表**

LRB 隔震体系				FPS 隔震体系			
等效周期 T_{eq}		等效阻尼比 ξ_{eq}		等效周期 T_{eq}		等效阻尼比 ξ_{eq}	
参数	数值	参数	数值	参数	数值	参数	数值
P_{T1}	0.19	$P_{\xi1}$	0.32	P_{T1}	0.19	$P_{\xi1}$	0.16
P_{T2}	4.67	$P_{\xi2}$	0.03	P_{T2}	4.67	$P_{\xi2}$	0.03
P_{T3}	3.90	$P_{\xi3}$	0.90	P_{T3}	3.90	$P_{\xi3}$	100
P_{T4}	4.06	$P_{\xi4}$	1.00	P_{T4}	4.06	$P_{\xi4}$	40.0
P_{T5}	-0.16	$P_{\xi5}$	2.10	P_{T5}	-0.16	$P_{\xi5}$	2.10

从表 6.1 中可以看出，两种隔震体系的等效周期计算公式相同，等效阻尼比计算公式不同。将表 6.1 中的数据代入式(6-8)和式(6-9)中，并化简，可得 LRB 隔震结构和 FPS 隔震结构等效周期和等效阻尼比具体表达式，并且根据周期和刚度之间的关系，即可以根据式(4-3)得到等效刚度计算公式，即式(6-10)~式(6-15)。

LRB 隔震体系：

(1)等效周期

$$T_{eq}=\begin{cases} T_0\sqrt{\dfrac{\mu}{1+(\mu-1)\alpha}} & \mu\leqslant 2 \\ T_0\dfrac{1.0}{1+0.19\cdot(1-\alpha)^{4.67}\ln(\mu-1)}\sqrt{\dfrac{\mu}{1+(\mu-1)\alpha}} & 2<\mu\leqslant 18 \\ T_0\dfrac{\mu^{4.06\alpha-0.16}}{\mu^{4.06\alpha-0.16}+0.54\cdot(1-\alpha)^{4.67}\cdot 18^{4.06\alpha-0.16}}\sqrt{\dfrac{\mu}{1+(\mu-1)\alpha}} & \mu>18 \end{cases} \tag{6-10}$$

(2)等效刚度

$$k_{eq}=\begin{cases}k_0\dfrac{1+(\mu-1)\alpha}{\mu} & \mu\leqslant 2\\ k_0\left[1+0.19\cdot(1-\alpha)^{4.67}\ln(\mu-1)\right]^2\dfrac{1+(\mu-1)\alpha}{\mu} & 2<\mu\leqslant 18\\ k_0\left[\dfrac{\mu^{4.06\alpha-0.16}+0.54\cdot(1-\alpha)^{4.67}\cdot 18^{4.06\alpha-0.16}}{\mu^{4.06\alpha-0.16}}\right]^2\dfrac{1+(\mu-1)\alpha}{\mu} & \mu>18\end{cases}\tag{6-11}$$

(3)等效阻尼比

$$\xi_{eq}=\begin{cases}0.25\cdot(\mu-1)\sqrt{\dfrac{T_{eq}}{T_0}-1}+\xi_0 & \mu\leqslant 2\\ \left(0.32-\dfrac{0.03\mu}{0.90+\ln(\mu-1)}\right)\sqrt{\dfrac{T_{eq}}{T_0}-1}+\xi_0 & 2<\mu\leqslant 18\\ \dfrac{0.23\cdot\mu^2}{\mu^{2.10}+1.0}\sqrt{\dfrac{T_{eq}}{T_0}-1}+\xi_0 & \mu>18\end{cases}\tag{6-12}$$

FPS 隔震体系:

(1)等效周期

$$T_{eq}=\begin{cases}T_0\sqrt{\dfrac{\mu}{1+(\mu-1)\alpha}} & \mu\leqslant 2\\ T_0\dfrac{1.0}{1+0.19\cdot(1-\alpha)^{4.67}\ln(\mu-1)}\sqrt{\dfrac{\mu}{1+(\mu-1)\alpha}} & 2<\mu\leqslant 18\\ T_0\dfrac{\mu^{4.06\alpha-0.16}}{\mu^{4.06\alpha-0.16}+0.54\cdot(1-\alpha)^{4.67}\cdot 18^{4.06\alpha-0.16}}\sqrt{\dfrac{\mu}{1+(\mu-1)\alpha}} & \mu>18\end{cases}\tag{6-13}$$

(2)等效刚度

$$k_{eq}=\begin{cases}k_0\dfrac{1+(\mu-1)\alpha}{\mu} & \mu\leqslant 2\\ k_0\left[1+0.19\cdot(1-\alpha)^{4.67}\ln(\mu-1)\right]^2\dfrac{1+(\mu-1)\alpha}{\mu} & 2<\mu\leqslant 18\\ k_0\left[\dfrac{\mu^{4.06\alpha-0.16}+0.54\cdot(1-\alpha)^{4.67}\cdot 18^{4.06\alpha-0.16}}{\mu^{4.06\alpha-0.16}}\right]^2\dfrac{1+(\mu-1)\alpha}{\mu} & \mu>18\end{cases}\tag{6-14}$$

(3)等效阻尼比

$$\xi_{eq}=\begin{cases}0.16\cdot(\mu-1)\sqrt{\dfrac{T_{eq}}{T_0}-1}+\xi_0 & \mu\leqslant 2\\ \left(0.16-\dfrac{0.03\mu}{100+\ln(\mu-1)}\right)\sqrt{\dfrac{T_{eq}}{T_0}-1}+\xi_0 & 2<\mu\leqslant 18\\ \dfrac{0.23\cdot\mu^2}{\mu^{2.10}+40.0}\sqrt{\dfrac{T_{eq}}{T_0}-1}+\xi_0 & \mu>18\end{cases}\tag{6-15}$$

上式中 T_{eq} 为等效周期，T_0 为结构初始周期，k_{eq} 为等效刚度，k_0 为结构初始刚度，ξ_{eq} 为等效阻尼比，μ 为延性系数，α 为屈服后刚度比，ξ_0 为结构初始阻尼比。

根据上述公式，可得到延性系数与等效周期和等效阻尼比的关系曲线图，以及与已有研究成果的对比，如图 6.19 和图 6.20 所示(图中屈服后刚度比取 1/13)。

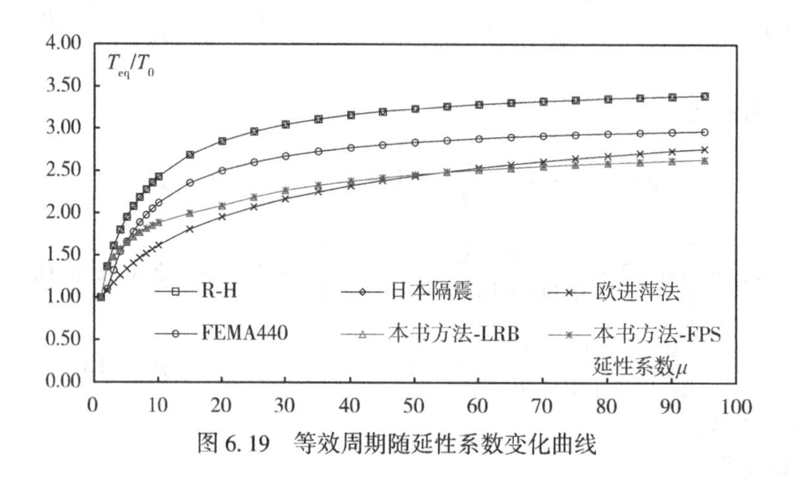

图 6.19　等效周期随延性系数变化曲线

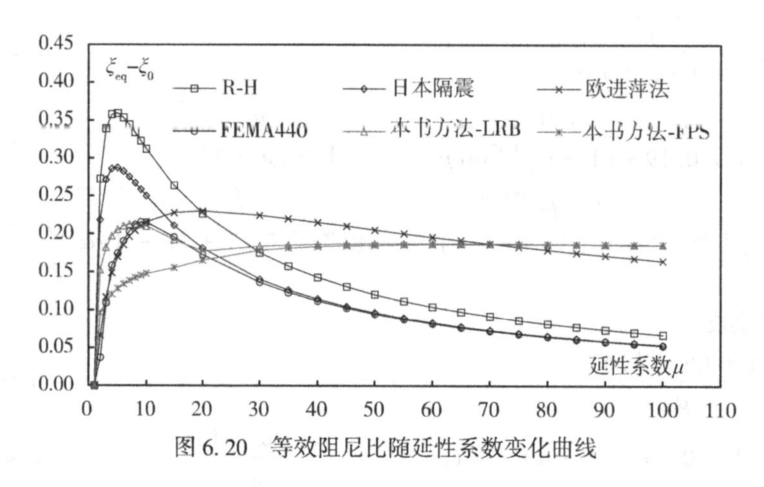

图 6.20　等效阻尼比随延性系数变化曲线

从图 6.19 和图 6.20 中可以看出，本书等效周期和等效阻尼比计算结果与欧进萍方法接近，但是有差别，在延性系数小于 50 时，本书提出的等效周期计算方法的计算结果要大于欧进萍方法计算结果，在延性系数大于 50 时，计算结果小于欧进萍方法计算结果；等效阻尼比计算结果与欧进萍方法计算结果也较接近，但是也有差别。

6.4　等效参数拟合公式精度分析

6.4.1　精度系数 β_e 计算结果

按照本书提出的等效参数计算方法对上节中的 LRB 隔震体系和 PFS 隔震体系各 100

个模型在 9 个工况下进行等效线性化分析，并计算精度系数 β_e，计算结果如图 6.21～图 6.24 所示。

(1) LRB 隔震体系计算精度系数 β_e 分布

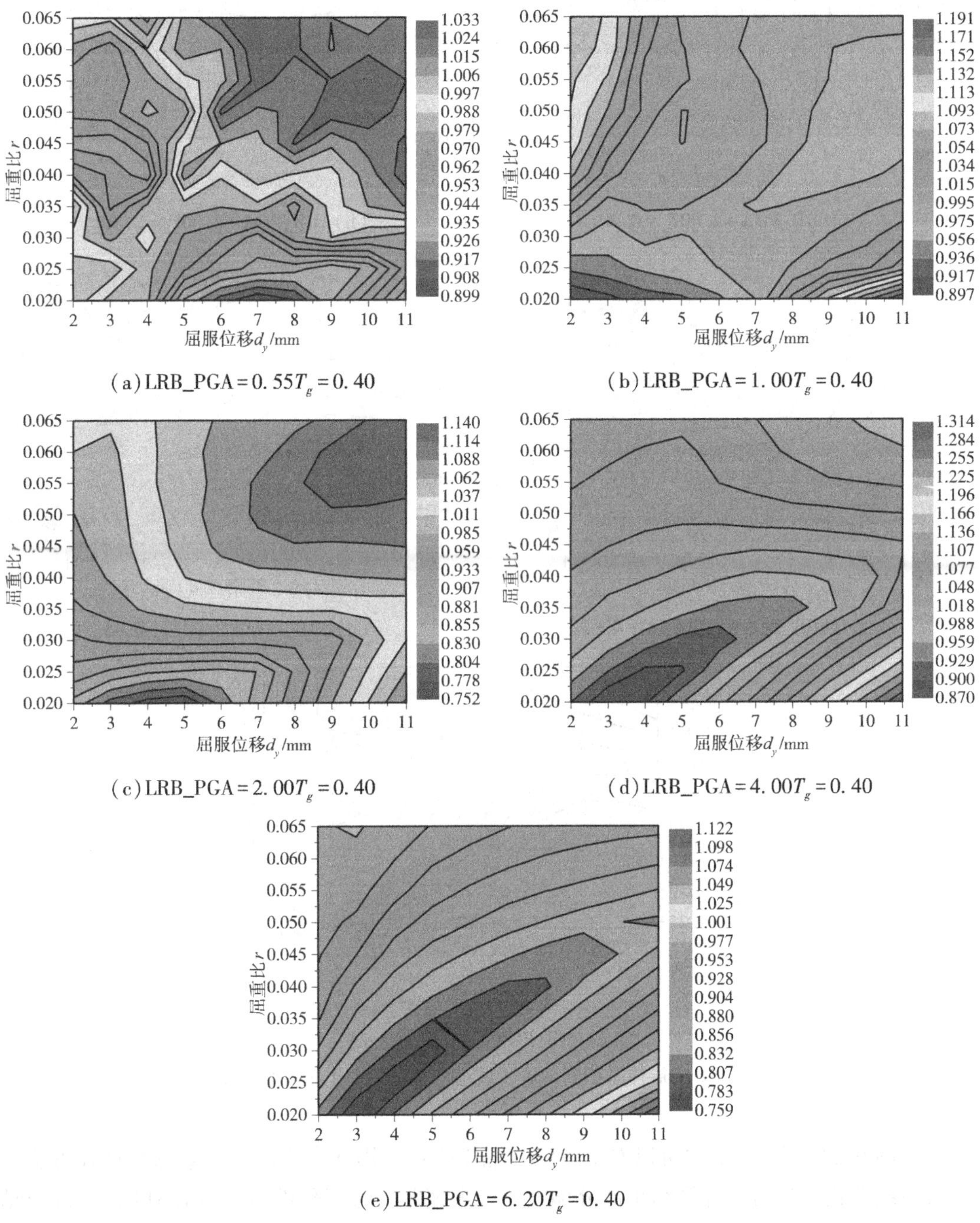

(a) LRB_PGA = 0.55T_g = 0.40

(b) LRB_PGA = 1.00T_g = 0.40

(c) LRB_PGA = 2.00T_g = 0.40

(d) LRB_PGA = 4.00T_g = 0.40

(e) LRB_PGA = 6.20T_g = 0.40

图 6.21 LRB 隔震体系相同特征周期不同地震强度下精度系数 β_e 分布图

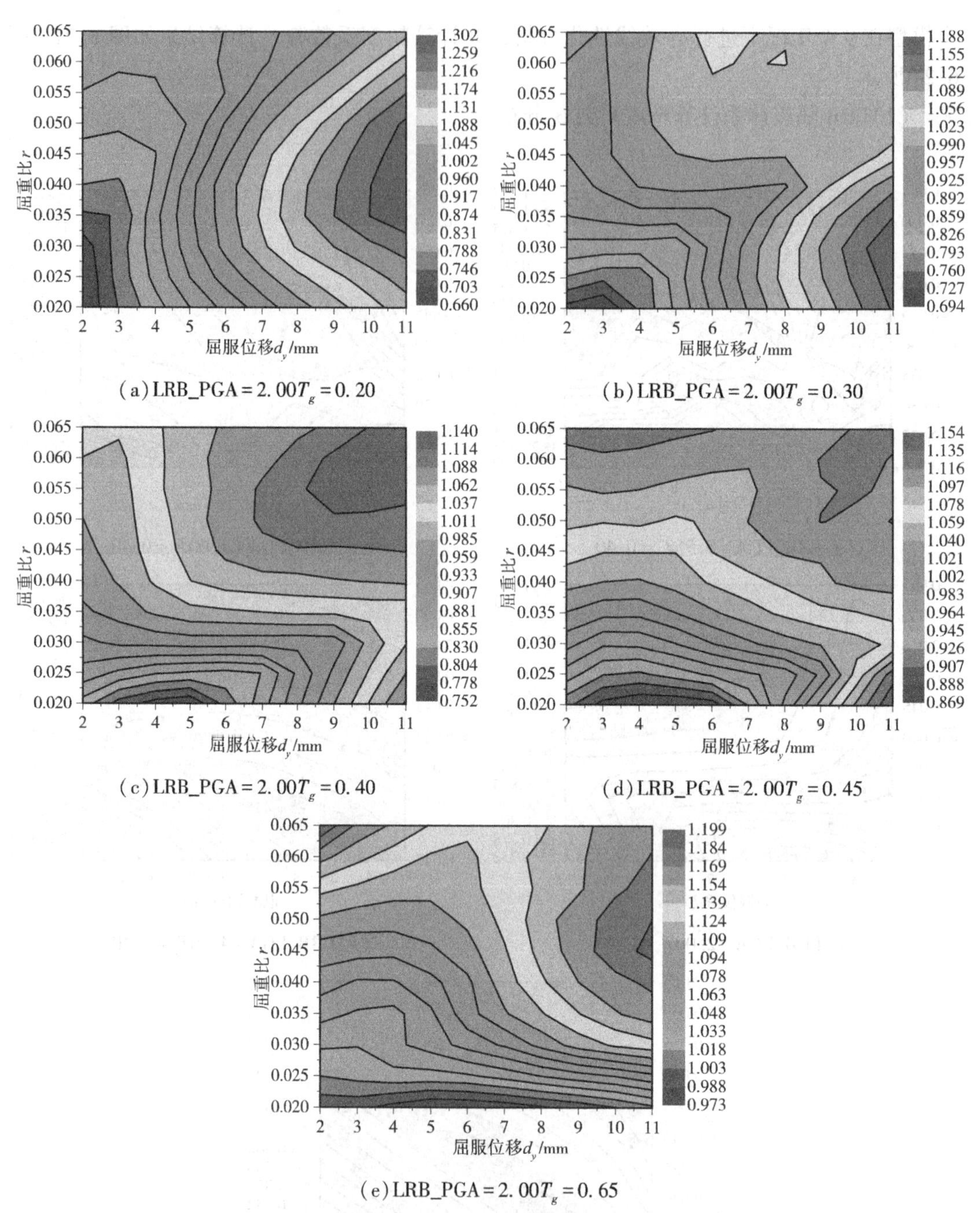

(a) LRB_PGA = 2.00T_g = 0.20

(b) LRB_PGA = 2.00T_g = 0.30

(c) LRB_PGA = 2.00T_g = 0.40

(d) LRB_PGA = 2.00T_g = 0.45

(e) LRB_PGA = 2.00T_g = 0.65

图6.22　LRB隔震体系相同地震强度不同特征周期下精度系数β_e分布图

从图6.21、图6.22中可以看出，LRB隔震体系采用本书提出的等效参数计算方法进行等效线性化分析时，计算结果部分偏大，最大偏差为时程分析结果的1.314倍，部分结果偏小，最小偏差为时程分析结果的0.660倍，但是大部分精度系数β_e在0.80~1.20之间。

(2)FPS 隔震体系计算精度系数β_e分布

从图 6.23、图 6.24 中可以看出，FPS 隔震体系采用本书提出的等效参数计算方法进行等效线性化分析时，计算结果部分偏大，最大偏差为时程分析结果的 1.384 倍，部分结果偏小，最小偏差为时程分析结果的 0.678 倍，但是大部分精度系数β_e在 0.80～1.20 之间。

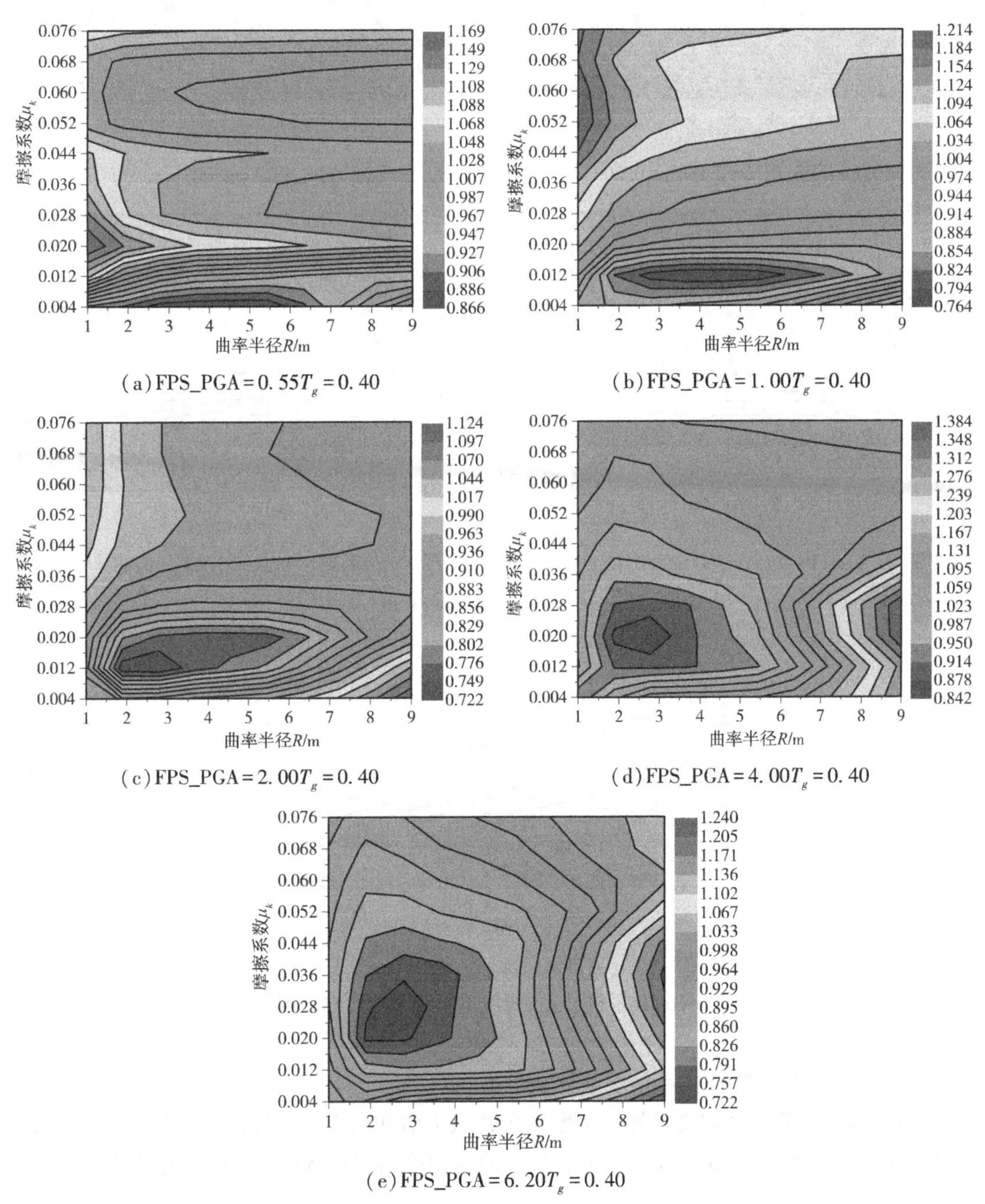

图 6.23 FPS 隔震体系相同特征周期不同地震强度下精度系数β_e分布图

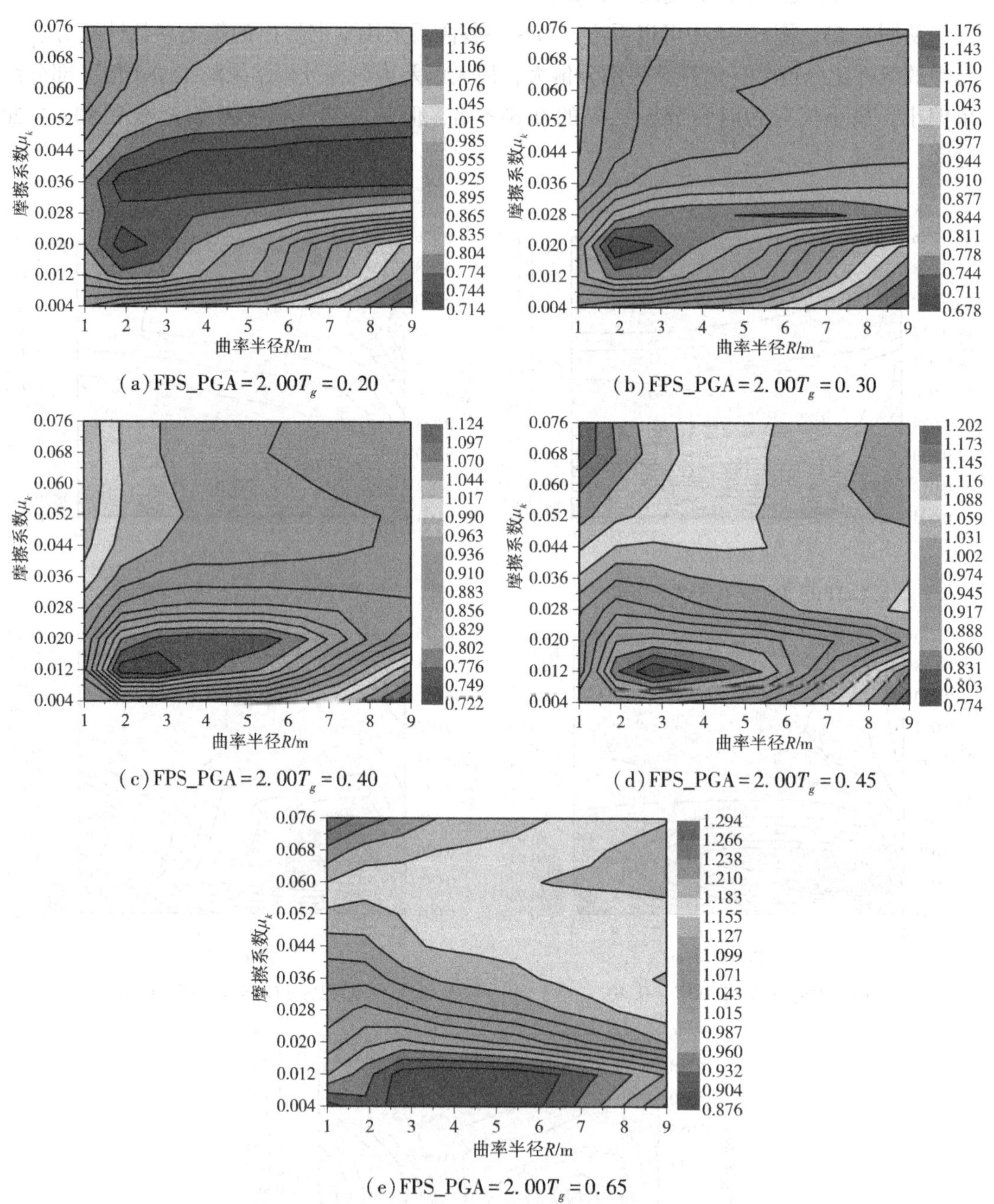

(a) FPS_PGA = 2. 00T_g = 0. 20

(b) FPS_PGA = 2. 00T_g = 0. 30

(c) FPS_PGA = 2. 00T_g = 0. 40

(d) FPS_PGA = 2. 00T_g = 0. 45

(e) FPS_PGA = 2. 00T_g = 0. 65

图 6. 24　FPS 隔震体系相同地震强度不同特征周期下精度系数 β_e 分布图

(3) LRB 和 FPS 隔震体系精度系数 β_e 最值

根据精度系数 β_e 的定义可知，精度系数 β_e 最大值和最小值越接近 1，其计算结果精度越高，图 6. 25 和图 6. 26 为 β_e 最大值和最小值随地震强度和特征周期的变化曲线：

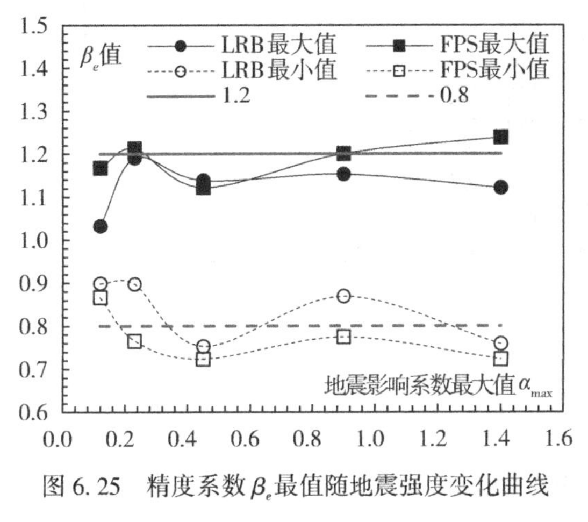

图 6.25　精度系数 β_e 最值随地震强度变化曲线

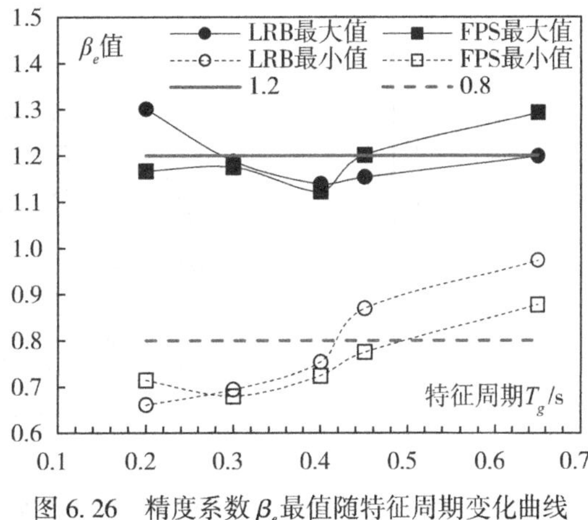

图 6.26　精度系数 β_e 最值随特征周期变化曲线

从图 6.25、图 6.26 中可以看出，LRB 隔震体系在应用本书提出的等效参数进行等效线性化分析时，其计算结果精度较 FPS 隔震体系计算结果精度高；随地震动强度变化，LRB 和 FPS 隔震体系的最值变化较小，随特征周期变化，LRB 和 FPS 隔震体系的最值变化较大；在特征周期较小工况下的位移估算精度低于特征周期较大工况下的位移估算结果，这主要是因为特征周期越短，规范反应谱直线下降段的周期区域越大，如 T_g 为 0.20s 时，直线下降段周期范围则为[1.0，6.0]，T_g 为 0.65 时，直线下降段周期范围则为[3.25，6.0]。由于我国规范中阻尼调整系数对反应谱在直线下降段进行调整时存在一定问题，甚至会出现反常情况，即出现阻尼比大时，地震影响系数大，这与实际情况有较大差别。因此，直线下降段范围越大，利用规范反应谱进行等效线性化分析的结果与时程分析的结果差别会越大，不过本书通过等效参数计算方法将该误差控制在一定范围内。

6.4.2　精度系数 β 统计分析

为了进一步了解按照本书提出的等效参数计算方法对隔震结构进行等效线性化分析方法的计算精度，本节将上述 LRB 隔震模型和 PFS 隔震模型各 900 个精度系数 β_e 数据进行统计分析，统计出在精度系数 β_e 处于各区间的个数。如图 6.27~图 6.30 所示。

从精度系数 β_e 在各区间的分布图中可以看出，两种隔震体系的精度系数 β_e 在 0.90~1.10 的数量均超过 50%，两种隔震体系的精度系数 β_e 在 0.80~1.20 的数量均超过 90%，两种隔震体系的精度系数 β_e 在 0.75~1.25 的数量均超过 95%。从这些数据可以看出，尽管精度系数 β_e 的最大值达到 1.384，最小值达到 0.660，但是大部分的精度系数 β_e 在 0.80~1.20 之间，0.80~1.20 的误差范围在工程中是可以接受的，如《抗规》中时程分析结果与反应谱分析结果的偏差也是控制在 0.80~1.20 以内。

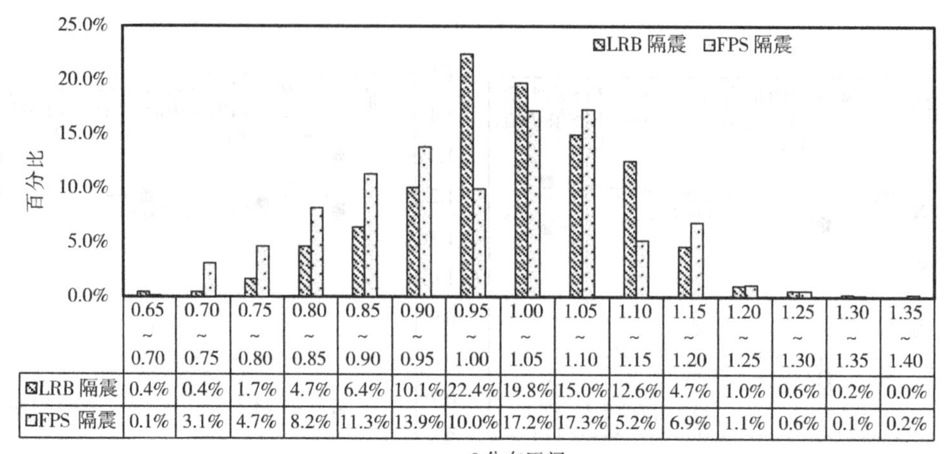

	0.65~0.70	0.70~0.75	0.75~0.80	0.80~0.85	0.85~0.90	0.90~0.95	0.95~1.00	1.00~1.05	1.05~1.10	1.10~1.15	1.15~1.20	1.20~1.25	1.25~1.30	1.30~1.35	1.35~1.40
LRB 隔震	0.4%	0.4%	1.7%	4.7%	6.4%	10.1%	22.4%	19.8%	15.0%	12.6%	4.7%	1.0%	0.6%	0.2%	0.0%
FPS 隔震	0.1%	3.1%	4.7%	8.2%	11.3%	13.9%	10.0%	17.2%	17.3%	5.2%	6.9%	1.1%	0.6%	0.1%	0.2%

图 6.27　精度系数β_e分布区间所占比例图

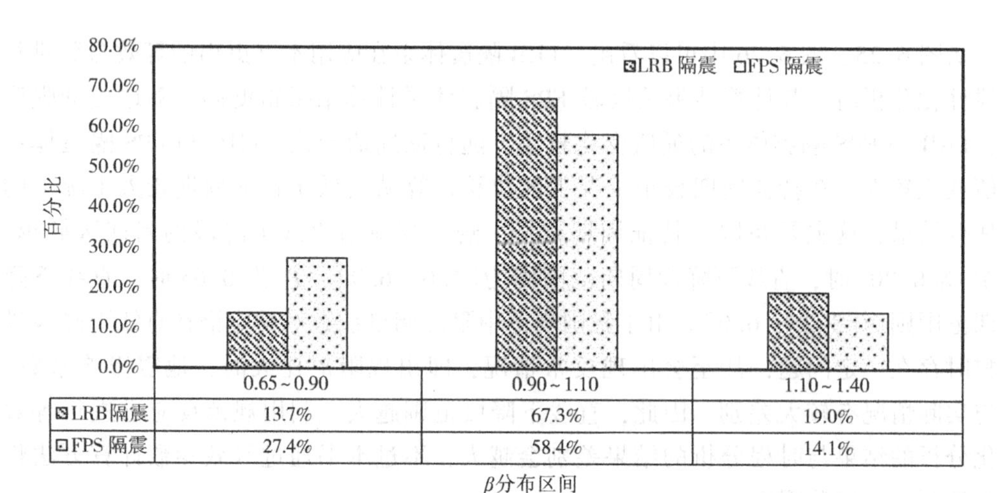

	0.65~0.90	0.90~1.10	1.10~1.40
LRB隔震	13.7%	67.3%	19.0%
FPS 隔震	27.4%	58.4%	14.1%

图 6.28　精度系数β_e分布区间所占比例图(0.90~1.10)

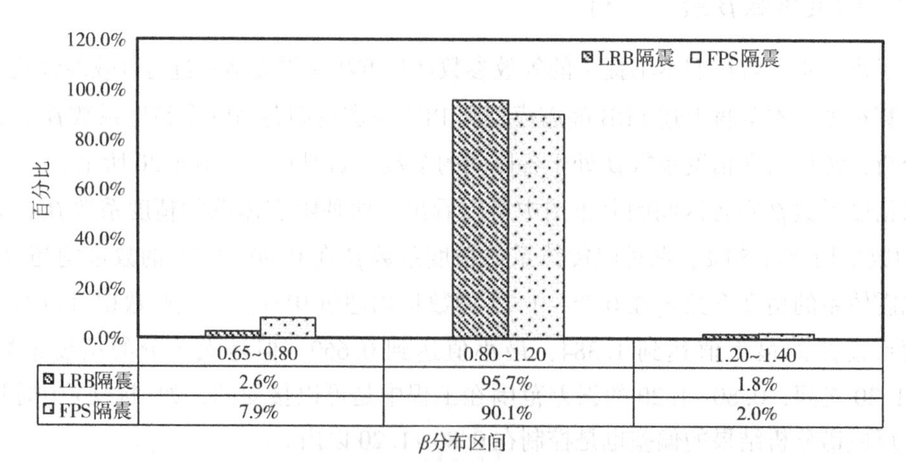

	0.65~0.80	0.80~1.20	1.20~1.40
LRB隔震	2.6%	95.7%	1.8%
FPS隔震	7.9%	90.1%	2.0%

图 6.29　精度系数β_e分布区间所占比例图(0.80~1.20)

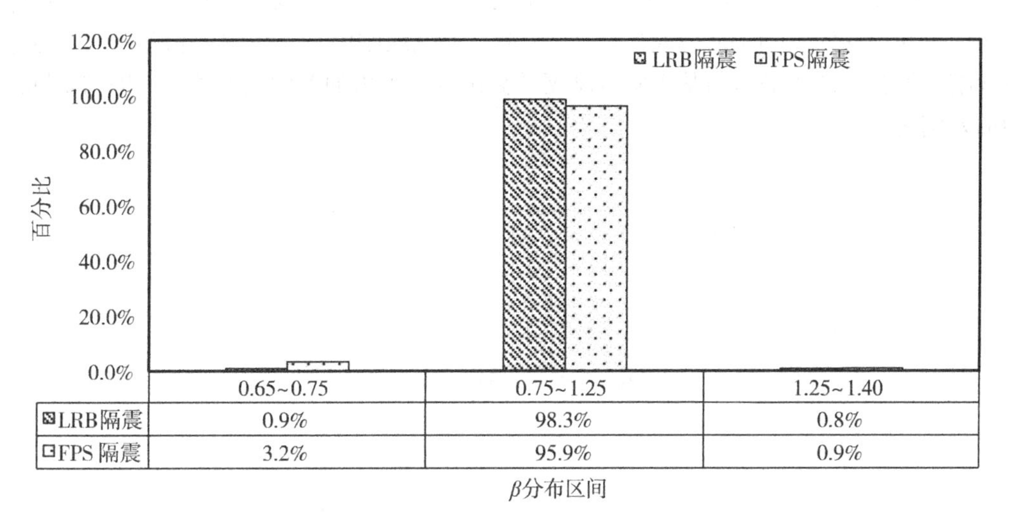

	0.65~0.75	0.75~1.25	1.25~1.40
LRB隔震	0.9%	98.3%	0.8%
FPS隔震	3.2%	95.9%	0.9%

图 6.30 精度系数 β_e 分布区间所占比例图(0.75~1.25)

从上述分析可以看出，采用本书提出的等效参数对隔震结构进行等效线性化分析具有较好的位移估算精度。

6.5 内力调整探讨

尽管采用本书提出的等效参数对隔震体系进行等效线性化分析具有较好的位移估算精度。但是采用非割线刚度方法进行等效线性化分析时也存在一定的问题，如图 6.31 所示。

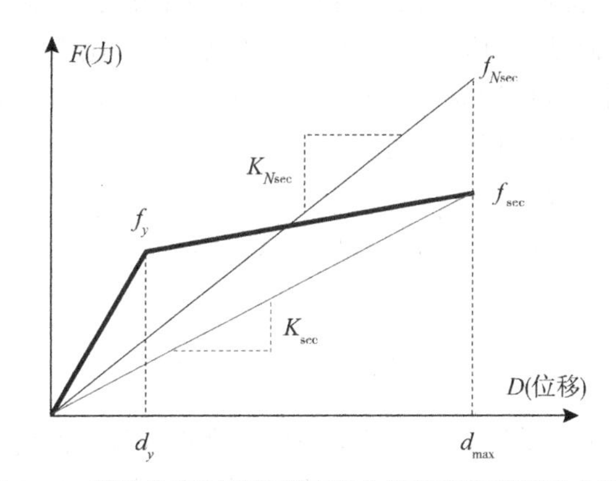

图 6.31 精确位移下割线刚度和非割线刚度计算出力对比

图 6.31 为典型单自由度隔震模型水平力与位移关系曲线，f_{Nsec} 为采用非割线刚度法计算时对应的水平力，f_{sec} 为采用割线刚度法计算时对应的水平力，d_y 为屈服位移，f_y 为屈服力，d_{max} 为某工况下的最大位移，K_{sec} 为最大位移对应的割线刚度，K_{Nsec} 为最大位移对应的非割线刚度。如果假定 d_{max} 为精确值，那么采用非割线刚度 K_{Nsec} 计算出的水平力 f_{Nsec} 要大

于割线刚度K_{sec}计算出的水平力f_{sec}，而在静力计算时，割线刚度K_{sec}计算出的水平力f_{sec}为隔震体系在位移为d_{max}时的实际水平力，因此，非割线刚度与割线刚度相差越大，基于非割线刚度计算出的水平力与基于割线刚度计算出的水平力的差别也就越大，即与实际水平力的差别越大。

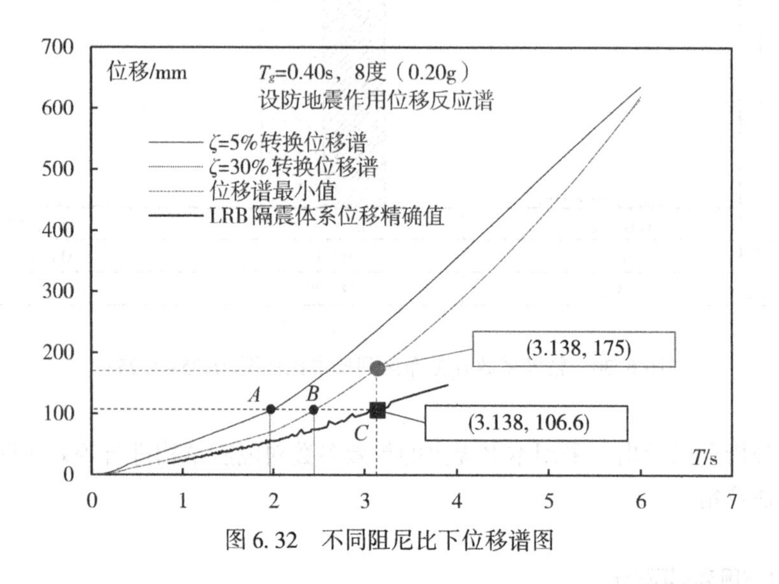

图 6.32　不同阻尼比下位移谱图

例如6.2.2节位移谱限值图中所示，C点位移为106.6mm时，采用割线刚度计算对应的周期为3.138s，由于该周期对应的位移谱最小值远大于106.6mm，因此需要采用非割线刚度进行计算，使对应周期处于A和B点之间，使得谱位移值能够降至106.6mm，实际上A、B之间所有(包括A点和B点)的周期对应的刚度，均能达到此目的，只是不同周期对应的阻尼比不同而已。如果将位移调整至B点(阻尼比为30%上的点)周期对应的刚度作为等效刚度，则等效周期为2.446s，相对于割线刚度对应的周期3.138s，周期折减了0.78，根据周期与刚度之间关系可知，

$$\frac{K_{Nsec\_B}}{K_{sec}}=\left(\frac{T_{sec}}{T_{Nsec\_B}}\right)^2=\left(\frac{1}{0.78}\right)^2=1.64$$

则

$$\frac{f_{Nsec\_B}}{f_{sec}}=\frac{K_{Nsec\_B}}{K_{sec}}=1.64$$

即在6.2.2节工况下，采用B点周期对应的刚度作为等效刚度进行等效线性化分析，尽管可以计算得到精确位移，但是同时计算的出力要比实际出力大1.64倍。

不过，本书认为在隔震设计中内力不进行修正也可行，FEMA440中同样也是采用非割线刚度法进行等效线性化分析，其在迭代过程中，也是认可内力不进行修正的迭代过程。本书认为在动力分析中计算的内力要比静力分析计算的内力大，尤其在阻尼较高的结构中，如图6.33所示。

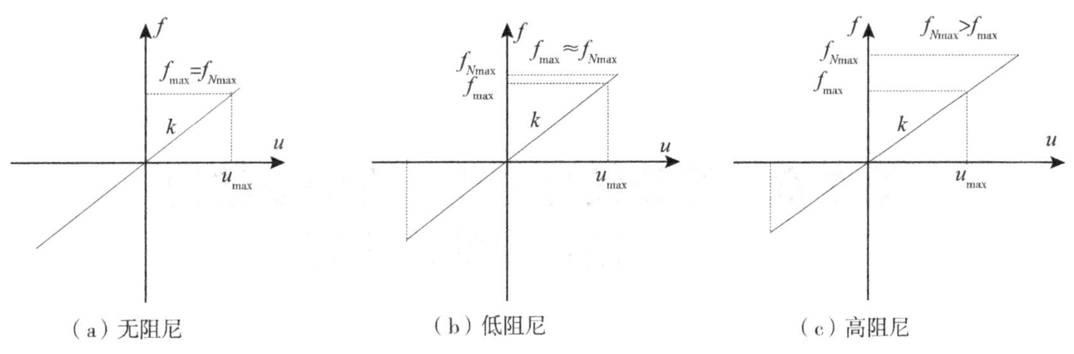

（a）无阻尼　　（b）低阻尼　　（c）高阻尼

图 6.33　不同阻尼下最大位移对应的静力分析内力与动力分析内力

图 6.33 中 u_{max} 为某工况下的最大位移，f_{max} 为最大位移按照静刚度计算的内力，f_{Nmax} 为动力分析的内力，k 为结构体系的刚度。

从图中可以看出，在无阻尼体系中，力和位移在同一位置出现最大值，根据位移计算的内力与实际内力相等；在低阻尼体系中，最大内力位置与最大位移位置有所差别，但是接近，其根据位移计算的内力与实际内力也相近；在高阻尼体系中，最大内力位置与最大位移位置差别较大，根据位移计算的内力与实际内力偏差也较大，而且实际内力要比根据位移和刚度计算的内力要大。由于本书讨论的隔震结构其等效阻尼比往往都比较大，因此，本书认为在隔震结构等效线性化分析中，可以不进行内力修正，而且不修正内力是出于安全的处理。

6.6　本章小结

本章通过分析我国规范加速度反应谱和阻尼调整系数的特征，得出需要采用非割线刚度法来作为等效刚度才能够在应用等效线性化分析时取得较好的位移估算精度，因此本书提出了新的等效参数计算方法，拟合出了具体计算公式，并通过 900 个 LRB 隔震系统和 900 个 PFS 隔震系统验证了采用本书提出的等效参数计算公式配合我国规范进行等效线性化分析时，能够取得较好的位移估算精度，90%以上的隔震体系的精度系数在 0.80~1.20 之间。同时，本章还探讨了采用非割线刚度法进行等效线性化分析时，其计算内力比按照静刚度和最大位移计算的内力要大，本书认为隔震结构等效线性化分析中，可以不进行内力修正，而且不修正内力是出于安全的处理。

第7章　等效线性化方法在隔震结构设计中的应用研究

7.1　引言

本书第6章对LRB和FPS单自由度隔震体系进行了计算分析，并获得了1800组输入和输出的数据样本，根据这些数据样本拟合得到了单自由度隔震系统的等效周期和等效阻尼比的计算公式。在实际工程中，隔震结构能直接按照单自由度假定进行分析的情况较少，往往都需要按照多自由度假定进行分析。目前，多自由度等效线性化分析方法主要是等代结构法，本章将利用等代结构法对实际隔震结构进行计算分析，并将分析结果与振动台试验结果对比，验证等代结构法的有效性。

7.2　等代结构法

7.2.1　等代结构法简介

等代结构法是多自由度结构体系的等效线性化分析方法，其核心基础仍然是单自由度等效线性化中的等效刚度和等效阻尼比。其通过将结构中的非线性构件采用线性构件替代，并附加一定的阻尼，形成等效线性结构体系，近似估算原非线性体系的地震响应。

等代结构法由日本学者Shibata[97]等提出，该方法最早用于估算钢筋混凝土框架构件的承载力，并对构件进行承载力设计。Yoshida[98]在Shibata提出的等代结构法基础上，通过迭代调整构件的等效刚度和等效阻尼比，使分析结果趋于稳定，提高了等代结构的分析精度。随着基于位移的抗震设计方法的发展，等代结构法的应用也进一步推广。Kowalsky[99]等在基于位移的桥梁抗震设计中，采用等代结构法计算多跨联系桥梁的目标位移。Gunay[100][101]等按等位移准则，并忽略附加阻尼作用，仅采用等效刚度作用下的等代结构估算非线性结构的地震峰值响应。曲哲[102]通过定性和定量地讨论结构主要参数对非线性计算结果的影响后，完善了等代结构法计算流程及关键步骤，并通过算例分析，表明等代结构法能够较准确估算结构非线性地震峰值响应。罗文文[103]采用等代结构法计算结构构件滞回耗能需求及楼层加速度峰值响应，并通过与非线性时程分析结果对比验证了等代结构法的准确性。

7.2.2 隔震结构等代结构法基本流程

等代结构法将结构中的非线性构件采用线性构件替代，并附加一定的阻尼，形成等代线性结构体系，近似估算原非线性体系的地震响应。对于隔震结构而言，非线性构件主要为隔震支座，当然，当地震力较大时，上部结构也会进入非线性状态。在本书中暂不考虑上部结构的非线性，主要考虑隔震支座的非线性。因此，对于隔震结构，其等代结构如图7.1所示。

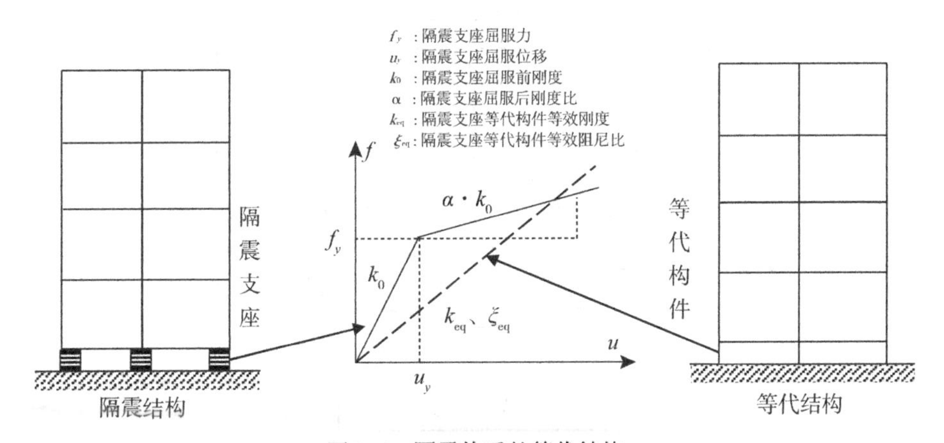

图7.1 隔震体系的等代结构

图7.1即为隔震结构体系的等代结构，即将所有具有非线性力学特性的隔震支座采用具有一定刚度和阻尼比的等效线性构件替代，形成隔震结构的等代结构。可以看出，等代结构的每个构件均为线弹性力学特性的构件，等代结构为弹性结构体系，因此，可采用振型分解反应谱法对等代结构进行分析，来估算原隔震结构的地震响应和承载力需求。不过在等代结构中，等效线性构件的刚度及阻尼比与该构件的具体变形有关，因此，在分析过程中需要通过迭代计算，使计算过程中所采用的等效刚度与通过计算结果反算得到的刚度一致。对隔震结构采用等代结构法的具体分析流程如图7.2所示。

7.2.3 隔震结构等代结构法关键问题

从隔震体系的等代结构特点可以看出，尽管等代结构为线弹性体，但是，隔震支座产生塑性变形，隔震支座的等效阻尼比较大，与上部结构构件的阻尼特性截然不同。因此，等代结构的整体阻尼特性与传统结构的阻尼特性有较大差别，其阻尼特性不再是传统的比例阻尼特性，而是典型的非比例阻尼体系。一般非比例阻尼体系不能被无阻尼振型所解耦，如果仍按照传统的比例阻尼假定应用振型分解反应谱法进行结构分析，结果会带来较大误差。因此，如何处理等代结构阻尼问题成为应用隔震结构等代结构法的关键问题。

当然，等效刚度和等效阻尼比的计算方法也是关键的问题，不过本书第6章已经通过大量的隔震模型，拟合出了计算精度较高的等效刚度和等效阻尼比的计算方法。本书在后续计算等效刚度和等效阻尼比时，将采用第 6 章中的计算公式，即式(6-10)~式(6-15)。

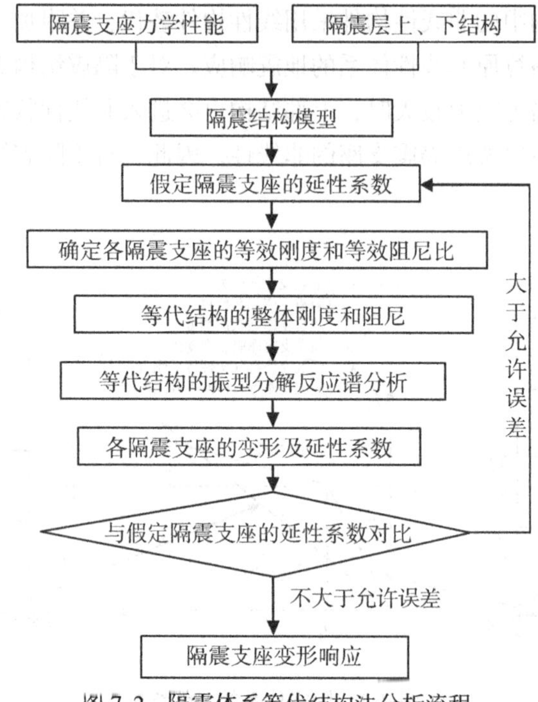

图 7.2　隔震体系等代结构法分析流程

7.3　隔震结构阻尼处理方法

由于隔震结构体系是典型的非比例阻尼体系，一般非比例阻尼体系不能被无阻尼振型解耦，如果仍按照传统的比例阻尼假定应用振型分解反应谱法进行结构分析，会带来误差。不过也有学者认为对于有些隔震结构按照比例阻尼假定进行振型分解反应谱法分析产生的误差，在工程应用中也是可以接受的。根据现有关于阻尼取值的相关规范和科研成果可知，目前处理隔震阻尼取值的方法主要有如下四种：①简化整体阻尼比法；②应变能法；③强迫解耦法；④复振型分解法。

7.3.1　简化整体阻尼比法

隔震结构中，对上部结构较刚的砖混结构或是钢筋混凝土框架结构(一般基本周期不大于 0.4s)[34,181]，隔震后的结构整体阻尼比可取隔震层的阻尼比进行计算。例如隔震层的阻尼比为 20%，则整个结构的阻尼比也取 20%[182]。按照该假定，并结合《抗规》关于隔震层等效阻尼比的计算方法，可以得到隔震结构整体阻尼比的计算公式(7-1)：

$$\xi_{eq}=\frac{\sum K_j\xi_j}{\sum K_j} \tag{7-1}$$

式中，ξ_{eq}——隔震层的等效阻尼比，此处即为结构整体阻尼比；

ξ_j——第 j 个隔震支座的等效阻尼比，可根据式(6-12)或式(6-15)计算；

K_j——第 j 个隔震支座的等效刚度，可根据式(6-11)或式(6-14)计算。

按照隔震体系等代结构法分析流程，每一个迭代步骤都需要计算隔震支座的等效刚度和等效阻尼比，并根据式(7-1)计算结构的整体阻尼比，即可按照传统方法对隔震体系的等代结构进行计算分析。

7.3.2　应变能法

应变能法是一种针对各阶振型所定义的阻尼比法，该方法考虑了不同材料耗能能力，即不同材料的构件阻尼比不同，其对振型阻尼比的贡献也不同。应变能法假定不同构件对振型阻尼比的贡献与构件的变形能有关，变形能大的构件对该振型阻尼比的贡献较大，反之则较小。根据该振型下构件的应变能，采用加权平均的方法计算出振型阻尼比，其计算公式如式(7-2)所示。

$$\xi_i = \frac{\sum W_{ji}\xi_j}{\sum W_{ji}} \tag{7-2}$$

式中，ξ_i——结构第 i 阶振型阻尼比；

ξ_j——第 j 个构件的阻尼比，对于上部结构构件一般为其初始阻尼比，钢构件取 0.02，混凝土构件取 0.05，对于隔震支座取等效阻尼比；

W_{ji}——结构按照第 i 阶振型变形时，第 j 个构件的弹性应变能。

7.3.3　强迫解耦法

n 自由度结构在地震下的运动方程为

$$\boldsymbol{M}\ddot{\boldsymbol{X}} + \boldsymbol{C}\dot{\boldsymbol{X}} + \boldsymbol{K}\boldsymbol{X} = -\boldsymbol{M}\boldsymbol{I}\ddot{x}_g(t) \tag{7-3}$$

式中，$\boldsymbol{M}$——结构的整体质量矩阵；

$\boldsymbol{K}$——结构的整体刚度矩阵，隔震单元以等效刚度形式参与整体刚度矩阵集成；

$\boldsymbol{C}$——结构的整体阻尼矩阵，隔震单元以等效阻尼形式参与整体阻尼矩阵集成；

$\boldsymbol{X}$——结构位移向量；

$x_g(t)$——地震引起的地面运动；

$\boldsymbol{I}$——单位列向量。

根据结构的整体质量矩阵 $\boldsymbol{M}$ 和整体刚度矩阵 $\boldsymbol{K}$，可以得到相应无阻尼结构的动力特性：

$$频率：\boldsymbol{\omega} = \{\omega_1,\ \omega_2,\ \omega_3,\ \cdots,\ \omega_{n-2},\ \omega_{n-1},\ \omega_n\}$$

$$振型：\boldsymbol{\varphi} = \{\boldsymbol{\varphi}_1,\ \boldsymbol{\varphi}_2,\ \boldsymbol{\varphi}_3,\ \cdots,\ \boldsymbol{\varphi}_{n-2},\ \boldsymbol{\varphi}_{n-1},\ \boldsymbol{\varphi}_n\}$$

ω_i——结构第 i 阶振型的频率；

$\boldsymbol{\varphi}_i$——结构第 i 阶振型对应的特征向量。

对于单一材料的结构而言，如混凝土结构或钢结构，阻尼一般按照经典阻尼假定处理，结构整体阻尼矩阵 $\boldsymbol{C}$ 关于对应无阻尼振型矩阵 $\boldsymbol{\varphi}$ 正交，对应的模态阻尼矩阵是对角阵，即

$$\boldsymbol{\varphi}_i^{\mathrm{T}}\boldsymbol{C}\boldsymbol{\varphi}_j = \begin{cases} C_i^*, & i = j \\ 0, & i \neq j \end{cases} \tag{7-4}$$

C_i^* ——结构第 i 阶振型对应的模态阻尼系数。

对于混合材料的结构而言，如钢-混凝土混合结构，以及附加阻尼单元(等效阻尼单元)的减隔震结构，一般不满足经典阻尼假定处理，即结构整体阻尼矩阵 $\boldsymbol{C}$ 不满足关于对应无阻尼振型矩阵 $\boldsymbol{\varphi}$ 正交，对应的模态阻尼矩阵也是非对角阵：

$$\boldsymbol{\varphi}_i^{\mathrm{T}}\boldsymbol{C}\boldsymbol{\varphi}_j = \begin{cases} C_i^*, & i = j \\ C_{ij}^*, & i \neq j \end{cases} \tag{7-5}$$

C_{ij}^* ——结构第 i 阶振型的偶联模态阻尼系数。

由于偶联模态阻尼系数的存在，非经典阻尼的结构动力方程式(7-3)不能解耦为 n 个独立的微分方程，因此，不能应用模态叠加法进行分析。

强迫解耦法认为可以忽略非经典阻尼结构的模态阻尼矩阵中偶联阻尼系数，即取 C_{ij}^* 为 0，因此，在强迫解耦法中，结构的模态阻尼矩阵为对角阵，即

$$\boldsymbol{\varphi}_i^{\mathrm{T}}\boldsymbol{C}\boldsymbol{\varphi}_j \approx \begin{cases} C_i^*, & i = j \\ 0, & i \neq j \end{cases} \tag{7-6}$$

非经典阻尼结构的模态阻尼矩阵经上述处理后，其结构动力方程即可解耦为 n 个独立的微分方程，进而可以采用模态叠加法进行分析。

从强迫解耦法形成模态阻尼对角阵的过程中可以看出，需要先形成整体阻尼矩阵，通过振型矩阵变换后，才能形成忽略非对角元素的模态阻尼对角阵。

对于单一材料的结构整体阻尼矩阵，通常采用 Rayleigh 比例阻尼模型，即假定结构的整体阻尼矩阵 $\boldsymbol{C}$ 为结构质量矩阵 $\boldsymbol{M}$ 和刚度矩阵 $\boldsymbol{K}$ 的线性组合，其表达式为：

$$\boldsymbol{C} = \alpha\boldsymbol{M} + \beta\boldsymbol{K} \tag{7-7}$$

式中，α、β——Rayleigh 阻尼组合系数。

根据阻尼比及频率计算公式

$$\xi_i = \frac{\boldsymbol{\varphi}_i^{\mathrm{T}}\boldsymbol{C}\boldsymbol{\varphi}_i}{2\omega_i\boldsymbol{\varphi}_i^{\mathrm{T}}\boldsymbol{M}\boldsymbol{\varphi}_i} \tag{7-8}$$

$$\omega_i^2 = \frac{\boldsymbol{\varphi}_i^{\mathrm{T}}\boldsymbol{K}\boldsymbol{\varphi}_i}{\boldsymbol{\varphi}_i^{\mathrm{T}}\boldsymbol{M}\boldsymbol{\varphi}_i} \tag{7-9}$$

可以得到

$$\xi_i = \frac{\alpha}{2\omega_i} + \frac{\beta\omega_i}{2} \tag{7-10}$$

式中，ω_i、ξ_i——结构的第 i 阶振型对应的圆频率和阻尼比。

通常情况下取结构前两阶振型对应的圆频率和阻尼比计算组合系数，即 i 取 1 和 2，进而可以得到

$$\begin{Bmatrix}\alpha\\ \beta\end{Bmatrix}=\frac{2}{\omega_2^2-\omega_1^2}\begin{Bmatrix}\omega_1\omega_2(\xi_1\omega_2-\xi_2\omega_1)\\ \xi_2\omega_2-\xi_1\omega_1\end{Bmatrix} \tag{7-11}$$

实际应用中常取两个振型的阻尼比为定值，如混凝土结构取 0.05，钢结构取 0.02，当振型阻尼比取定值时，式(7-11)变为

$$\begin{Bmatrix}\alpha\\ \beta\end{Bmatrix}=\frac{2\xi}{\omega_2+\omega_1}\begin{Bmatrix}\omega_1\omega_2\\ 1\end{Bmatrix} \tag{7-12}$$

对于多种材料组成的结构，假定每个单元的阻尼矩阵 $\boldsymbol{C}_e$ 都采用 Rayleigh 假定，即

$$\boldsymbol{C}_{ej}=\alpha_{ej}\boldsymbol{M}_{ej}+\beta_{ej}\boldsymbol{K}_{ej} \tag{7-13}$$

式中，α_{ej}、β_{ej}——第 j 个单元的 Rayleigh 阻尼组合系数。

则整体质量矩阵、刚度矩阵及阻尼矩阵为

$$\boldsymbol{M}=\sum_j \boldsymbol{M}_{ej} \tag{7-14}$$

$$\boldsymbol{K}=\sum_j \boldsymbol{K}_{ej} \tag{7-15}$$

$$\boldsymbol{C}=\sum_j \boldsymbol{C}_{ej} \tag{7-16}$$

在此过程中，首先需要确定 Rayleigh 阻尼单元组合系数，为此，将单元阻尼矩阵投影到对应无阻尼振型坐标系下，得到

$$\boldsymbol{\varphi}_i^{\mathrm{T}}\boldsymbol{C}_{ej}\boldsymbol{\varphi}_i=\alpha_{ej}\boldsymbol{\varphi}_i^{\mathrm{T}}\boldsymbol{M}_{ej}\boldsymbol{\varphi}_i+\beta_{ej}\boldsymbol{\varphi}_i^{\mathrm{T}}\boldsymbol{K}_{ej}\boldsymbol{\varphi}_i \tag{7-17}$$

变换得到

$$\frac{\boldsymbol{\varphi}_i^{\mathrm{T}}\boldsymbol{C}_{ej}\boldsymbol{\varphi}_i}{\boldsymbol{\varphi}_i^{\mathrm{T}}\boldsymbol{M}_{ej}\boldsymbol{\varphi}_i}=\alpha_{ej}+\beta_{ej}\frac{\boldsymbol{\varphi}_i^{\mathrm{T}}\boldsymbol{K}_{ej}\boldsymbol{\varphi}_i}{\boldsymbol{\varphi}_i^{\mathrm{T}}\boldsymbol{M}_{ej}\boldsymbol{\varphi}_i} \tag{7-18}$$

根据单元阻尼比计算公式

$$\xi_{ej}=\frac{\boldsymbol{\varphi}_i^{\mathrm{T}}\boldsymbol{C}_{ej}\boldsymbol{\varphi}_i}{2\omega_i\boldsymbol{\varphi}_i^{\mathrm{T}}\boldsymbol{M}_{ej}\boldsymbol{\varphi}_i} \tag{7-19}$$

式中，ξ_{ej}——第 j 个单元阻尼比。

并根据黄吉锋和周锡元基于任意振型振动时能量守恒的假定[183]，可以得到下式：

$$\frac{\boldsymbol{\varphi}_i^{\mathrm{T}}\boldsymbol{K}_{ej}\boldsymbol{\varphi}_i}{\boldsymbol{\varphi}_i^{\mathrm{T}}\boldsymbol{M}_{ej}\boldsymbol{\varphi}_i}\approx\frac{\boldsymbol{\varphi}_i^{\mathrm{T}}\boldsymbol{K}\boldsymbol{\varphi}_i}{\boldsymbol{\varphi}_i^{\mathrm{T}}\boldsymbol{M}\boldsymbol{\varphi}_i}=\omega_i^2 \tag{7-20}$$

将式(7-19)和式(7-20)代入式(7-18)中，并取整体结构的前两阶振型进行计算，即可得到

$$\begin{Bmatrix}\alpha_{ej}\\ \beta_{ej}\end{Bmatrix}=\frac{2\xi_{ej}}{\omega_2+\omega_1}\begin{Bmatrix}\omega_1\omega_2\\ 1\end{Bmatrix} \tag{7-21}$$

将式(7-21)代入式(7-13)中，得到各单元的阻尼矩阵

$$C_{ej}=\frac{2\xi_{ej}}{\omega_1+\omega_2}(\omega_1\omega_2 M_{ej}+K_{ej}) \tag{7-22}$$

隔震等代结构整体矩阵集成过程中，隔震单元的刚度按照等效刚度取值，阻尼比按照等效阻尼比取值，其他单元根据其几何特性和材料特性确定其质量、刚度和阻尼比矩阵，并根据式(7-13)、式(7-14)和式(7-15)，即可得到等代结构的整体质量矩阵、刚度矩阵和阻尼矩阵。

当然，对于隔震单元而言，在结构分析时，往往忽略了非线性单元质量对阻尼的影响，因此，隔震单元的阻尼也有采用与刚度相关的阻尼模型[184,185]，即

$$C_{ej}=\beta_{ej}K_{ej} \tag{7-23}$$

将该单元阻尼矩阵投影到对应无阻尼振型坐标系下，得到

$$\varphi_i^{\mathrm{T}}C_{ej}\varphi_i=\beta_{ej}\varphi_i^{\mathrm{T}}K_{ej}\varphi_i \tag{7-24}$$

变换得到

$$\frac{\varphi_i^{\mathrm{T}}C_{ej}\varphi_i}{\varphi_i^{\mathrm{T}}M_{ej}\varphi_i}=\beta_{ej}\frac{\varphi_i^{\mathrm{T}}K_{ej}\varphi_i}{\varphi_i^{\mathrm{T}}M_{ej}\varphi_i} \tag{7-25}$$

将式(7-19)代入式(7-25)中，并应用式(7-20)可得

$$\beta_{ej}=\frac{2\xi_{ej}}{\omega_i} \tag{7-26}$$

将式(7-26)代入式(7-23)中，得到

$$C_{ej}=\frac{2\xi_{ej}}{\omega_i}K_{ej} \tag{7-27}$$

根据周期与频率的关系，通常也表达为

$$C_{ej}=\frac{T_i}{\pi}\xi_{ej}K_{ej} \tag{7-28}$$

式中 T_i 为整个结构的第 i 阶周期，根据振动方向选取 T_i 的值。

根据式(7-22)或式(7-27)可以确定结构中所有单元的阻尼，进而根据式(7-16)得到结构的整体阻尼矩阵。对于由不同阻尼单元组成的结构，虽然每个单元阻尼矩阵满足Rayleigh阻尼假定或刚度阻尼模型假定，即为比例阻尼，但是集成的整体阻尼矩阵一般为非比例阻尼，因此需要用强迫解耦的方法才能应用振型分解法进行分析。

7.3.4 复振型分解法

由于非比例阻尼结构的整体阻尼矩阵 C 不满足关于对应无阻尼振型矩阵 φ 正交，对应的模态阻尼矩阵也是非对角阵，强迫解耦法则直接忽略其非对角元素的影响，强制得到解耦的控制方法，从而导向基于无阻尼振型的振型叠加分析，进而应用基于反应谱的振型组合。由于强迫解耦法忽略模态阻尼矩阵非对角元素的影响，势必会造成一定误差，为了获得更为精确的分析结果，周锡元团队[186]提出了基于反应谱的复振型完全平方组合法(CCQC)，该方法主要针对非比例黏滞阻尼的结构体系而建立。由于具有 n 自由度非比例

黏滞阻尼结构体系，其阻尼矩阵不能在 n 维主空间中解耦，因此，该方法采用状态空间法建立体系的运动方程，并引入辅助方程

$$\boldsymbol{M}\dot{\boldsymbol{X}} - \boldsymbol{M}\dot{\boldsymbol{X}} = \boldsymbol{0} \tag{7-29}$$

将式(7-3)和式(7-29)联立，并以矩阵形式表示，可得

$$\underset{(2n\times 2n)}{\begin{bmatrix} \boldsymbol{0} & \boldsymbol{M} \\ \boldsymbol{M} & \boldsymbol{C} \end{bmatrix}}\underset{(2n\times 1)}{\begin{Bmatrix} \ddot{\boldsymbol{X}} \\ \dot{\boldsymbol{X}} \end{Bmatrix}} + \underset{(2n\times 2n)}{\begin{bmatrix} -\boldsymbol{M} & \boldsymbol{0} \\ \boldsymbol{0} & \boldsymbol{K} \end{bmatrix}}\underset{(2n\times 1)}{\begin{Bmatrix} \dot{\boldsymbol{X}} \\ \boldsymbol{X} \end{Bmatrix}} = -\ddot{x}_g(t)\underset{(2n\times 2n)}{\begin{bmatrix} \boldsymbol{0} & \boldsymbol{M} \\ \boldsymbol{M} & \boldsymbol{C} \end{bmatrix}}\underset{(2n\times 1)}{\begin{Bmatrix} \boldsymbol{I} \\ \boldsymbol{0} \end{Bmatrix}} \tag{7-30}$$

令

$$\boldsymbol{R} = \begin{bmatrix} \boldsymbol{0} & \boldsymbol{M} \\ \boldsymbol{M} & \boldsymbol{C} \end{bmatrix} \quad \boldsymbol{D} = \begin{bmatrix} -\boldsymbol{M} & \boldsymbol{0} \\ \boldsymbol{0} & \boldsymbol{K} \end{bmatrix} \quad \boldsymbol{E} = \begin{Bmatrix} \boldsymbol{I} \\ \boldsymbol{0} \end{Bmatrix} \quad \boldsymbol{Y} = \begin{Bmatrix} \dot{\boldsymbol{X}} \\ \boldsymbol{X} \end{Bmatrix} \tag{7-31}$$

式中 $\boldsymbol{Y}$ 为状态向量，将式(7-31)代入式(7-30)可得

$$\boldsymbol{R}\dot{\boldsymbol{Y}} + \boldsymbol{D}\boldsymbol{Y} = -\ddot{x}_g(t)\boldsymbol{R}\boldsymbol{E} \tag{7-32}$$

方程式(7-32)即为状态方程，求解其自由振型的广义特征值和特征向量方程解式

$$\boldsymbol{D}\boldsymbol{\Psi} = -\lambda\boldsymbol{R}\boldsymbol{\Psi} \tag{7-33}$$

上述式中 λ、$\boldsymbol{\Psi}$ 分别为广义特征值和广义特征向量。对于建筑结构的阻尼比一般小于 1.0，其特征值和特征向量一般以复数共轭对出现。

这样，由式(7-3)确定的动力方程的解析解为

$$\boldsymbol{X}(t) = \sum_{j=1}^{n}\left[\boldsymbol{A}_j q_j(t) + \boldsymbol{B}_j \dot{q}_j(t)\right] \tag{7-34}$$

式中参数详见文献[187]。

在采用反应谱计算结构最大反应时，需要对各振型产生的作用效应进行组合，工程中常采用平方和开方的方法进行组合。为了提高计算结果的精确性，有时也会采用完全平方组合方法进行计算，此方法需要计算各振型之间的耦联系数。文献[187]也给出了基于复振型分解反应谱法分析的不同振型间的位移、速度和位移-速度之间的耦联系数。

因此，根据以上复振型的理论依据即可运用复振型方法对非比例阻尼结构体系进行反应谱分析。

7.3.5 小结

简化整体阻尼比法、应变能法、强迫解耦法及复振型分解法为目前主要的隔震结构阻尼比处理方法。从理论基础看，复振型分解法最为完善，因此其计算结果准确性也相对较高。从复杂程度看，复振型分解法也最为复杂，简化整体阻尼比最为简单。因此，简化整体阻尼比方法处理非比例阻尼结构在一般结构分析软件上都能实现，而能实现复振型分解法的软件则非常少，因此其实际应用也受到较大限制。

无论采用哪一种阻尼处理方法，都需要配合构件的刚度(等效刚度)和阻尼比(等效阻尼比)，才能应用等代结构法对结构进行计算分析。

7.4　等代结构法在隔震结构中的应用

前文已经介绍了隔震结构应用等代结构法的基本流程，讨论分析了应用该方法过程中的关键问题，并且给出了相应的解决方案。本节将在第6章提出的等效刚度和等效阻尼比计算公式的基础上，采用等代结构法对某建筑隔震结构模型进行等效线性化分析，并与振动台试验结果进行对比，检验基于本书提出的等效线性化分析方法的有效性。

为了说明阻尼处理方法对隔震结构分析结果的影响，在等效线性化分析中，分别采用上文提到的四种阻尼处理方法进行计算，通过对比分析结果来指导合理选择阻尼处理的方法。

7.4.1　模型说明

该项目为某市中心城区公共租赁住房建设项目，抗震设防烈度为8度，设计基本地震加速度为0.20g，设计地震分组为第二组，建筑场地类别为Ⅲ类，特征周期为0.55s[188]。该工程采用橡胶隔震技术降低地震作用，提高结构的安全性。建筑设置一层地下室，地下室之上为隔震夹层，隔震层之上为32层(含屋顶突出层)，建筑结构高度为90.35m(至屋顶突出层顶部97.40m)，建筑平面尺寸为22.8m×25.3m，高宽比为3.96(计算至隔震支座顶)，结构标准层平面图、隔震垫平面布置图、立面图及三维图见图7.1~图7.4。

隔震垫参数见表7.1，根据隔震垫的布置及隔震垫参数，可以得到本隔震结构的屈重比为0.021。

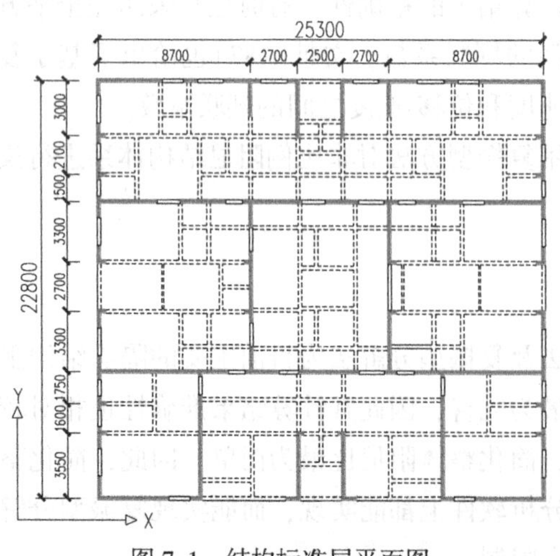

图7.1　结构标准层平面图

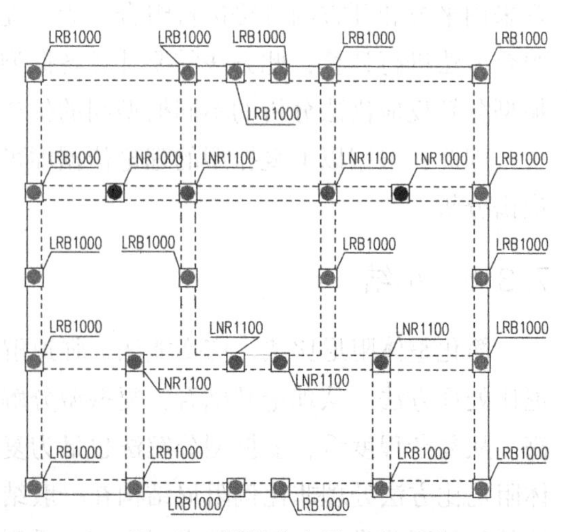

图7.2　隔震支座平面布置图

图 7.3 结构立面图　　　　图 7.4 结构三维图

表 7.1 **隔震支座力学性能参数**

类　　别		LRB1000	LNR1100	LNR1000
使用数量	套	20	6	2
第一形状系数	S1	36. 25	38. 2	33. 71
第二形状系数	S2	5	5	5
竖向刚度	kN/mm	4400	5000	4000
等效水平刚度(100%)	kN/mm	2. 20	—	—
屈服前刚度	kN/mm	17. 55	—	—
屈服后刚度	kN/mm	1. 35	—	—
屈服力	kN	250	—	—
橡胶层总厚度	Mm	200	220	204
支座总高度	Mm	438	495	438

按照《抗规》要求，隔震结构的高宽比宜小于 4，本隔震工程的高宽比 3. 96 满足规范要求，但是其数值接近限值，因此，为了确保结构设计结果的合理性，将本工程设计模型进行振动台试验，该振动台试验在昆明理工大学抗震研究所进行。试验为缩尺试验，试验模型与实际结构的几何尺寸比例为 1 ∶ 12. 5，其他参数详见文献[189]。

振型台试验模型如图 7. 5 和图 7. 6 所示。

试验加载输入地震动如图 7. 7~图 7. 9 所示[189]，试验拟考查原型结构的烈度等级依次为 8 度多遇烈度(0. 07g)、基本烈度(0. 2g)、罕遇烈度(0. 4g)，图 7. 7~图 7. 9 中地震波峰值加速度均调整为 1，加载各水准地震动时，根据其峰值进行调整。

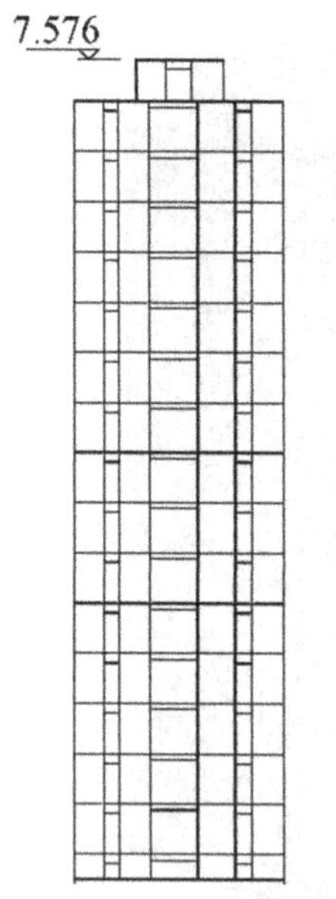

图 7.5　振动台试验模型立面图

图 7.6　振动台试验模型实体图

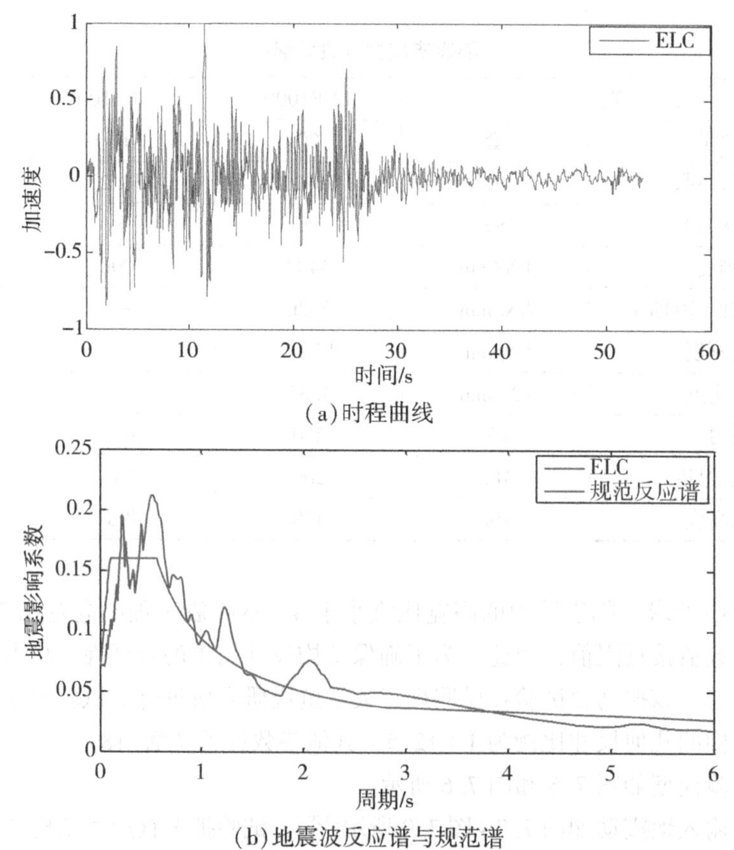

(a)时程曲线

(b)地震波反应谱与规范谱

图 7.7　Elcentro(E-W)时程曲线及反应谱

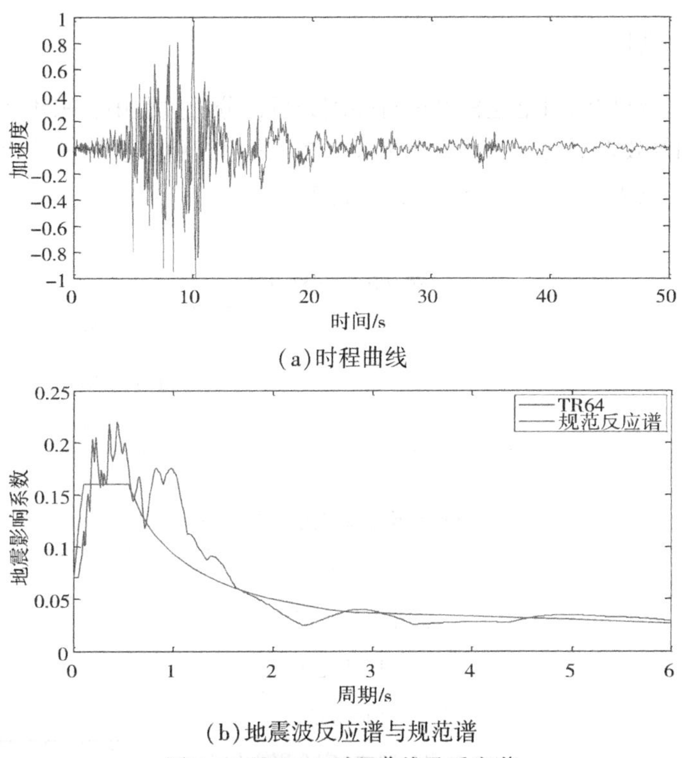

(a)时程曲线

(b)地震波反应谱与规范谱

图 7.8 Holly_h 时程曲线及反应谱

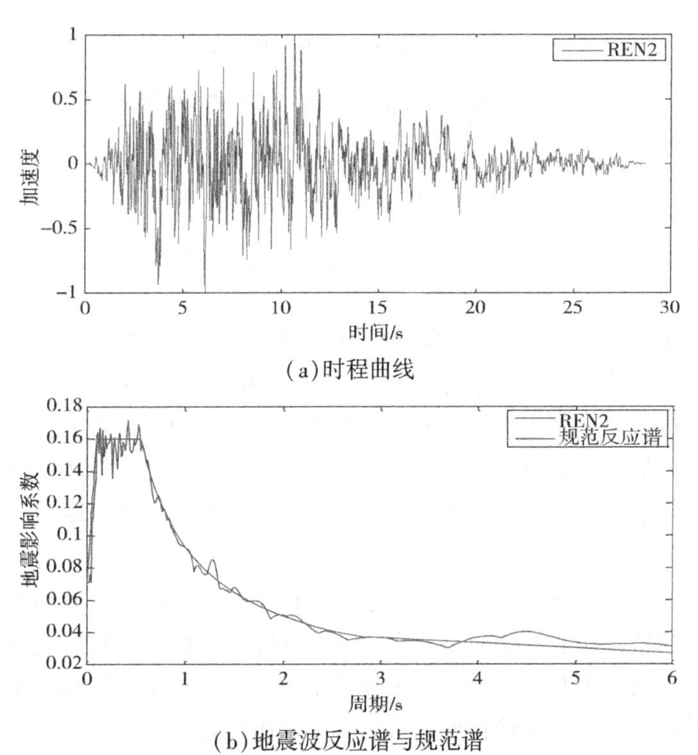

(a)时程曲线

(b)地震波反应谱与规范谱

图 7.9 人工波时程曲线及反应谱

7.4.2 计算说明

本节采用等代结构法对上述模型进行隔震分析，分析过程中，采用两种方法计算隔震单元等效刚度和等效阻尼比，计算方法见表7.2；采用四种方法处理等代结构的阻尼，处理方法见表7.3；分析工况为三个工况，见表7.4。

表7.2　　**等效参数计算方法**

序号	名称
1	本书提出方法
2	R-H法

表7.3　　**等代结构整体阻尼处理方法**

序号	名称	简称
1	简化整体阻尼比法	SUDM
2	应变能法	SEM
3	强迫解耦法	FUM
4	复振型分解法(完全平方组合)	CCQC

表7.4　　**LRB隔震结构算例分析工况**

序号	名称	地震影响系数最大值	地震动峰值加速度/g	特征周期/s
1	8度多遇地震	0.16	0.07	0.55
2	8度设防地震	0.45	0.20	0.55
3	8度罕遇地震	0.90	0.40	0.60

分析软件采用PKPM的SATWE和PMSAP，其中，采用简化整体阻尼比、应变能阻尼比及强迫解耦法处理等代结构阻尼时，用SATWE模块计算分析，隔震单元采用隔震支座柱定义中整体分析参数定义，根据变形计算出的等效刚度和等效阻尼比分别作为支座刚度和支座等效阻尼，如图7.10所示；采用复振型分解法处理等代结构阻尼时，用PMSAP模块计算分析，其中隔震支座采用通用支座定义，刚度和阻尼比的输入同SATWE输入方法，如图7.11所示。

由于在应用等效线性分析时，需要通过迭代计算得到收敛的计算结果，而现阶段多数分析软件没有自动迭代功能，即便是有自动迭代功能，其内部计算等效参数的方法也并非本书提出的计算方法，因此每一个迭代步骤结束后，需要人工计算隔震单元的等效刚度和等效阻尼比，并修正模型中等代构件的等效刚度和阻尼比。

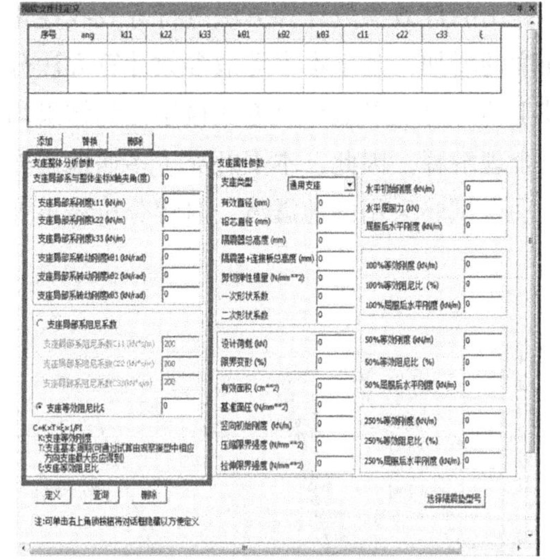

图 7.10 SATWE 隔震单元定义

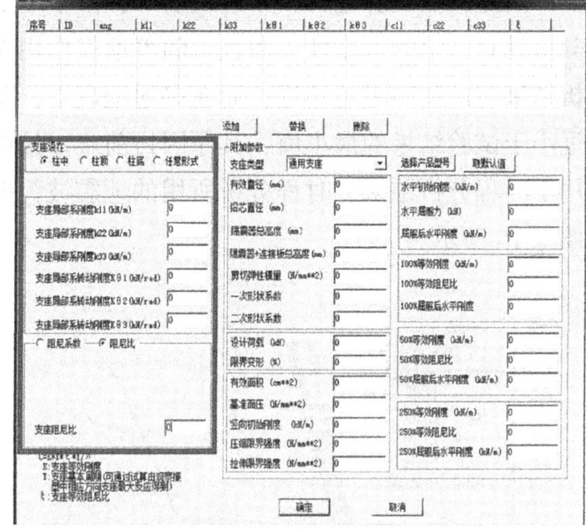

图 7.11 PMSAP 隔震单元定义

由于 X 方向与 Y 方向结构特性接近，因此，本书在分析过程中仅计算沿短边方向的地震响应，即结构 Y 的地震响应。

需要说明的是，在整个分析过程中除了隔震单元为非线性外，其他混凝土构件认为保持为弹性，实际上，从振动台分析结果看，该隔震模型即便是经历了超过 8 度(0.2g)极罕遇地震作用后，其整体抗侧刚度下降也不是很明显[189]，因此，分析过程中假定上部混凝土构件为弹性也是可以接受的。

7.4.3 计算结果及分析

本节主要对比计算结果为各楼层的位移及层间位移角，本节中试验数据来自文献[189]。

7.4.3.1 楼层位移

各工况下，等效线性化计算各楼层位移和振动台试验分析出的楼层位移如图 7.12~图 7.14 所示，对于振动台试验结果，图中给出的是最大响应结果(试验_Max)、最小响应结果(试验_Min)以及平均响应结果(试验_Ave)。对于等效线性化分析结果，由于在采用等效线性分析过程中，分别采用了四种不同处理结构阻尼的方法，因此，图中给出了四种处理方法的计算结果，图中 SUDM 表示简化整体阻尼比法、SEM 表示应变能法、FUM 表示强迫解耦法、CCQC 表示复振型分解法。

从图 7.12~图 7.14 楼层位移对比结果可以看出：

(1)从等效线性分析结果与试验结果对比角度看，在设防地震和罕遇地震作用下，基于本书等效参数计算方法进行等效线性分析的楼层位移基本上均在试验结果的最大值和最小值之间，而基于 R-H 等效参数计算方法的计算结果则大部分都超过了试验结果的最大值，因此，在设防地震和罕遇地震下，基于本书提出的等效参数计算方法进行等效线性化分析具有一定的可靠性；而且，随着地震作用强度的增加，基于本书等效参数计算方法分析结果与试验结果越接近；而在多遇地震下，基于两种等效参数计算方法楼层位移结果均远小于试验结果的最小值，其原因目前难以给出合理解释。因此，本书补充了多遇地震作用下时程分析结果，时程分析所用的地震波为振动台试验采用的地震波，时程分析结果如图 7.15 所示。

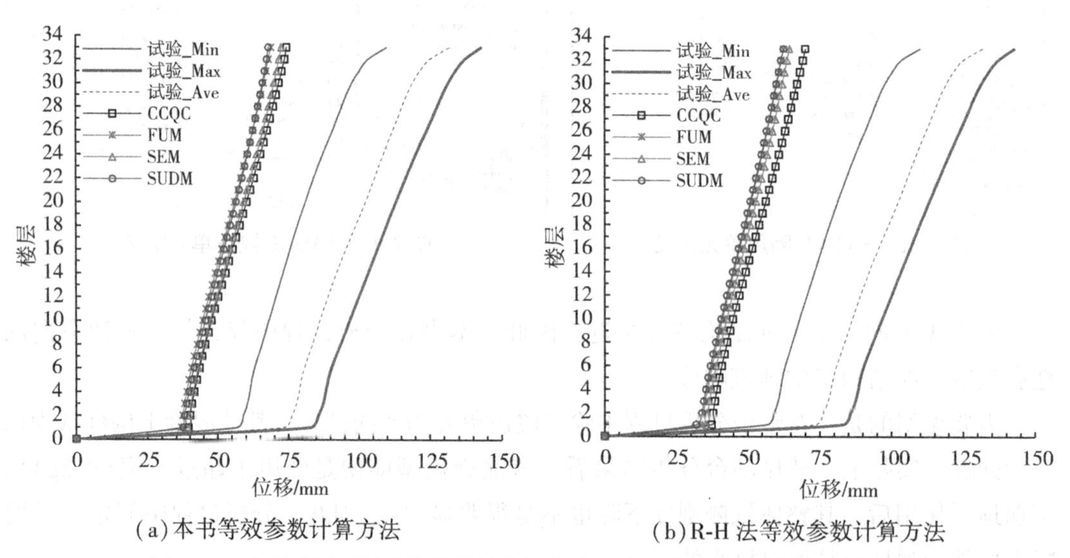

(a)本书等效参数计算方法　　(b)R-H 法等效参数计算方法

图 7.12　多遇地震下隔震结构等效线性化分析楼层位移结果与试验结果对比

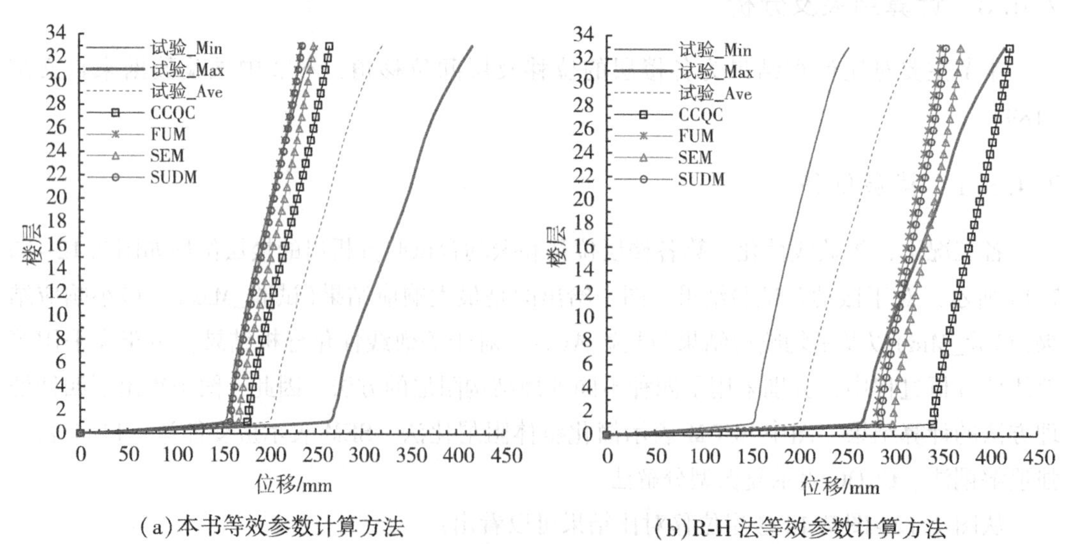

(a)本书等效参数计算方法　　(b)R-H 法等效参数计算方法

图 7.13　设防地震下隔震结构等效线性化分析楼层位移结果与试验结果对比

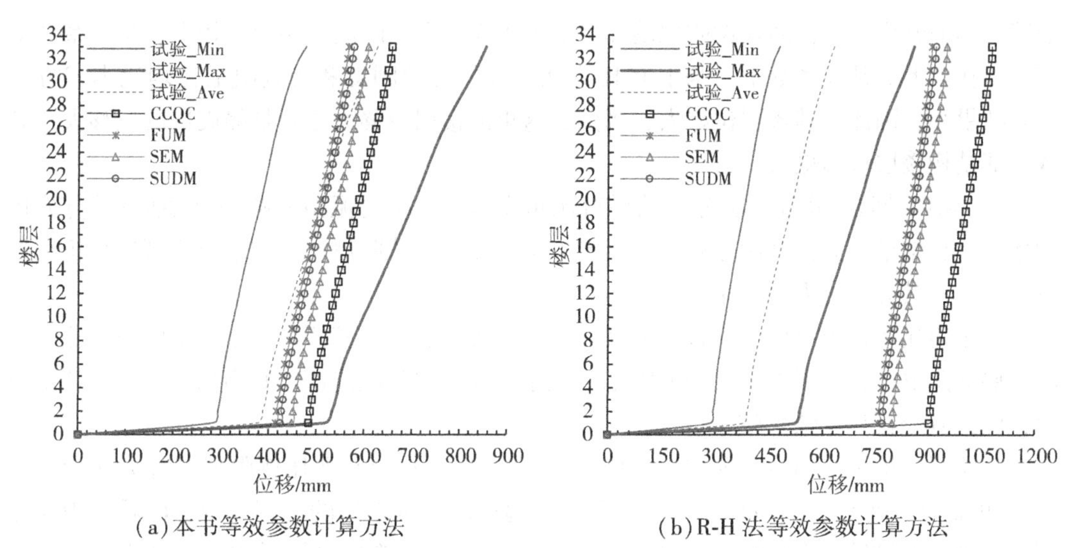

(a)本书等效参数计算方法

(b)R-H 法等效参数计算方法

图 7.14 罕遇地震下隔震结构等效线性化分析楼层位移结果与试验结果对比

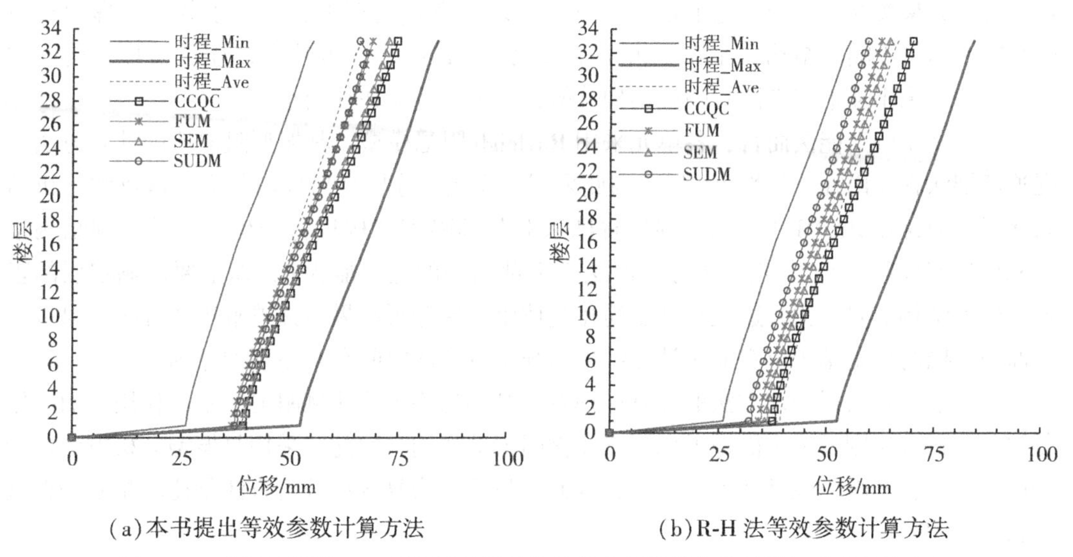

(a)本书提出等效参数计算方法

(b)R-H 法等效参数计算方法

图 7.15 多遇地震下 LRB 隔震结构等效线性化分析楼层位移结果与时程结果对比

从图 7.15 中可以看出，等效线性化分析结果在时程分析结果的最大值和最小值之间，表明等效线性化分析结果仍然具有一定的可靠性，至于其分析结果与振动台试验结果相差较大的原因尚不明确。

(2)从两种等效参数计算方法分析结果对比角度看，在多遇地震作用下，基于 R-H 计算等效参数的分析楼层位移结果要略小于基于本书方法分析结果，这是由于在多遇地震作用下，隔震支座变形较小，延性系数也较小，在较小的延性系数下，两种计算等效刚度的结果接近，如图 6.19 所示，而 R-H 计算的等效阻尼比要大于本书方法计算的等效阻尼比，如图 6.20 所示，其降低地震响应效果好，因此，基于 R-H 方法分析的楼层位移要小于基于本书分析结果；而在设防地震和罕遇地震作用下，隔震支座变形较大，延性系数也较大，在较大的延性系数下，基于R-H方法计算的等效刚度和等效阻尼比均比本书方法计算结果小，因此，其楼层位移大，当然，这里的楼层位移大主要是隔震层的位移大，导致上部结构楼层位移也大。

(3)从四种阻尼处理方法分析结果对比角度看，基于复振型分解法(CCQC)进行分析的楼层位移结果最大，其次是基于应变能方法，简化整体阻尼比法和强迫解耦法分析结果较为接近，其分析结果均较小。

对于简化整体阻尼比法而言，从其计算方法可以看出，其假定每个构件的阻尼比均为隔震层的阻尼比，实际上部结构的阻尼比远小于隔震层的阻尼比，其高估了结构整体阻尼比，因此其分析计算结果较小。

对于强迫解耦法而言，俞瑞芳和周锡元[190]认为，可以将非比例阻尼矩阵分解为对角阵$\boldsymbol{C}_d$和非对角阵$\boldsymbol{C}_f$，$\boldsymbol{C}_d$看作是非比例阻尼中起耗散能量作用的比例部分，$\boldsymbol{C}_f$看作为非比例阻尼中起能量转换作用的非比例部分，进而把$\boldsymbol{C}_f$当作施加给体系的虚拟外力，并通过迭代求解动力方程，这样既可以解耦动力方程，又可以考虑非比例阻尼的影响。从该分析过程看，如果按照常规的强迫解耦动力方程，即忽略$\boldsymbol{C}_f$的影响，相当于忽略了虚拟外力的影响，而对于隔震结构，主振型占了很大比重，此时，虚拟外力往往是增加结构的响应，因此，采用强迫解耦法对隔震结构分析，其地震响应往往会小。

对于基于应变能法而言，各单元采用Rayleigh阻尼模型，其振型阻尼比的计算方法与强迫解耦法存在内在一致性[102,191]，因此采用应变能法分析结果理应与强迫解耦法分析结果接近，但是在PKPM中，采用强迫解耦法对基础隔震结构进行分析时，其上部结构按照刚体近似处理[192]，其相当于应变能法中上部结构的应变能为0，即主要以隔震层的阻尼比作为结构的阻尼比，这也是基于简化整体阻尼比分析结果与强迫解耦法分析结果接近的原因，同时也是基于应变能法计算结果与强迫解耦法之间存在差别的原因。

从上述三种阻尼处理方法的计算原理看，其均忽略了非比例阻尼的不利作用，而采用复振型分析方法则较为全面地考虑了非比例阻尼的作用，因此，采用复振型分析方法进行隔震分析时，其响应较其他方法要大，因此，目前认为复振型分析方法是比较精确的振型分析方法[193]。

针对本工程，对比了基于本书等效参数并采用各种阻尼处理方法计算楼层位移的误差，由于一般认为复振型分析结果是较为精确的结果，因此，在计算误差时以复振型计算结果为标准，由于简化整体阻尼比法计算结果与强迫解耦法计算结果非常接近，因此此处仅给出简化整体阻尼比法和应变能法的误差，楼层位移误差定义为

$$Ed_j = \frac{d_{j\text{CCQC}} - d_{j\text{SUDM(SEM)}}}{d_{j\text{CCQC}}} \tag{7-35}$$

式中，$d_{j\text{CCQC}}$——采用复振型处理阻尼方法计算第j楼层位移；

$d_{j\text{SUDM(SEM)}}$——采用简化整体阻尼比法(应变能法)计算第j楼层位移；

Ed_j——第j楼层位移误差。

各工况下，基于简化整体阻尼比法和应变能法计算楼层位移与基于复振型分析楼层位

移之间误差对比如图 7.16 所示。

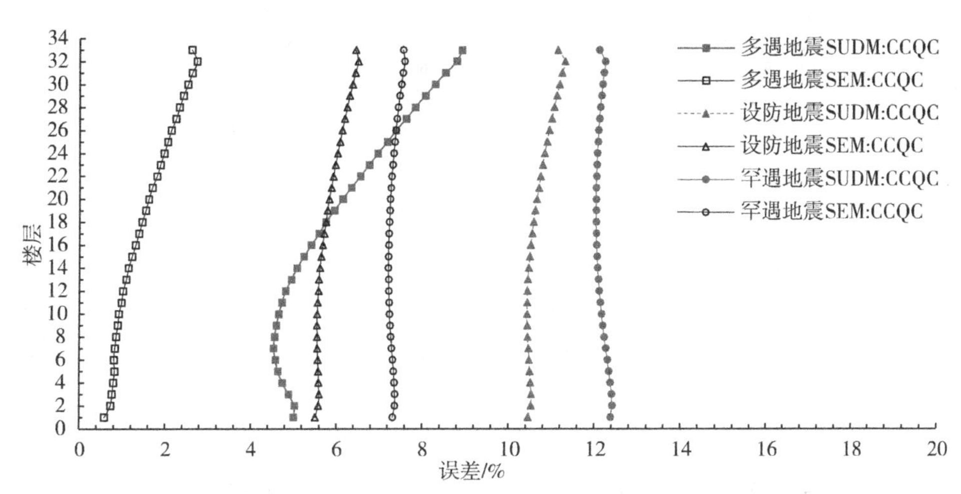

图 7.16 各阻尼处理方法计算楼层位移结果误差对比图(基于本书等效参数计算方法)

从图 7.16 中可以看出，采用应变能法计算楼层位移结果与复振型分析结果较接近，其误差均未超过 10%；采用简化整体阻尼比法计算结果与复振型分析结果差别也不大，其误差也均未超过 15%，从楼层位移的误差角度来看，采用四种阻尼处理方法的计算结果均能被工程所接受。

7.4.3.2 楼层位移角

各工况下，等效线性化计算各楼层层间位移角和振动台试验分析出的楼层层间位移角如图 7.17~图 7.19。

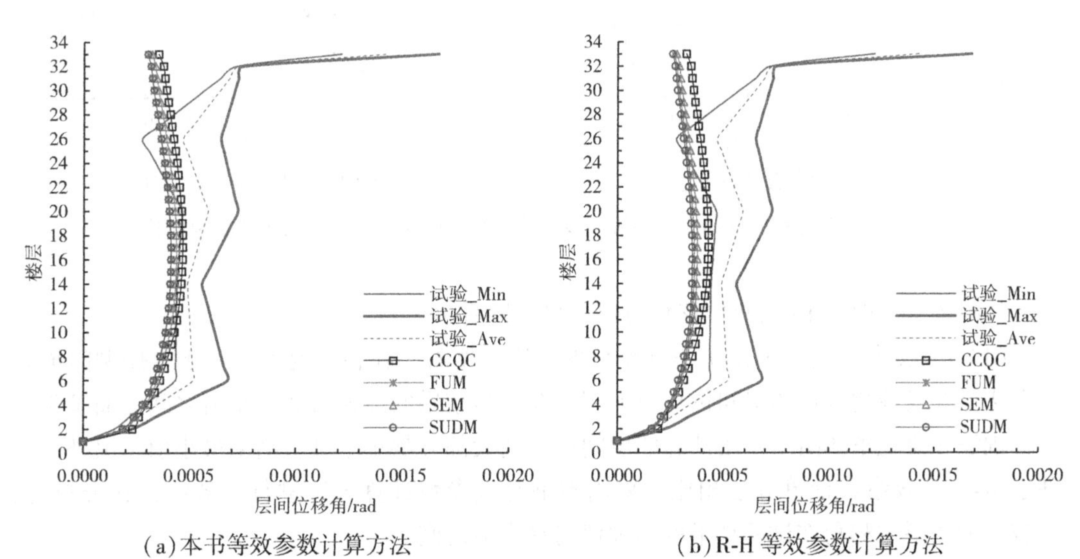

(a)本书等效参数计算方法　　(b)R-H 等效参数计算方法

图 7.17 多遇地震下隔震结构等效线性化分析层间位移角结果与试验结果对比

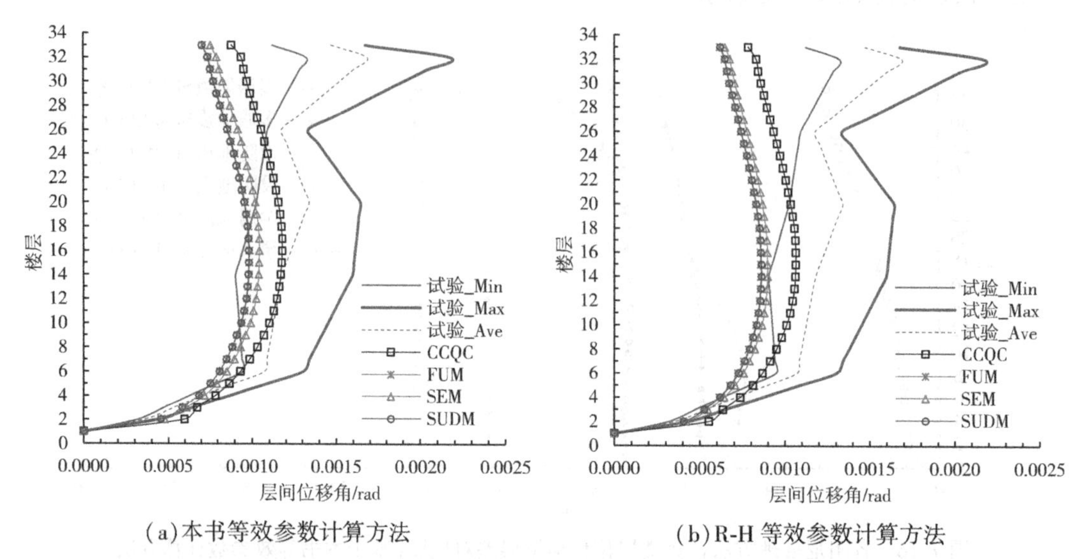

(a)本书等效参数计算方法　　(b)R-H 等效参数计算方法

图 7.18　设防地震下隔震结构等效线性化分析层间位移角结果与试验结果对比

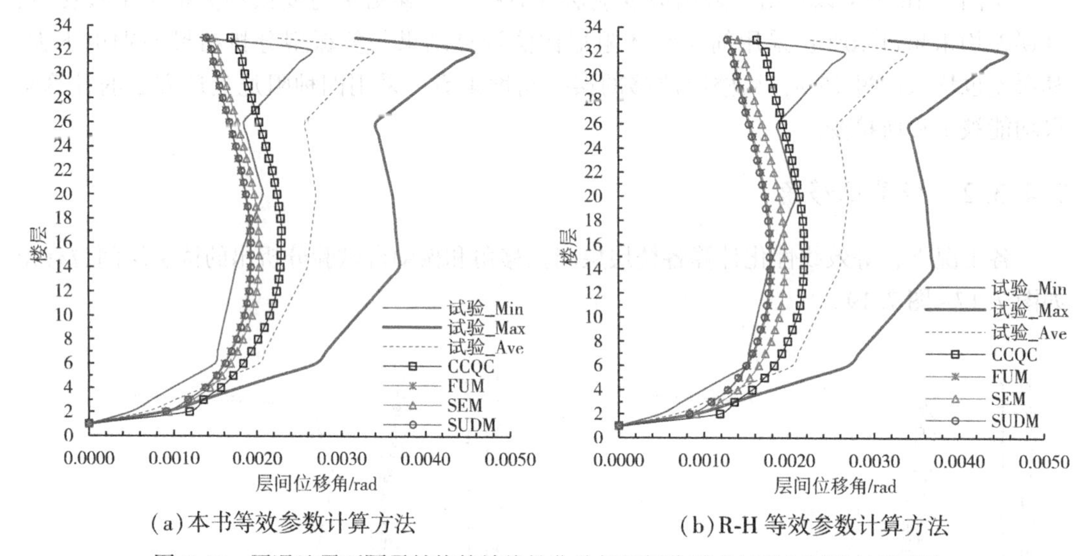

(a)本书等效参数计算方法　　(b)R-H 等效参数计算方法

图 7.19　罕遇地震下隔震结构等效线性化分析层间位移角结果与试验结果对比

从图 7.17~图 7.19 层间位移角对比结果可以看出：

(1)从等效线性化分析结果与试验结果对比角度看，在各工况下，基于复振型阻尼处理方法等效线性化分析的层间位移角大部分在试验结果的最大值和最小值之间，而基于强迫解耦法和简化整体阻尼比法计算的层间位移角大部分都小于试验结果最小值。另外，与基于 R-H 等效参数计算方法相比，采用本书等效参数计算方法进行等效线性化分析时，有较多的楼层位移角在试验结果的最大值与最小值之间。

(2)从两种等效参数计算方法分析结果对比角度看，在各工况下，基于本书等效参数计算方法进行等效线性化分析的层间位移角要大于基于 R-H 方法计算的结果，这是由于在设防地震和罕遇地震下，基于 R-H 方法计算的等效刚度较小，周期延长较多，使得结构受到的地震力较少，因此，其上部结构各楼层的变形与基于本书方法计算各楼层的变形要小，而在多遇地震作用下，尽管两种方法计算结构的等效刚度接近，但是采用 R-H 方法计算的等效阻尼比较大，降低地震力作用效果好，其上部结构各楼层的变形要小，因此，采用 R-H 等效参数进行等效线性化分析时，尽管计算隔震支座变形要大于基于本书方法，对于隔震支座而言，是偏保守设计，但是对于上部结构而言，却是偏不安全的。

(3)从四种阻尼处理方法分析结果对比角度看，基于复振型分解法(CCQC)进行分析的层间位移角结果最大，其次是基于应变能方法，简化整体阻尼比法和强迫解耦法分析结果较为接近，其分析结果均较小，其原因与产生楼层位移差异的原因相同，应变能法、强迫解耦法和简化整体阻尼比法均忽略了非比例阻尼的不利作用，而采用复振型分析方法则较为全面地考虑了非比例阻尼的作用，因此，基于复振型分析的响应较其他方法要大。

针对本工程，对比了各种阻尼处理方法计算层间位移角的误差，层间位移角误差定义为

$$E\theta_j = \frac{\theta_{j\text{CCQC}} - \theta_{j\text{SUDM(SEM)}}}{\theta_{j\text{CCQC}}} \tag{7-36}$$

式中，$\theta_{j\text{CCQC}}$——采用复振型处理阻尼方法计算第 j 楼层层间位移角；

$\theta_{j\text{SUDM(SEM)}}$——采用简化整体阻尼比法(应变能法)计算第 j 楼层层间位移角；

$E\theta_j$——第 j 楼层层间位移角误差。

各工况下，各阻尼处理方法计算楼层层间位移角结果误差对比如图 7.20 所示：

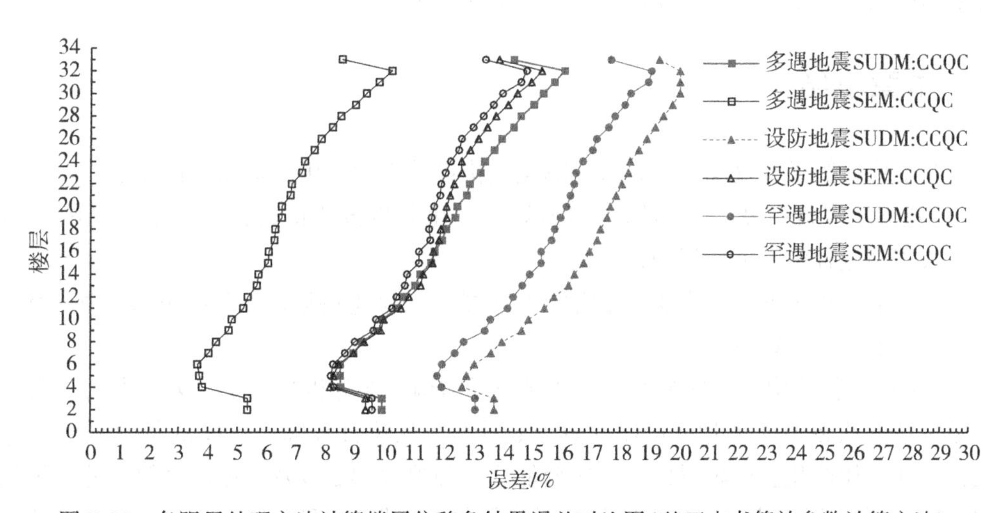

图 7.20 各阻尼处理方法计算楼层位移角结果误差对比图(基于本书等效参数计算方法)

从图 7.20 中可以看出，采用应变能法计算楼层层间位移角结果与复振型分析结果较接近，其误差均未超过 15%；而采用简化整体阻尼比法计算结果与复振型分析结果相对于应变能法较大，最大值已经超过 20%。因此，从楼层层间位移角误差的角度来看，采

用简化整体阻尼比法计算的误差较大，故应采用应变能法或是直接采用复振型分析法处理隔震结构的阻尼。

7.4.4　结论

本节采用等代结构法分析了某高层隔震结构模型，在分析过程中，采用本书提出的等效参数计算方法和规范常用 R-H 等效参数计算方法来计算隔震支座的等效刚度和等效阻尼比，并采用简化整体阻尼比法、应变能法、强迫解耦法以及复振型分析法处理等代结构阻尼，计算分析不同地震工况下该高层隔震结构的楼层位移和层间位移角，并将分析结果与振动台试验结果进行对比，得出以下结论：

(1)采用本书提出的等效参数计算方法进行等效线性化分析计算出的楼层位移及层间位移角与振动台试验结果较为接近，其结果具有一定的可靠性；在设防地震和罕遇地震作用下，采用 R-H 等效参数计算方法进行等效线性化分析计算出的楼层位移要远大于振动台试验结果，尽管对于隔震支座而言偏保守，但是其高估了隔震效果，对上部结构而言其分析结果偏不安全。

(2)采用复振型分析法处理结构阻尼计算分析的结果与振动台试验结果较为接近，其分析结果有较高的可靠性；不同的阻尼处理方法对隔震结构的楼层位移和层间位移角有一定影响，尤其对上部结构的层间位移角影响较大。

(3)在基于 PKPM 软件进行分析时，采用复振型分析法处理结构阻尼计算的楼层位移及层间位移角较大，采用应变能法计算结果次之，采用强迫解耦法和整体阻尼比法计算结果最小，因此，采用应变能法、强迫解耦法、整体阻尼比法处理隔震结构阻尼偏不安全，不过采用应变能法分析结果与复振型分析结果误差不大。

7.5　本章小结

本章主要介绍了等效线性化方法在隔震结构设计中的应用，具体工作如下：

(1)建立了多自由度隔震结构应用等效线性化分析方法框架，并介绍了具体实施过程，以及实施过程中的关键问题；

(2)分析了四种(简化整体阻尼比法、应变能法、强迫解耦法及复振型分解法)处理结构非比例阻尼方法的特点；

(3)采用等代结构法，分析了一栋高层隔震结构，在分析过程中，采用本书提出的等效参数计算方法和规范常用的 R-H 等效参数计算方法来计算隔震支座的等效刚度和等效阻尼比，并采用简化整体阻尼比法、应变能法、强迫解耦法以及复振型分解法处理等代结构阻尼，计算分析不同地震工况下该高层隔震结构的楼层位移和层间位移角，并将分析结果与振动台试验结果进行对比，验证了采用本书提出的等效参数计算方法和复振型分析阻尼处理方法对隔震结构进行等效线性化设计的有效性，并说明了应用现阶段规范常用的 R-H 等效参数计算方法进行等效线性化分析隔震结构存在的安全隐患。

第8章　结论与展望

8.1　主要结论

本书首先分析了目前隔震设计方法中存在的问题，进而提出了隔震结构整体设计方法的思路，并讨论了现阶段采用隔震结构整体设计方法需要解决的问题，通过对这些问题的研究，提出了适合我国规范的隔震结构等效线性化的设计改进方法，并采用本书提出的改进方法对一栋高层剪力墙隔震结构进行分析，其结果与振动台试验结果较为接近，验证了该方法的合理性。在研究过程中得到了如下主要成果及结论：

(1)由于传统抗震结构与隔震结构水平地震力分布有较大不同，按照传统设计方法确定隔震体系上部结构的构件截面及配筋，其设计结果会偏大，而这种偏大的截面和配筋并不一定增加了结构的安全性。

(2)现阶段隔震结构分部设计法过于依赖时程分析结果，导致可以通过选择“合适的”地震波来达到预期隔震效果的目的，而这种仅仅通过更换地震波来实现预期隔震效果的方法，并没有提高结构的安全性，反而存在较大的安全隐患。

(3)时程分析法选用地震波时，仅仅依靠地震动反应谱特性与规范反应谱特性接近的方法选择天然波或是生成人工波不能有效避免隔震时程分析结果的离散性，地震动三要素中除峰值和反应谱特性外，持时对隔震结构时程分析的结果影响同样显著；在峰值加速度相同，弹性反应谱特性接近的情况下，地震动平稳段持时越短，对隔震结构地震作用效应越强。

(4)时程分析法采用人工地震动分析时，在反应谱特性接近的情况下，采用具有相同的强度包线参数生成的人工波分析隔震结构可减少分析结果的离散性，基于此，本书根据我国地震动衰减关系和设计地震分组，提出了一套基于地震动峰值加速度和设计地震分组生成人工地震动的强度包线参数，基于该方法生成地震波可以避免通过缩放地震波各点数据来获得其他地震水准下分析地震波的缺点，而且按照本书方法生成人工波进行时程分析时，人工波数量达到 30 条时，其结果离散性可控制在 20%以内，人工波数量达到 70 条时，其结果离散性可控制在 10%以内。

(5)采用现阶段常用的 R-H 等效参数计算方法，即最大位移对应的割线刚度作为等效刚度，滞回一周耗能相等的原则确定等效阻尼比的等效参数计算方法，配合《抗规》加速度反应谱及阻尼调整系数进行等效线性化分析的位移结果比时程分析结果和试验结果偏大较多，不能指导实际隔震结构设计工作。

(6)目前现有的等效参数计算方法和阻尼调整系数很难使基于中国规范加速度反应谱的等效线性化分析具有较高计算精度，通过降低规范加速度反应谱长周期段强度，可以有效地提高等效线性化分析精度，但是降低规范加速度反应谱长周期段强度同时也降低了现阶段规范设计结果的安全储备；基于此，本书通过对比分析100个LRB隔震模型和100个FPS隔震模型，在9个工况下的时程位移响应和等效线性化分析的位移响应，提出了一套新的等效参数计算方法配合我国规范进行隔震结构等效线性化分析，不仅使分析结果具有较高的分析精度，同时保证了原有的安全储备。

(7)以等代结构法为基础，运用PKPM软件，对一栋采用橡胶隔震支座的高层剪力墙结构进行了等效线性化分析，分析过程中，对比讨论了本书提出等效参数计算方法和常规R-H等效参数计算方法的分析结果，并与振动台试验结果对比，表明基于本书提出的等效参数计算方法分析结果具有较高的分析精度和合理性；同时，在处理结构整体阻尼时，对比分析了简化整体阻尼比法、应变能法、强迫解耦法以及复振型分解法四种处理隔震结构阻尼方法对等效线性化分析结果的影响，结果表明采用复振型分解法分析隔震结构的地震响应最大，简化整体阻尼比法分析隔震结构的地震响应最小，应变能法分析结果与复振型分解法分析结果接近。

8.2 研究展望

尽管本书提出了基于等效线性化的隔震结构整体设计方法，并解决了该分析方法存在分析精度不足的问题，可以运用于实际工程设计中，但是该方法仍有下列问题需要进一步研究：

(1)本书基于加速度峰值和设计地震分组提出生成人工波的强度包线参数中，没有考虑场地条件的影响，实际上场地条件对地震波的影响也较大，今后研究中应该深入分析场地条件对地震波的影响，尽量较全面地反映地震动特性；

(2)本书拟合的计算公式都是针对常见的隔震结构而言，超出本书讨论范围的隔震结构是否可以应用本书的方法进行分析，还需要进一步研究；

(3)尽管不考虑以非割线刚度作为等效刚度引起的内力增加是安全的做法，但是仍然需要明确其影响到底有多大；

(4)本书研究的地震强度仅达到罕遇地震，而实际地震中，地震强度可能会超过这一强度，而且此时上部结构也有可能进入塑性状态，当上部结构进入塑性状态后，如何进行分析还需要进一步研究。

参考文献

[1]张洁，潘丹，何琳，等．基于3G信号的地震现场无线视频会议系统[J]．中国科技信息，2014(17)：126-127.

[2]李卫平，赵荣国．2009年世界地震活动性和地震灾情概要[J]．国际地震动态，2010(5)：38-42.

[3]冯蔚，李卫平，赵荣国．2010年全球地震活动性和地震灾害概要[J]．国际地震动态，2011(10)：29-33.

[4]冯蔚，李卫平，赵荣国．2011年全球地震活动性和地震灾害概要[J]．国际地震动态，2012(8)：9-12.

[5]冯蔚，李卫平，陈通，等．2012年全球地震灾害概要[J]．灾害学，2013，28(3)：133-137.

[6]冯蔚，朱林，赵荣国．2013年全球地震灾害概要[J]．国际地震动态，2015(11)：37-40.

[7]冯蔚，朱林，侯建盛，等．2014年全球地震灾害概要[J]．震灾防御技术，2016，11(2)：420-422.

[8]陈通，冯蔚，赵荣国．2015年全球地震灾害概要[J]．国际地震动态，2016(4)：22-27.

[9]冯蔚，朱林，赵美松．2016年全球地震灾害概要[J]．国际地震动态，2017(11)：29-32.

[10]田菲菲．科学地看待地震科学[J]．科技导报，2008，26(10)：100.

[11]郑通彦，李洋，侯建盛，等．2009年中国大陆地震灾害损失述评[J]．灾害学，2010，25(4)：96-101.

[12]郑通彦，赵萍，刘在涛．2010年中国大陆地震灾害损失述评[J]．自然灾害学报，2011，20(4)：107-113.

[13]郑通彦，郑毅．2011年中国大陆地震灾害损失述评[J]．自然灾害学报，2012，21(5)：88-97.

[14]郑通彦，郑毅．2013年中国大陆地震灾害损失述评[J]．自然灾害学报，2015，24(1)：239-246.

[15]郑通彦，冯蔚，郑毅．2014年中国大陆地震灾害损失述评[J]．世界地震工程，2015，31(2)：202-208.

[16]陈通，郑通彦．2015年中国大陆地震灾害损失述评[J]．灾害学，2016，31(3)：

133-137.
[17]住房和城乡建设部关于房屋建筑工程推广应用减隔震技术的若干意见(暂行)[J]. 建筑设计管理, 2014(4): 43-44.
[18]刘德馨. 滑动摩擦和弹塑性阻尼器相结合的基础隔震体系[J]. 四川建筑科学研究, 1992(2): 4-13.
[19]唐家祥, 李黎. 叠层橡胶基础隔震房屋结构设计与研究[J]. 建筑结构学报, 1996, 17(2): 37-47.
[20]刘榆生, 周福霖. 隔震技术在高烈度地区的应用[C]//材料科学与工程技术——中国科协第三届青年学术年会论文集, 1998: 476-478.
[21]建设部关于在抗震设防区采用隔震技术有关问题的通知[C]//核工业勘察设计, 1998(3): 12-13.
[22]唐家祥. 隔震与消能减震结构的设计规定——《建筑抗震设计规范》修订简介(七)[J]. 工程抗震与加固改造, 1999(3): 13-17.
[23]嵇蔚冰, 李晨钟. 某综合楼工程隔震设计[J]. 工程力学, 2001, 32(3): 754-758.
[24]黄永林, 赵蕊, 许杰, 等. 廊坊地区框架建筑的隔震设计[J]. 防灾减灾工程学报, 2001, 21(4): 28-32.
[25]王曙光, 刘伟庆, 冯陈. 宿迁市府苑小区某商住楼隔震设计[J]. 世界地震工程, 2001, 17(4): 139-142.
[26]GB 50011—2001 建筑抗震设计规范[S]. 北京: 中国建筑工业出版社, 2001.
[27]刘伟庆, 王曙光, 林勇. 宿迁市人防指挥大楼隔震设计方法研究[J]. 建筑结构学报, 2005, 26(2): 81-86.
[28]周云, 吴从晓, 张崇凌, 等. 芦山县人民医院门诊综合楼隔震结构分析与设计[J]. 建筑结构, 2013(24): 23-27.
[29]谭平, 范世凯, 徐凯, 等. 核电站反应堆厂房隔震研究[J]. 广州大学学报(自然科学版), 2014, 13(6): 28-35.
[30]廖述江, 何文福, 刘文光. 云南省博物馆新馆隔震设计与振动台试验研究[J]. 建筑结构, 2016(22): 48-55.
[31]李爽夫, 刘武靖. 高层结构隔震设计工程实例[J]. 山西建筑, 2002, 28(7): 22-23.
[32]杜永峰, 李慧, 苏磐石, 等. 非比例阻尼隔震结构地震响应的实振型分解法[J]. 工程力学, 2003, 20(4): 24-32.
[33]刘惠利, 刘文光. 隔震结构设计与分析方法探讨[J]. 广州大学学报(自然科学版), 2005, 4(2): 171-175.
[34]GB 50011—2010 建筑抗震设计规范[S]. 北京: 中国建筑工业出版社, 2010.
[35]Nau J M, Hall W J. Scaling Methods for Earthquake Response Spectra[J]. Journal of Structural Engineering, 1984, 110(7): 1533-1548.
[36]Shome N, Cornell C. Normalization and scaling accelerograms for nonlinear structural analysis[C]. Sixth U. S. National Conference on earthquake engineering, 1998: 36-52.

[37] Vidic T, Fajfar P, Fischinger M. Consistent inelastic design spectra: strength and displacement. Earthq Eng Struct Dyn[J]. Earthquake Engineering & Structural Dynamics, 1994, 23(5): 507-521.

[38] Julian J B, Beatriz A. The use of real earthquake accelerograms as input to dynamic analysis [J]. Journal of Earthquake Engineering, 2004, 8(sup1): 43-91.

[39] Iervolino I, Cornell C A. Record Selection for Nonlinear Seismic Analysis of Structures[J]. Earthquake Spectra, 2005, 21(3): 685-713.

[40] Hachem M. QuakeManager: A Software Framework for Ground Motion Record Management, Selection, Analysis and Modification [C]// World Conference on Earthquake Engineering, 2008.

[41] Naeim F, Alimoradi A, Pezeshk S. Selection and Scaling of Ground Motion Time Histories for Structural Design Using Genetic Algorithms[J]. Earthquake Spectra, 2004, 20(2): 413-426.

[42] Jayaram N, Lin T, Baker J W. A Computationally Efficient Ground-Motion Selection Algorithm for Matching a Target Response Spectrum Mean and Variance[J]. Earthquake Spectra, 2011, 27(3): 797-815.

[43] Kalkan E, Chopra A K. Practical Guidelines to Select and Scale Earthquake Records for Nonlinear Response History Analysis of Structures[J]. U. S. geological Survey, 2010.

[44] Baker J W, Lin T, Shahi S K, et al. New ground motion selection procedures and selected motions for the PEER transportation research program[J]. 2011.

[45] Ghafory-Ashtiany M, Azarbakht A, Mousavi M. State of the art: Structure-Specific Strong Ground Motion Selection by Emphasizing on Spectral Shape Indicators [C]. LISBOA: 15WCEE, 2012.

[46]王亚勇．结构抗震设计时程分析法中地震波的选择[J]．工程抗震与加固改造，1988(4)：17-24.

[47]胡文源，邹晋华．时程分析法中有关地震波选取的几个注意问题[J]．江西理工大学学报，2003，24(4)：25-28.

[48]谢礼立，翟长海．最不利设计地震动研究[J]．地震学报，2003，25(3)：250-261.

[49]曲哲，叶列平，潘鹏．建筑结构弹塑性时程分析中地震动记录选取方法的比较研究[J]．土木工程学报，2011(7)：10-21.

[50]李英民，丁文龙，黄宗明．地震动幅值特性参数的工程适用性研究[J]．土木建筑与环境工程，2001，23(6)：16-21.

[51]李英民，赖明，白绍良．工程结构的地震动输入问题——第十二届全国结构工程学术会议特邀报告[C]//第十二届全国结构工程学术会议论文集第Ⅰ册，2003：94-105.

[52]李英民，杨琼，赖明．基于进化策略算法拟合多阻尼比反应谱的地震动仿真[J]．世界地震工程，2003(2)：33-38.

[53]李英民，赖明，肖明葵．地震波的ARMA模型仿真[J]．重庆交通学院学报，1996(2)：21-28.

[54]杨溥，赖明．结构时程分析法输入地震波的选择控制指标[J]．土木工程学报，2000，33(6)：33-37.

[55]杨溥．基于位移的结构地震反应分析方法研究[D]．重庆：重庆建筑大学，1999.

[56]高学奎，朱晞．近场地震动输入问题的研究[J]．华北科技学院学报，2005，2(3)：80-83.

[57]肖明葵，刘纲，白绍良．基于能量反应的地震动输入选择方法讨论[J]．世界地震工程，2006，22(3)：89-94.

[58]王东升，岳茂光，李晓莉，等．高墩桥梁抗震时程分析输入地震波选择[J]．土木工程学报，2013(s1)：208-213.

[59]叶献国，王德才．结构动力分析实际地震动输入的选择与能量评价[J]．中国科学：技术科学，2011(11)：1430-1438.

[60]王博，潘文，崔辉辉，等．弹性时程分析时地震波选用的一种方法[J]．河南科学，2010，28(8)：971-974.

[61]王国新，鲁建飞．地震动输入的选取与结构响应研究[J]．沈阳建筑大学学报(自然科学版)，2012，28(1)：15-22.

[62]肖遥，张郁山，靳超宇．高层建筑时程分析中地震动时程选择和修改方法研究[J]．震灾防御技术，2014，9(3)：400-410.

[63]陈波．结构非线性动力分析中地震动记录的选择和调整方法研究[D]．北京：中国地震局地球物理研究所，2013.

[64]王天利，李青宁，王敏利，等．复杂立交时程分析地震输入的选择和人工合成[J]．广西大学学报(自然科学版)，2014(4)：900-906.

[65]张云，谭平，郑建勋，等．梁桥结构地震反应分析中输入地震动选取及调整方法研究[J]．振动与冲击，2015，34(6)：18-23.

[66]陈亮，任伟新，张广锋，等．基于性能的桥梁抗震设计中考虑持时的实际地震波优化选择方法[J]．振动与冲击，2015(3)：35-42.

[67]吴浩．结构非线性时程分析输入地震波选择方法[D]．大连：大连海事大学，2016.

[68]Freeman S A, Nicoletti J P, Tyrdl J V. Evaluation of Existing Buildings for Seismic Risk[C]. A Case Study of Pugel Sound Naval Shipyard. Proceedings of Ist U. S. National Conference on Earthquake Engineering, EERI, Beddey, 1975: 113-122.

[69]Saiidi M, Sozen M A. Simple Nonlinear Seismic Analysis of R/C Structures[J]. Journal of the Structural Division, 1981, 107(5): 937-953.

[70]Gaspersic P, Fajfar P, Fischinger M. An Approximate Method for Seismic Damage Analysis of Buildings[C]. Proceedings of the 10th World Conference on Earthquake Engineering, 1992: 3921-3926.

[71]Fajfar P, Gašperšič P. The N_2 method for the seismic damage analysis of rc buildings[J].

Earthquake Engineering & Structural Dynamics, 2015, 25(1): 31-46.

[72] Kilar V, Fajfar P. Simple push-over analysis of asymmetric buildings[J]. Earthquake Engineering & Structural Dynamics, 1997, 26(2): 233-249.

[73] Bracci J M, Kunnath S K, Reinhorn A M. Seismic Performance and Retrofit Evaluation of Reinforced Concrete Structures[J]. Journal of Structural Engineering, 1997, 123(1): 3-10.

[74] Krawinkler H, Seneviratna G D P K. Pros and cons of a pushover analysis of seismic performance evaluation[J]. Engineering Structures, 1998, 20(4): 452-464.

[75] Chopra A K, Goel R K. Capacity-Demand-Diagram Methods Based on Inelastic Design Spectrum[J]. Earthquake Spectra, 2012, 15(4): 637-656.

[76] Gupta B, Kunnath S K. Adaptive Spectra-Based Pushover Procedure for Seismic Evaluation of Structures[J]. Earthquake Spectra, 2000, 16(2): 367-392.

[77] Elnashai A S. Advanced inelastic static (pushover) analysis for earthquake applications[J]. Structural Engineering & Mechanics, 2001, 12(1): 51-69.

[78] Mwafy A M, Elnashai A S. Static pushover versus dynamic collapse analysis of RC buildings [J]. Engineering Structures, 2001, 23(5): 407-424.

[79] Kunnath S K, Kalkan E. Evaluation of seismic deformation demands using nonlinear procedures in multistory steel and concrete moment frames[J]. Iset Journal of Earthquake Technology, 2004, 41(1): 159-181.

[80] Akkar S, Metin A. Assessment of Improved Nonlinear Static Procedures in FEMA440[J]. Journal of Structural Engineering, 2007, 133(9): 1237-1246.

[81] Applied technology council. ATC-40 Seismic evaluation and retrofit of concrete buildings. Volume 2, Appendices[M]. Seismic Safety Commission, 1996.

[82] Federal Emergency Management Agency (FEMA). Prestandard and Commentary for the Seismic Rehabilitation of Buildings. Report FEMA-356. Washington (DC, USA), 2000.

[83] Federal Emergency Management Agency (FEMA). Improvement of inelastic seismic analysis procedures. Report FEMA-440. Washington (DC, USA), 2005.

[84] 叶燎原，潘文．结构静力弹塑性分析(push-over)的原理和计算实例[J]．建筑结构学报，2000，21(1)：37-43.

[85] 钱稼茹，罗文斌．静力弹塑性分析：基于性能/位移抗震设计的分析工具[J]．建筑结构，2000(6)：23-26.

[86] 潘文．Push-over 方法的理论与应用[D]．西安：西安建筑科技大学，2004.

[87] 欧进萍，侯钢领，吴斌．概率 Pushover 分析方法及其在结构体系抗震可靠度评估中的应用[J]．建筑结构学报，2001，22(6)：81-86.

[88] 魏巍，冯启民．几种 push-over 分析方法对比研究[J]．地震工程与工程振动，2002，22(4)：66-73.

[89] 何浩祥，李宏男．基于规范弹性反应谱建立需求谱的方法[J]．世界地震工程，2002，

18(3): 57-63.
[90]尹华伟, 汪梦甫, 周锡元. 结构静力弹塑性分析方法的研究和改进[J]. 工程力学, 2003, 20(4): 45-49.
[91]吕西林, 周定松. 考虑场地类别与设计分组的延性需求谱和弹塑性位移反应谱[J]. 地震工程与工程振动, 2004, 24(1): 39-48.
[92]毛建猛, 谢礼立, 翟长海. 模态 pushover 分析方法的研究和改进[J]. 地震工程与工程振动, 2006, 26(6): 50-55.
[93]王朝晖, 汪梦甫. 钢筋混凝土非对称结构三维 pushover 分析[J]. 工业建筑, 2008, 38(6): 38-42.
[94]邢银行, 李章政, 简超. 隔震结构静力弹塑性分析[J]. 建筑结构, 2011(s1): 191-194.
[95]洪俊青, 包华. 静力弹塑性方法在隔震结构中的应用研究[J]. 防灾减灾工程学报, 2011, 31(增刊): 24-30.
[96]周云, 安宇, 梁兴文. 基础隔震结构的能力谱分析方法[J]. 世界地震工程, 2002, 18(1): 46-50.
[97]Shibata A, Sozen M A. Substitute structure method for seismic design in R/C[J]. Journal of the Structural Division, 1976, 102(12): 1-18.
[98]Yoshida S, Yoshida S. Modified Substitute Structure Method for Analysis of Existing RC Structures[D]. Vancouver: The University of British Columbia, 1979.
[99]Kowalsky M J. Displacement based design: a methodology for seismic designapplied to RC bridge columns[D]. La Jolla, San Diego: University of California at San Diego, 1994.
[100]Gunay M S, Sucuoglu H. Predicting the Seismic Response of Capacity-Designed Structures by Equivalent Linearization[J]. Journal of Earthquake Engineering, 2009, 13(5): 623-649.
[101]Gunay M S, Sucuoglu H. An improvement to linear-elastic procedures for seismic performance assessment[J]. Earthquake Engineering & Structural Dynamics, 2010, 39(8): 907-931.
[102]曲哲. 摇摆墙-框架结构抗震损伤机制控制及设计方法研究[D]. 北京: 清华大学, 2010.
[103]罗文文. RC 框架结构基于损伤控制的抗震设计方法研究[D]. 重庆: 重庆大学, 2015.
[104]Rosenblueth E, Herrera I. On a kind of hysteretic damping[J]. Journal of the Engineering Mechanics Division, 1964, 90: 37-48.
[105]Dicleli M, Buddaram S. Comprehensive evaluation of equivalent linear analysis method for seismic-isolated structures represented by SDOF systems[J]. Engineering Structures, 2007, 29(8): 1653-1663.
[106]曲哲, 叶列平. 计算结构非线性地震峰值响应的等价线性化模型[J]. 工程力学,

2011, 28(10): 93-100.
[107] Liu T, Zordan T, Briseghella B, et al. An improved equivalent linear model of seismic isolation system with bilinear behavior[J]. Engineering Structures, 2014, 61(1): 113-126.
[108] Jara M, Casas J R. A direct displacement-based method for the seismic design of bridges on bi-linear isolation devices[J]. Engineering Structures, 2006, 28(6): 869-879.
[109] 马晓辉, 朱玉华, 刘富君. 基础隔震结构等效线性化方法研究[J]. 工程抗震与加固改造, 2012, 34(3): 89-96.
[110] Iwan W D, Gates N C. Estimating earthquake response of simple hysteretic Structures[J]. Eng Mech Div, 1979, 105(3): 391-405.
[111] 欧进萍, 吴斌, 龙旭. 耗能减震结构的抗震设计方法[J]. 地震工程与工程振动, 1998, 18(2): 98-107.
[112] Manual for menshin design of highway bridges. Tsukuba (Japan): Japanese Public Works Research Institute (JPWRI), 1992.
[113] Hwang J S. Evaluation of Equivalent Linear Analysis Methods of Bridge Isolation[J]. Journal of Structural Engineering, 1996, 122(8): 972-976.
[114] Kwan W P, Billington S L. Influence of Hysteretic Behavior on Equivalent Period and Damping of Structural Systems[J]. Journal of Structural Engineering, 2003, 129(5): 576-585.
[115] Guyader A C, Iwan W D. An improved capacity spectrum method employing statistically optimized linearization parameters. In: Proceedings of the 13th World Conference on Earthquake Engineering, Vancouver, Canada, 2004.
[116] CECS 160: 2004 建筑工程抗震性态设计通则(试用)[S]. 北京: 中国计划出版社.
[117] 谢礼立, 翟长海. 最不利设计地震动研究[J]. 地震学报, 2003, 25(3): 250-261.
[118] 曲哲, 叶列平, 潘鹏. 建筑结构弹塑性时程分析中地震动记录选取方法的比较研究[J]. 土木工程学报, 2011(7): 10-21.
[119] 高炳鹏, 周颖. 基于谱面积的输入地震加速度时程选择方法研究[J]. 结构工程师, 2014(3): 105-111.
[120] EC 8, Eurocode 8: design of structures for earthquake resistance Part 1: general rules, seismic actions and rules for buildings, European Norm. European Committee for Standardization, European Committee for Standardisation Central Secretariat, rue de Stassart 36, B-1050 Brussels, 2004.
[121] UBC, Uniform Building Code, International Conference of Building Officials. Whittier, California, USA, 1997.
[122] American Society of Civil Engineers, ASCE-7 Minimum Design Loads for Buildings, Reston, VA, 2005.
[123] 陈永祁, 刘锡荟, 龚思礼. 拟合标准反应谱的人工地震波[J]. 建筑结构学报, 1981,

2(4): 34-43.
[124]孙臻, 刘伟庆, 王曙光, 等. 基于整体可靠度的隔震结构参数优化分析[J]. 振动与冲击, 2013, 32(12): 6-10.
[125]Arias. Measure of earthquake intensity[J]. 1970.
[126]高孟潭. GB 18306—2015《中国地震动参数区划图》宣贯教材[M]. 北京: 中国质检出版社, 2015.
[127]中国国家标准化管理委员会. 中国地震动参数区划图[S]. 北京: 中国标准出版社, 2015.
[128]张美玲, 李山有, 卢建旗, 等. 中国大陆地区地震动时程强度包络函数研究[J]. 地震工程与工程振动, 2015, 01(4): 60-70.
[129]Guide Specifications for Seismic Isolation Design. American Association of State Highway and Transportation Officials, 444 North Capitol Street, N. W. Suite 249, Washington, DC; 2002.
[130]GB 20688.3—2006 橡胶支座 第3部分: 建筑隔震橡胶支座[S]. 北京: 中国标准出版社, 2007.
[131]刘文光, 周福霖, 庄学真, 等. 铅芯夹层橡胶隔震垫基本力学性能研究[J]. 地震工程与工程振动, 1999(1): 93-99.
[132]JT/T 852—2013 公路桥梁摩擦摆式减隔震支座[S]. 北京: 人民交通出版社, 2016.
[133]杨林, 常永平, 周锡元, 等. FPS隔震体系振动台试验与有限元模型对比分析[J]. 建筑结构学报, 2008, 29(4): 66-72.
[134]葛楠, 苏幼坡, 王兴国, 等. 竖向刚度对FPS滑移摩擦摆系统隔震性能影响研究[J]. 工程抗震与加固改造, 2010, 32(4): 20-25.
[135]Sture S. Dynamics of Structures: Theory and Applications to Earthquake Engineering by Anil K. Chopra[M]. Beijing: Tsinghua University Press, 2005.
[136]Gates N C. The earthquake response of deteriorating systems[D]. the California Institute of Technology, Pasadena, California, U. S., 1977.
[137]Jacobsen L S. Steady forced vibrations as influenced by damping. ASME Transactions, 1930, 52: 169-181.
[138]Gulkan P, Sozen M A. Inelastic responses of reinforced concrete structure to earthquake motions. ACI J. Proc 1974, 71(12): 604-610.
[139]Jara M, Jara J M, Olmos B A, et al. Improved procedure for equivalent linearization of bridges supported on hysteretic isolators. J Eng Struct 2012, 35: 99-106.
[140]Iwan W D. Estimating inelastic response spectra from elastic spectra[J]. EarthqEng Struct Dyn 1980, 8(4): 375-388.
[141]Hwang J S, Sheng L H. Effective stiffness and equivalent damping of base isolated bridges[J]. Struct. Eng. 1993, 119(10): 3094-3101.
[142]Kwan W P, Billington S L. Influence of hysteretic behavior on equivalent period and

damping of structural systems[J]. Struct. Eng. 2003, 129(5): 576-585.

[143]Guyader A C, Iwan W D. An improved capacity spectrum method employing statistically optimized linearization parameters[C]. In: Proceedings of the 13th World Conference on Earthquake Engineering, Vancouver, Canada, 2004.

[144]Eurocode 8: Design of Structures for Earthquake Resistance, Part2: Bridges [S]. Eurocodes committee, 1993.

[145]中华人民共和国住房和城乡建设部．城市桥梁抗震设计规范[M]. 北京：中国建筑工业出版社, 2011.

[146]傅金华．日本抗震结构及隔震结构的设计方法[M]. 北京：中国建筑工业出版社, 2011.

[147]日本建築学会関東支部, 谷, 資信．耐震構造の設計[M]. 日本建築学会関東支部, 2003.

[148]Newmark N M, Hall W J. Earthquake Spectra and Design [J]. Earth System Dynamics, 1982.

[149]Wu J, Hanson R D. Study of Inelastic Spectra with High Damping[J]. Journal of Structural Engineering, 1989, 115(6): 1412-1431.

[150]Ideiss I M. Procedures for selecting earthquake ground motions at rock sites [R]. Washington, DC: National Institute of Standards and Technology, 1993: 2-3.

[151]Ashour S A. Elastic seismic response of building with supplemental damping[J]. Univ of Michigan Ann Arbor Mi, 1987.

[152]Tolis S V, Faccioli E, Tolis S V. Displacement design spectra[J]. Journal of Earthquake Engineering, 1999, 3(1): 107-125.

[153]Lin Y Y, Tsai M H, Chang K C. On the Discussion of the Damping Reduction Factors in the Constant Acceleration Region for ATC40 and FEMA273[J]. Earthquake Spectra, 2003, 19(4): 1001-1006.

[154]Lin Y Y, Chang K C. Study on Damping Reduction Factor for Buildings under Earthquake Ground Motions[J]. Journal of Structural Engineering, 2003, 129(2): 206-214.

[155]Lin Y Y, Chang K C. Effects of Site Classes on Damping Reduction Factors[J]. Journal of Structural Engineering, 2004, 130(11): 1667-1675.

[156]Lin Y Y, Miranda E, Chang K C. Evaluation of damping reduction factors for estimating elastic response of structures with high damping[J]. Earthquake Engineering & Structural Dynamics, 2005, 34(11): 1427-1443.

[157]Bommer J J, Mendis R. Scaling of spectral displacement ordinates with damping ratios[J]. Earthquake Engineering & Structural Dynamics, 2010, 34(2): 145-165.

[158]Rezaeian S, Bozorgnia Y, Idriss I M, et al. Spectral damping scaling factors for shallow crustal earthquakes in active tectonic regions[J]. Center for Integrated Data Analytics Wisconsin Science Center, 2012.

[159] Cameron W I, Green R A. Damping Correction Factors for Horizontal Ground-Motion Response Spectra[J]. Bulletin of the Seismological Society of America, 2007, 97(3): 934-960.

[160] Stafford P J, Mendis R, Bommer J J. Dependence of Damping Correction Factors for Response Spectra on Duration and Numbers of Cycles [J]. Journal of Structural Engineering, 2008, 134(8): 1364-1373.

[161]刘锡荟, 刘经纬, 陈永祁. 阻尼对反应谱影响的研究[J]. 地震研究, 1982(1): 126-134.

[162]刘文光, 何文福, 霍达, 等. 隔震结构设计加速度反应谱的取值研究[J]. 振动与冲击, 2010, 29(4): 181-187.

[163]黄海荣, 朱玉华. 基础隔震结构反应谱研究[J]. 结构工程师, 2010, 26(3): 123-129.

[164]胡聿贤. 地震工程学[M]. 2版. 北京: 地震出版社, 2006.

[165]王亚勇, 王理, 刘小弟. 不同阻尼比长周期抗震设计反应谱研究[J]. 工程抗震与加固改造, 1990(1): 38-41.

[166]焦振刚, 陶学康. 预应力混凝土结构的抗震性能及设计反应谱的探讨[J]. 工程抗震与加固改造, 2000(3): 19-26.

[167]周雍年, 周正华, 于海英. 设计反应谱长周期区段的研究[J]. 地震工程与工程振动, 2004, 24(2): 15-18.

[168]马东辉. 强震地面运动特征的若干研究[D]. 北京: 中国建筑科学研究院, 1995.

[169]王曙光, 杜东升, 刘伟庆, 等. 隔震结构不同阻尼比地震影响系数曲线的改进研究[J]. 建筑结构学报, 2009, 30(3): 112-119.

[170]蒋建, 吕西林, 周颖, 等. 考虑场地类别的阻尼比修正系数研究[J]. 地震工程与工程振动, 2009, 29(1): 153-161.

[171]王国䶮, 胡克旭, 周礼奎. 位移谱阻尼调整系数模型研究[J]. 湖南大学学报(自科版), 2014, 41(11): 48-57.

[172]郝安民, 周德源, 李亚明, 等. 考虑震级影响的规范阻尼修正系数评估[J]. 同济大学学报(自然科学版), 2012, 40(5): 657-661.

[173]曹加良, 施卫星, 汪洋, 等. 我国抗震设计规范设计反应谱及谱阻尼折减系数研究[J]. 建筑结构学报, 2011, 32(9): 34-43.

[174]周雍年, 周正华, 于海英. 设计反应谱长周期区段的研究[J]. 地震工程与工程振动, 2004, 24(2): 15-18.

[175]马东辉, 李虹, 苏经宇, 等. 阻尼比对设计反应谱的影响分析[J]. 工程抗震与加固改造, 1995(4): 35-40.

[176]何文福, 霍达, 刘文光, 等. 长周期隔震结构的地震反应分析[J]. 北京工业大学学报, 2008, 34(4): 391-397.

[177]李婕. 中、日、美三国抗震设计反应谱及隔震设计方法比较研究[D]. 广州: 广州

大学, 2006.
[178]于海英, 周雍年. SMART-1 台阵记录的长周期反应谱特性[J]. 地震工程与工程振动, 2002, 22(6): 8-11.
[179]方小丹, 魏琏, 周靖. 长周期结构地震反应的特点与反应谱[J]. 建筑结构学报, 2014, 35(3): 16-23.
[180]耿淑伟, 陶夏新, 王国新. 对设计反应谱长周期段取值规定的探讨[J]. 世界地震工程, 2008, 24(2): 111-116.
[181]张又超, 王毅红, 郑瑶, 等. 低矮砌体结构橡胶隔震支座力学性能研究[J]. 工业建筑, 2016, 46(1): 75-79.
[182]薛彦涛, 巫振弘. 隔震结构振型分解反应谱计算方法研究[J]. 建筑结构学报, 2015, 36(4): 119-125.
[183]黄吉锋, 周锡元. 钢-混凝土混合结构地震反应分析的 CCQC 和 FDCQC 方法及其应用[J]. 建筑结构, 2008(10): 44-49.
[184]陈相成, 邢国雷, 彭凌云. 混合结构工业厂房阻尼比的计算方法比较[J]. 工业建筑, 2016, 46(8): 73-78.
[185]陈相成, 闫维明, 李洪泉, 等. 地震作用下多层剪切型组合结构的合理综合阻尼比取值探讨[J]. 震灾防御技术, 2016, 11(2): 283-296.
[186]Zhou X Y, Yu R F, Dong D. Complex mode superposition algorithm for seismic responses of non-classically damped linear MDOF system[J]. Journal of Earthquake Engineering, 2004, 8(4): 597-641.
[187]周锡元, 俞瑞芳. 非比例阻尼线性体系基于规范反应谱的 CCQC 法[J]. 工程力学, 2006, 23(2): 10-17.
[188]朱南波. 隔震技术在高层建筑中的应用[J]. 有色金属设计, 2015, 42(2): 33-38.
[189]赖正聪, 潘文, 白羽, 等. 基础隔震在高烈度区大高宽比剪力墙结构中的应用与试验研究[J]. 建筑结构学报, 2017, 38(9): 62-73.
[190]俞瑞芳, 周锡元. 非比例阻尼弹性结构地震反应强迫解耦方法的理论背景和数值检验[J]. 工业建筑, 2005, 35(2): 52-56.
[191]陈相成, 闫维明, 李洪泉, 等. 地震作用下多层剪切型组合结构的合理综合阻尼比取值探讨[J]. 震灾防御技术, 2016, 11(2): 283-296.
[192]中国建筑科学研究院 PKPMCAD 工程部. PKPM2010 版结构设计软件 V3.2 改进说明[R]. 北京: 建研科技股份有限公司设计软件事业部, 2017, 3.
[193]杜永峰, 李慧, 苏磐石, 等. 非比例阻尼隔震结构地震响应的实振型分解法[J]. 工程力学, 2003, 20(4): 24-32.